"十三五"普通高等教育本科规划教材

线性代数教程

主　编　牛连杰
副主编　孙志田　李军红　张　新
编　写　张建梅　王向东　梁志宇　崔　宁
主　审　邱启荣

中国电力出版社
CHINA ELECTRIC POWER PRESS

内 容 提 要

本书为“十三五”普通高等教育本科规划教材。

本书是根据国家教育行政部门制定的《线性代数课程教学基本要求》编写而成的。全书共六章，包括行列式、矩阵、矩阵的初等变换与线性方程组、向量组与向量空间、相似矩阵与矩阵相似对角化、化二次型为标准形的基本理论和基本计算。本书收录了近年来硕士研究生入学考试的线性代数部分的考试真题，供读者提高使用。每章后附有基本和提高两组习题，并附有参考答案。此外，还增加了附录用 Mathematica 解线性代数。

本书可供普通高等院校非数学专业作为线性代数的教材使用，也可供业余大学和科技工作者使用。

图书在版编目（CIP）数据

线性代数教程/牛连杰主编．—北京：中国电力出版社，2016.11(2019.8重印)

“十三五”普通高等教育本科规划教材

ISBN 978-7-5123-9874-0

Ⅰ.①线…　Ⅱ.①牛…　Ⅲ.①线性代数–高等学校–教材　Ⅳ.①O151.2

中国版本图书馆 CIP 数据核字（2016）第 243112 号

中国电力出版社出版、发行

（北京市东城区北京站西街 19 号　100005　http：//www.cepp.sgcc.com.cn）

三河市百盛印装有限公司印刷

各地新华书店经售

*

2016 年 11 月第一版　2019 年 8 月北京第五次印刷

787 毫米×1092 毫米　16 开本　8.75 印张　209 千字

定价 **26.00** 元

目　录

第一章　行　列　式

行列式是线性代数的一个重要组成部分. 它是研究矩阵、线性方程组、向量组的线性相关性和特征多项式的重要工具. 本章介绍 n 阶行列式的定义、性质及计算方法，最后给出了它的一个简单应用——克拉默（Cramer）法则.

第一节　n 阶行列式

一、二阶行列式与三阶行列式

二元线性方程组（把一次方程组称为线性方程组）

$$\begin{cases} a_{11}x_1 + a_{12}x_2 = b_1, \\ a_{21}x_1 + a_{22}x_2 = b_2. \end{cases} \tag{1-1}$$

当 $a_{11}a_{22}-a_{12}a_{21}\neq 0$ 时，用消元法求得方程组（1-1）的唯一解是

$$x_1 = \frac{b_1a_{22}-a_{12}b_2}{a_{11}a_{22}-a_{12}a_{21}},\ x_2 = \frac{a_{11}b_2-b_1a_{21}}{a_{11}a_{22}-a_{12}a_{21}}. \tag{1-2}$$

式（1-2）中的分子与分母形式上完全一致，为了方便使用与记忆，可采用一种较易记忆的符号来表示这种形式.

定义 1-1　将形如 $a_{11}a_{22}-a_{12}a_{21}$ 的表达式，记成

$$\begin{vmatrix} a_{11} & a_{12} \\ a_{21} & a_{22} \end{vmatrix} \tag{1-3}$$

称为**二阶行列式**.

a_{11}，a_{12}，a_{21}，a_{22} 称为行列式（1-3）的**元素**或**元**. 元素的第一个下标称为**行标**，指明该元素所在的行，第二个下标称为**列标**，指明该元素所在的列.

根据二阶行列式的定义，式（1-3）就是 $a_{11}a_{22}-a_{12}a_{21}$，只是符号记法的不同而已，因此

$$\begin{vmatrix} a_{11} & a_{12} \\ a_{21} & a_{22} \end{vmatrix} = a_{11}a_{22}-a_{12}a_{21}.$$

上式可采用对角线法则记忆，如图 1-1 所示，实线称为**主对角线**，虚线称为**副对角线**，二阶行列式就是主对角线上的两元素之积减去副对角线上的两元素之积所得的差（二阶行列式**对角线法则**）.

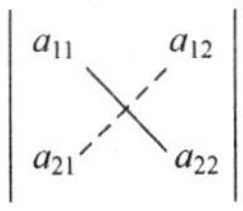

$$\begin{vmatrix} a_{11} & a_{12} \\ a_{21} & a_{22} \end{vmatrix}$$

图 1-1

引入二阶行列式后，对于式（1-2），由于

$$b_1a_{22}-a_{12}b_2=\begin{vmatrix} b_1 & a_{12} \\ b_2 & a_{22} \end{vmatrix},\quad a_{11}b_2-b_1a_{21}=\begin{vmatrix} a_{11} & b_1 \\ a_{21} & b_2 \end{vmatrix},$$

设

$$D=\begin{vmatrix} a_{11} & a_{12} \\ a_{21} & a_{22} \end{vmatrix},\quad D_1=\begin{vmatrix} b_1 & a_{12} \\ b_2 & a_{22} \end{vmatrix},\quad D_2=\begin{vmatrix} a_{11} & b_1 \\ a_{21} & b_2 \end{vmatrix},$$

那么式（1-2）可以写成

$$x_1=\frac{D_1}{D}=\frac{\begin{vmatrix} b_1 & a_{12} \\ b_2 & a_{22} \end{vmatrix}}{\begin{vmatrix} a_{11} & a_{12} \\ a_{21} & a_{22} \end{vmatrix}},\quad x_2=\frac{D_2}{D}=\frac{\begin{vmatrix} a_{11} & b_1 \\ a_{21} & b_2 \end{vmatrix}}{\begin{vmatrix} a_{11} & a_{12} \\ a_{21} & a_{22} \end{vmatrix}}.$$

这里，方程组（1-1）中 x_1，x_2 的系数确定了行列式 D（称为系数行列式），用常数项 b_1，b_2 替换 D 中第 1 列元素得到 x_1 的分子 D_1，用常数项 b_1，b_2 替换 D 中第 2 列元素得到 x_2 的分子 D_2.

在三元线性方程组的唯一解中，分子分母形式上也完全一致，只不过是六项代数和，每项是 3 个数的乘积，为此引入三阶行列式.

定义 1-2 将形如 $a_{11}a_{22}a_{33}+a_{12}a_{23}a_{31}+a_{13}a_{21}a_{32}-a_{11}a_{23}a_{32}-a_{12}a_{21}a_{33}-a_{13}a_{22}a_{31}$ 的表达式，记成

$$\begin{vmatrix} a_{11} & a_{12} & a_{13} \\ a_{21} & a_{22} & a_{23} \\ a_{31} & a_{32} & a_{33} \end{vmatrix}$$

称为**三阶行列式**.

由定义可知，

$$\begin{vmatrix} a_{11} & a_{12} & a_{13} \\ a_{21} & a_{22} & a_{23} \\ a_{31} & a_{32} & a_{33} \end{vmatrix} = a_{11}a_{22}a_{33}+a_{12}a_{23}a_{31}+a_{13}a_{21}a_{32}-a_{11}a_{23}a_{32}-a_{12}a_{21}a_{33}-a_{13}a_{22}a_{31}.$$

上式的规律遵循三阶行列式的对角线法则（见图 1-2）：每条实线上三元素乘积冠正号，每条虚线上三元素乘积冠负号.

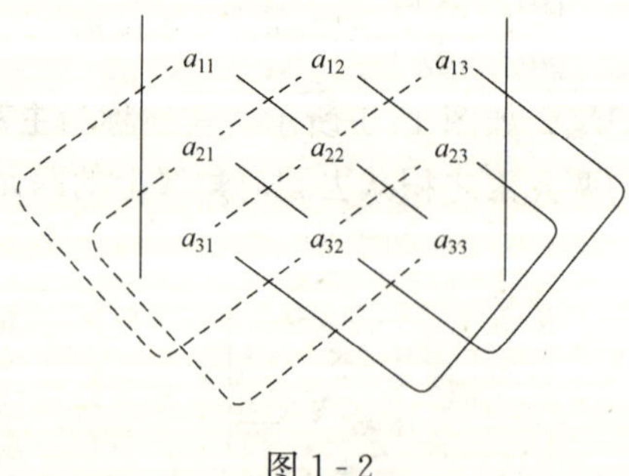

图 1-2

例 1-1 求解二元线性方程组

$$\begin{cases}2x_1 - x_2 = -10,\\ x_1 + 2x_2 = 5.\end{cases}$$

解 由于

$$D = \begin{vmatrix} 2 & -1 \\ 1 & 2 \end{vmatrix} = 2\times 2-(-1)\times 1 = 5 \neq 0,$$

$$D_1 = \begin{vmatrix} -10 & -1 \\ 5 & 2 \end{vmatrix} = -15,\quad D_2 = \begin{vmatrix} 2 & -10 \\ 1 & 5 \end{vmatrix} = 20,$$

所以方程组的唯一解为

$$x_1 = \frac{D_1}{D} = \frac{-15}{5} = -3, x_2 = \frac{D_2}{D} = \frac{20}{5} = 4.$$

例 1-2 计算三阶行列式

$$D = \begin{vmatrix} 2 & 3 & 1 \\ 0 & 4 & 1 \\ 1 & 1 & 2 \end{vmatrix}.$$

解 根据三阶行列式对角线法则，有

$$D = 2\times 4\times 2+3\times 1\times 1+1\times 0\times 1-2\times 1\times 1-3\times 0\times 2-1\times 4\times 1 = 13.$$

二、排列及其逆序数

对角线法则仅适用于二阶与三阶行列式，为介绍更高阶的行列式，首先介绍有关正整数排列的相关知识.

定义 1-3 由 n 个正整数 1，2，3，…，n 排成一列叫做这 n 个数的一个**排列**. 特别地，将排列 12…n 称为**标准排列**. 排列中的数称为元素.

显然，由 n 个正整数 1，2，3，…，n 可组成 n! 个排列. 例如，由 1，2，3 可组成 3! =6个排列：123，231，312，132，213，321；在这 6 个排列中，除 123 是标准排列外，其余排列中，都有较大的数排在较小的数前面，为此给出逆序数定义.

定义 1-4 一个排列中，当某两个元素先后次序与标准排列的次序不同时，就构成一个**逆序**. 排在某元素之前并且比该元素大的元素的个数叫做这个**元素的逆序数**. 一个排列中全体元素的逆序数之和叫做这个**排列的逆序数**，记为 τ. 逆序数为偶数的排列称为**偶排列**，逆序数为奇数的排列称为**奇排列**.

显然在求排列的逆序数时，可先求各元素的逆序数，然后求和，就得到了排列的逆序数.

例 1-3 求排列 45132 的逆序数.

解 元素 4 的逆序数为 0，5 的逆序数为 0，1 的逆序数为 2，3 的逆序数为 2，2 的逆序数为 3，因此该排列的逆序数 $\tau=0+0+2+2+3=7$.

三、n 阶行列式

现在将二阶、三阶行列式推广到 n 阶行列式，二阶行列式本身比较简单，为此我们只研究三阶行列式的结构特点，看三阶行列式

$$\begin{vmatrix} a_{11} & a_{12} & a_{13} \\ a_{21} & a_{22} & a_{23} \\ a_{31} & a_{32} & a_{33} \end{vmatrix}$$

$$= a_{11}a_{22}a_{33} + a_{12}a_{23}a_{31} + a_{13}a_{21}a_{32} - a_{11}a_{23}a_{32} - a_{12}a_{21}a_{33} - a_{13}a_{22}a_{31}. \quad (1-4)$$

首先，式（1-4）右端每项都是三个元素的乘积，三元素行标排列是标准排列 123（三元素不同行），三元素列标排列是由 1，2，3 排成的某个排列 $p_1p_2p_3$（三元素不同列），因此，每项除正负号外都可以写成 $a_{1p_1}a_{2p_2}a_{3p_3}$，即位于不同行不同列的三个元素的乘积.

其次，式（1-4）右端正号项列标排列为 123，231，312，它们都是偶排列；负号项列标排列为 132，213，321，它们都是奇排列，因此每项的正负号可以写成$(-1)^\tau$，其中 τ 为该项列标排列的逆序数.

因此，式（1-4）右端是$(-1)^\tau a_{1p_1}a_{2p_2}a_{3p_3}$的代数和，项数是 3！项，也就是 1，2，3 所有排列的个数，所以三阶行列式可以写成

$$\begin{vmatrix} a_{11} & a_{12} & a_{13} \\ a_{21} & a_{22} & a_{23} \\ a_{31} & a_{32} & a_{33} \end{vmatrix} = \sum (-1)^\tau a_{1p_1}a_{2p_2}a_{3p_3},$$

其中$\sum$表示对 1，2，3 的所有排列 $p_1p_2p_3$ 求和，τ 为排列 $p_1p_2p_3$ 的逆序数.

仿照三阶行列式，对于 n^2 个数 a_{ij}（$i=1, 2, \cdots, n$；$j=1, 2, \cdots n$），排成 n 行 n 列的数表

$$\begin{matrix} a_{11} & a_{12} & \cdots & a_{1n} \\ a_{21} & a_{22} & \cdots & a_{2n} \\ \vdots & \vdots & & \vdots \\ a_{n1} & a_{n2} & \cdots & a_{nn} \end{matrix} \quad (1-5)$$

取表中不同行不同列的 n 个数作乘积，再冠以符号$(-1)^\tau$ 得到

$$(-1)^\tau a_{1p_1}a_{2p_2}\cdots a_{np_n} \quad (1-6)$$

其中 $p_1p_2\cdots p_n$ 是 1，2，…，n 的一个排列，τ 为该排列的逆序数. 由于 1，2，…，n 的排列共有 n！个，因此形如式（1-6）的项共有 n！项，作这些项的代数和，得到如下形式表达式

$$\sum (-1)^\tau a_{1p_1}a_{2p_2}\cdots a_{np_n} \quad (1-7)$$

可以看出，式（1-7）可由数表（1-5）经过上述运算得到，按此可定义 n 阶行列式.

定义 1-5 将形如$\sum(-1)^\tau a_{1p_1}a_{2p_2}\cdots a_{np_n}$的表达式，记成

$$\begin{vmatrix} a_{11} & a_{12} & \cdots & a_{1n} \\ a_{21} & a_{22} & \cdots & a_{2n} \\ \vdots & \vdots & & \vdots \\ a_{n1} & a_{n2} & \cdots & a_{nn} \end{vmatrix}$$

称为 **n 阶行列式**，其中$\sum$表示对 1，2，…，n 的所有排列 $p_1p_2\cdots p_n$ 求和，τ 为排列 $p_1p_2\cdots p_n$ 的逆序数. 行列式一般记为 D，也可记为 $\det(a_{ij})$，其中 a_{ij} 为行列式的第 i 行第 j 列元素.

显然当 $n=2$，3 时，就是之前定义的二阶、三阶行列式. 当 $n=1$ 时，一阶行列式 $|a|=a$，注意不要与绝对值符号混淆.

例 1-4 计算四阶行列式

$$D=\begin{vmatrix} a & 0 & 0 & b \\ 0 & c & d & 0 \\ 0 & e & f & 0 \\ g & 0 & 0 & h \end{vmatrix}.$$

解 据定义，D 是一个 $4!=24$ 项的代数和，然而在此行列式中，除 $acfh$，$adeh$，$bdeg$，$bcfg$ 这四项外，其余的项都至少含有一个因子 0，因而等于 0，与上面四项对应的列标排列依次是 1234，1324，4321，4231. 其中第一个和第三个是偶排列，第二个和第四个是奇排列，因此

$$D=acfh-adeh+bdeg-bcfg.$$

例 1-5 **证明上三角行列式**（主对角线下方元素全部为 0）

$$D=\begin{vmatrix} a_{11} & a_{12} & \cdots & a_{1n} \\ & a_{22} & \cdots & a_{2n} \\ & & \ddots & \vdots \\ 0 & & & a_{nn} \end{vmatrix}=a_{11}a_{22}\cdots a_{nn}.$$

证法一 $D=\sum(-1)^{\tau}a_{1p_1}a_{2p_2}\cdots a_{np_n}$，其中共有 $n!$ 项 $(-1)^{\tau}a_{1p_1}a_{2p_2}\cdots a_{np_n}$，这些项中 $p_1=1$，否则该项为 0，$p_2=2$（因为 $p_1=1$），否则该项为 0，依次类推，$p_n=n$.

即在所有排列 $p_1p_2\cdots p_n$ 中只有 $12\cdots n$ 对应的项 $(-1)^{\tau}a_{11}a_{22}\cdots a_{nn}$（形式上）不为 0，此时 $\tau=0$，所以

$$D=a_{11}a_{22}\cdots a_{nn}.$$

证法二 D 的特点：当 $i>j$ 时 $a_{ij}=0$，当 $i\leqslant j$ 时 a_{ij}（形式上）不为 0. 所以 D 中的项

$$(-1)^{\tau}a_{1p_1}a_{2p_2}\cdots a_{np_n}$$

（形式上）不为 0 时，a_{ip_i} 需满足 $i\leqslant p_i$，即 $n\leqslant p_n$，$n-1\leqslant p_{n-1}$，…，$2\leqslant p_2$，$1\leqslant p_1$.

在所有排列 $p_1p_2\cdots p_n$ 中满足上述关系的排列只有 $12\cdots n$，因此 D 中（形式上）不为 0 的项只有 $(-1)^{\tau}a_{11}a_{22}\cdots a_{nn}$，此时 $\tau=0$，所以

$$D=a_{11}a_{22}\cdots a_{nn}.$$

结合例 1-5，显然有以下结果

下三角行列式

$$\begin{vmatrix} a_{11} & 0 & \cdots & 0 \\ a_{21} & a_{22} & \cdots & 0 \\ \vdots & \vdots & & \vdots \\ a_{n1} & a_{n2} & \cdots & a_{nn} \end{vmatrix}=a_{11}a_{22}\cdots a_{nn}.$$

对角行列式

$$\begin{vmatrix} \lambda_1 & & & \\ & \lambda_2 & & \\ & & \ddots & \\ & & & \lambda_n \end{vmatrix}=\lambda_1\lambda_2\cdots\lambda_n.$$

第二节 行列式的性质

直接用定义计算行列式是一件很烦琐甚至不可能的事情，为此有必要讨论行列式的性质以简化计算.

一、对换*

将一个排列中的任意两个元素交换位置，其余元素不动，得到一个新排列，这样的一个变换称为**对换**. 将相邻的两个元素对换，称为**相邻对换**.

定理 1-1 一个排列中的任意两个元素对换，排列改变奇偶性.

证明 先证一次相邻对换改变奇偶性.

设排列为 $a_1\cdots a_sABb_1\cdots b_t$，对换 A 与 B，变为 $a_1\cdots a_sBAb_1\cdots b_t$. 显然经对换后元素 a_1，…，a_s，b_1，…，b_t 的逆序数没改变，而 A，B 两元素的逆序数改变为：当 $A<B$ 时，对换后 A 的逆序数增加 1 而 B 的逆序数不变；当 $A>B$ 时，对换后 A 的逆序数不变而 B 的逆序数减少 1. 所以排列 $a_1\cdots a_sABb_1\cdots b_t$ 与排列 $a_1\cdots a_sBAb_1\cdots b_t$ 的奇偶性不同.

再证一般对换情形.

设排列为 $a_1\cdots a_sAb_1\cdots b_tBc_1\cdots c_m$，先对 A 作 t 次相邻对换，变为 $a_1\cdots a_sb_1\cdots b_tABc_1\cdots c_m$，再对 B 作 $t+1$ 次相邻对换，变为 $a_1\cdots a_sBb_1\cdots b_tAc_1\cdots c_m$. 可以看出，对换 A 与 B 相当于作 $2t+1$ 次相邻对换，因为一次相邻对换改变奇偶性，而 $2t+1$ 为奇数，所以排列改变奇偶性.

由定理 1，奇排列变成偶排列对换次数为奇数，偶排列变成偶排列对换次数为偶数，而标准排列为偶排列，由此可得

推论 1-1 排列变为标准排列的对换次数与该排列的逆序数奇偶性相同.

推论 1-2 标准排列变为某个新排列的对换次数与新排列的逆序数奇偶性相同.

下面给出行列式定义的另一种表示法.

先讨论，对于行列式的任一项

$$(-1)^{\tau}a_{1p_1}a_{2p_2}\cdots a_{np_n}, \tag{1-8}$$

其中 τ 为排列 $p_1p_2\cdots p_n$ 的逆序数. 设式（1-8）中因子对换 t 次，可使列标排列由 $p_1p_2\cdots p_n$ 变为标准排列 $12\cdots n$，由推论 1 可知，t 与 τ 的奇偶性相同. 此时行标排列也会相应地由标准排列 $12\cdots n$ 经过 t 次对换变为某个新排列，设此新排列为 $q_1q_2\cdots q_n$，其逆序数为 λ. 根据推论 2，λ 与 μ 奇偶性相同，所以 λ 与 τ 的奇偶性相同，因此

$$(-1)^{\tau}a_{1p_1}a_{2p_2}\cdots a_{np_n}=(-1)^{\lambda}a_{q_11}a_{q_22}\cdots a_{q_nn}.$$

如果 $p_i=j$，根据 $a_{ip_i}=a_{ij}=a_{q_jj}$，可得 $q_j=i$，这说明当 p_i 一定时，q_j 也一定，因此排列 $p_1p_2\cdots p_n$ 唯一确定排列 $q_1q_2\cdots q_n$. 因此 $(-1)^{\tau}a_{1p_1}a_{2p_2}\cdots a_{np_n}$ 唯一确定 $(-1)^{\lambda}a_{q_11}a_{q_22}\cdots a_{q_nn}$.

定理 1-2 n 阶行列式也可定义为

$$D=\sum(-1)^{\lambda}a_{q_11}a_{q_22}\cdots a_{q_nn},$$

其中，λ 为行标排列 $q_1q_2\cdots q_n$ 的逆序数.

证明 根据第一节中行列式的定义

$$D=\sum(-1)^{\tau}a_{1p_1}a_{2p_2}\cdots a_{np_n},$$

设

$$D_1=\sum(-1)^{\lambda}a_{q_11}a_{q_22}\cdots a_{q_nn}.$$

由上面讨论可知，D 中任一项$(-1)^{\tau}a_{1p_1}a_{2p_2}\cdots a_{np_n}$，总有且仅有 D_1 中的某一项$(-1)^{\lambda}a_{q_1 1}a_{q_2 2}\cdots a_{q_n n}$与之对应并相等；反之，$D_1$ 中任一项$(-1)^{\lambda}a_{q_1 1}a_{q_2 2}\cdots a_{q_n n}$，也总有且仅有 D 中某一项$(-1)^{\tau}a_{1p_1}a_{2p_2}\cdots a_{np_n}$与之对应并相等，于是 D 与 D_1 中的项可以一一对应并相等，从而 $D=D_1$.

二、行列式的性质

定义 1-6 将行列式 D 的行变为列，得到一个新行列式 D^{T}，即

$$D=\begin{vmatrix} a_{11} & a_{12} & \cdots & a_{1n} \\ a_{21} & a_{22} & \cdots & a_{2n} \\ \vdots & \vdots & & \vdots \\ a_{n1} & a_{n2} & \cdots & a_{nn} \end{vmatrix}, D^{\mathrm{T}}=\begin{vmatrix} a_{11} & a_{21} & \cdots & a_{n1} \\ a_{12} & a_{22} & \cdots & a_{n2} \\ \vdots & \vdots & & \vdots \\ a_{1n} & a_{2n} & \cdots & a_{nn} \end{vmatrix},$$

行列式 D^{T} 称为行列式 D 的**转置行列式**.

性质 1-1 行列式与它的转置行列式相等.

证明 设 $D=\det(a_{ij})$ 的转置行列式为 $D^{\mathrm{T}}=\det(b_{ij})$，则 $b_{ij}=a_{ji}$，根据行列式的定义

$$D^{\mathrm{T}}=\sum(-1)^{\tau}b_{1p_1}b_{2p_2}\cdots b_{np_n}=\sum(-1)^{\tau}a_{p_1 1}a_{p_2 2}\cdots a_{p_n n}.$$

其中 τ 为排列 $p_1p_2\cdots p_n$ 逆序数，由定理 2，

$$D=\sum(-1)^{\tau}a_{p_1 1}a_{p_2 2}\cdots a_{p_n n},$$

所以 $D^{\mathrm{T}}=D$.

性质表明，行列式中行与列地位相同，凡是对行成立的性质对列也同样成立，反之亦然.

性质 1-2 对换行列式的两行（列），行列式变号.

证明 设 $D=\det(a_{ij})$，交换 i，j 两行后得到行列式 D_1，记 $D_1=\det(b_{ij})$，则当 $k\neq i$，j 时，$b_{kp}=a_{kp}$；当 $k=i$，j 时，$b_{ip}=a_{jp}$，$b_{jp}=a_{ip}$，根据行列式的定义

$$\begin{aligned} D_1&=\sum(-1)^{\tau}b_{1p_1}\cdots b_{ip_i}\cdots b_{jp_j}\cdots b_{np_n} \\ &=\sum(-1)^{\tau}a_{1p_1}\cdots a_{jp_i}\cdots a_{ip_j}\cdots a_{np_n} \\ &=\sum(-1)^{\tau}a_{1p_1}\cdots a_{ip_j}\cdots a_{jp_i}\cdots a_{np_n} \end{aligned}$$

这里 $1\cdots i\cdots j\cdots n$ 为标准排列，τ 为排列 $p_1\cdots p_i\cdots p_j\cdots p_n$ 的逆序数，设排列 $p_1\cdots p_j\cdots p_i\cdots n$ 的逆序数为 λ，由定理 1 可知，$(-1)^{\tau}=-(-1)^{\lambda}$，因此

$$D_1=-\sum(-1)^{\lambda}a_{1p_1}\cdots a_{ip_j}\cdots a_{jp_i}\cdots a_{np_n}=-D.$$

行列式的第 i 行记为 r_i，行列式的第 i 列记为 c_i. 交换 i，j 两行记作 $r_i\leftrightarrow r_j$，交换 i，j 两列记作 $c_i\leftrightarrow c_j$.

推论 1-3 如果行列式有两行（列）完全相同，则此行列式等于零.

证明 交换相同的这两行，有 $D=-D$，则 $D=0$.

性质 1-3 行列式的某一行（列）中的所有元素都乘以同一数 k，等于用数 k 乘此行列式.

第 i 行（或列）乘以 k，记为 $r_i\times k$（或 $c_i\times k$）.

推论 1-4 行列式中的某一行（列）的所有元素的公因子可以提到行列式记号的外面.

第 i 行（或列）提出公因子 k，记为 $r_i\div k$（或 $c_i\div k$）.

性质 1-4　行列式中如果有两行（列）元素成比例，则此行列式等于零.

性质 1-5　若行列式的某一列（行）的元素都是两数之和，如第 i 列元素都是两数之和：

$$D=\begin{vmatrix} a_{11} & a_{12} & \cdots & a_{1i}+b_{1i} & \cdots & a_{1n} \\ a_{21} & a_{22} & \cdots & a_{2i}+b_{2i} & \cdots & a_{2n} \\ \vdots & \vdots & & \vdots & & \vdots \\ a_{n1} & a_{n2} & \cdots & a_{ni}+b_{ni} & \cdots & b_{nn} \end{vmatrix},$$

则 D 等于下列两个行列式之和：

$$D=\begin{vmatrix} a_{11} & a_{12} & \cdots & a_{1i} & \cdots & a_{1n} \\ a_{21} & a_{22} & \cdots & a_{2i} & \cdots & a_{2n} \\ \vdots & \vdots & & \vdots & & \vdots \\ a_{n1} & a_{n2} & \cdots & a_{ni} & \cdots & b_{nn} \end{vmatrix}+\begin{vmatrix} a_{11} & a_{12} & \cdots & b_{1i} & \cdots & a_{1n} \\ a_{21} & a_{22} & \cdots & b_{2i} & \cdots & a_{2n} \\ \vdots & \vdots & & \vdots & & \vdots \\ a_{n1} & a_{n2} & \cdots & b_{ni} & \cdots & b_{nn} \end{vmatrix}.$$

上式右端两个行列式的区别在第 i 列，除第 i 列外，两个行列式的其他各列元素都与左端原来行列式的对应列相同.

一般地，若 n 阶行列式的每个元素都是两数之和，则它可写成 2^n 个行列式的和. 例如二阶行列式

$$\begin{vmatrix} a+x & b+y \\ c+z & d+w \end{vmatrix}=\begin{vmatrix} a & b+y \\ c & d+w \end{vmatrix}+\begin{vmatrix} x & b+y \\ z & d+w \end{vmatrix}=\begin{vmatrix} a & b \\ c & d \end{vmatrix}+\begin{vmatrix} a & y \\ c & w \end{vmatrix}+\begin{vmatrix} x & b \\ z & d \end{vmatrix}+\begin{vmatrix} x & y \\ z & w \end{vmatrix}.$$

性质 1-6　把行列式的某一列（行）的各元素乘以同一数，然后加到另一列（行）对应的元素上，行列式不变.

以数 k 乘第 j 列（或行）加到第 i 列（或行）上，记为 c_i+kc_j（或 r_i+kr_j），如

$$\begin{vmatrix} a_{11} & \cdots & a_{1i} & \cdots & a_{1j} & \cdots & a_{1n} \\ a_{21} & \cdots & a_{2i} & \cdots & a_{2j} & \cdots & a_{2n} \\ \vdots & & \vdots & & \vdots & & \vdots \\ a_{n1} & \cdots & a_{ni} & \cdots & a_{nj} & & a_{nn} \end{vmatrix}=\begin{vmatrix} a_{11} & \cdots & a_{1i}+ka_{1j} & \cdots & a_{1j} & \cdots & a_{1n} \\ a_{21} & \cdots & a_{2i}+ka_{2j} & \cdots & a_{2j} & \cdots & a_{2n} \\ \vdots & & \vdots & & \vdots & & \vdots \\ a_{n1} & \cdots & a_{ni}+ka_{nj} & \cdots & a_{nj} & & a_{nn} \end{vmatrix}(i\neq j).$$

性质 1-3～性质 1-6 的证明留给读者自己完成.

由例 1-5 结合本节性质，能够算得下三角行列式、次上（下）三角行列式的值（留作习题）.

性质 1-2，1-3，1-6 介绍了行列式关于行和关于列的三种运算，即 $r_i\leftrightarrow r_j$，$r_i\times k$，r_i+kr_j 和 $c_i\leftrightarrow c_j$，$c_i\times k$，c_i+kc_j，利用这些运算可以简化行列式的计算，特别是利用性质 1-6可以把行列式中许多元素化为 0. 用归纳法不难证明（这里不证）：任何 n 阶行列式总能利用运算 r_i+kr_j 化为上（下）三角行列式，或利用运算 c_i+kc_j 化为上（下）三角行列式. 这样便可以较易地算得行列式的值.

例 1-6　计算

$$D=\begin{vmatrix} 5 & 1 & 2 & -2 \\ -3 & -1 & 3 & -2 \\ 1 & 0 & 1 & -1 \\ -7 & -3 & -2 & 3 \end{vmatrix}.$$

解

$$D\xlongequal{c_1\leftrightarrow c_2}-\begin{vmatrix}1&5&2&-2\\-1&-3&3&-2\\0&1&1&-1\\-3&-7&-2&3\end{vmatrix}\xlongequal[r_4+3r_1]{r_2+r_1}-\begin{vmatrix}1&5&2&-2\\0&2&5&-4\\0&1&1&-1\\0&8&4&-3\end{vmatrix}\xlongequal{r_2\leftrightarrow r_3}\begin{vmatrix}1&5&2&-2\\0&1&1&-1\\0&2&5&-4\\0&8&4&-3\end{vmatrix}$$

$$\xlongequal[r_4-8r_2]{r_3-2r_2}\begin{vmatrix}1&5&2&-2\\0&1&1&-1\\0&0&3&-2\\0&0&-4&5\end{vmatrix}\xlongequal{r_4+\frac{4}{3}r_3}\begin{vmatrix}1&5&2&-2\\0&1&1&-1\\0&0&3&-2\\0&0&0&7/3\end{vmatrix}=7.$$

说明：在上述解法中，先做运算 $c_1\leftrightarrow c_2$ 的目的是将 a_{11} 换成 1，从而利用运算 $r_i-a_{i1}r_1$ 即可把 a_{i1}（$i=2$，3，4）变为 0，若不先做运算 $c_1\leftrightarrow c_2$，此时 $a_{11}=5$，需做运算 $r_i-\frac{a_{i1}}{5}r_1$ 才可把 a_{i1} 化为 0，这样计算时就比较麻烦.

注意：第二步把 r_2+r_1 和 r_4+3r_1 写在一起，这是两次运算，并把第一次运算结果的书写省略了，这时要注意各个运算是有次序的，一般不能颠倒，例如

$$\begin{vmatrix}5&4\\1&3\end{vmatrix}\xlongequal{r_1+r_2}\begin{vmatrix}6&7\\1&3\end{vmatrix}\xlongequal{r_2-r_1}\begin{vmatrix}4&1\\-5&-4\end{vmatrix},$$

上式中前一次运算 r_1+r_2 改变了 r_1，而后一次运算 r_2-r_1 又用到了 r_1，此时就要用新的 r_1，再如

$$\begin{vmatrix}5&4\\1&3\end{vmatrix}\xlongequal{r_2-r_1}\begin{vmatrix}5&4\\-4&-1\end{vmatrix}\xlongequal{r_1+r_2}\begin{vmatrix}1&3\\-4&-1\end{vmatrix},$$

可见当两次运算次序不同时所得结果不同. 忽视后一次运算是作用在前一次运算的结果上，就会出错，如

$$\begin{vmatrix}5&4\\1&3\end{vmatrix}\xlongequal[r_2-r_1]{r_1+r_2}\begin{vmatrix}6&7\\4&1\end{vmatrix},$$

这样运算是错误的，出错的原因就是第二次运算找错了对象.

此外，还应注意 r_i+r_j 与 r_j+r_i 是不同的，r_i+kr_j 不能写作 kr_j+r_i（不能套用加法交换律）.

例 1-7 计算行列式

$$D=\begin{vmatrix}a&b&b&b\\b&a&b&b\\b&b&a&b\\b&b&b&a\end{vmatrix},\quad 其中\ a+3b\neq 0.$$

解

$$D\xlongequal{r_1+r_2+r_3+r_4}\begin{vmatrix}a+3b&a+3b&a+3b&a+3b\\b&a&b&b\\b&b&a&b\\b&b&b&a\end{vmatrix}\xlongequal{r\div(a+3b)}(a+3b)\begin{vmatrix}1&1&1&1\\b&a&b&b\\b&b&a&b\\b&b&b&a\end{vmatrix}$$

$$\xlongequal[r_4-br_1]{\substack{r_2-br_1\\r_3-br_1}}(a+3b)\begin{vmatrix}1&1&1&1\\0&a-b&0&0\\0&0&a-b&0\\0&0&0&a-b\end{vmatrix}=(a+3b)(a-b)^3.$$

说明：注意到所求行列式各列 4 个数之和都是 $a+3b$，所以将 2、3、4 行同时加到第 1 行，提出公因子 $a+3b$，然后各行减去第一行的 b 倍，得到一个上三角行列式，即可求得结果.

例 1-8 计算行列式

$$D=\begin{vmatrix}1&1&1&1\\1&2&3&4\\1&3&6&10\\1&4&10&20\end{vmatrix}.$$

解 从第 4 行开始，后行减前行，

$$D\xlongequal[r_2-r_1]{\substack{r_4-r_3\\r_3-r_2}}\begin{vmatrix}1&1&1&1\\0&1&2&3\\0&1&3&6\\0&1&4&10\end{vmatrix}\xlongequal[r_3-r_2]{r_4-r_3}\begin{vmatrix}1&1&1&1\\0&1&2&3\\0&0&1&3\\0&0&1&4\end{vmatrix}\xlongequal{r_4-r_3}\begin{vmatrix}1&1&1&1\\0&1&2&3\\0&0&1&3\\0&0&0&1\end{vmatrix}=1.$$

例 1-9 设

$$D=\begin{vmatrix}a_{11}&\cdots&a_{1k}&0&\cdots&0\\\vdots&&\vdots&\vdots&&\vdots\\a_{k1}&\cdots&a_{kk}&0&\cdots&0\\c_{11}&\cdots&c_{1k}&b_{11}&\cdots&b_{1n}\\\vdots&&\vdots&\vdots&&\vdots\\c_{n1}&\cdots&c_{nk}&b_{n1}&\cdots&b_{nn}\end{vmatrix},$$

$$D_1=\begin{vmatrix}a_{11}&\cdots&a_{1k}\\\vdots&&\vdots\\a_{k1}&\cdots&a_{kk}\end{vmatrix},D_2=\begin{vmatrix}b_{11}&\cdots&b_{1n}\\\vdots&&\vdots\\b_{n1}&\cdots&b_{nn}\end{vmatrix},$$

证明：$D=D_1D_2$.

证明 利用行运算 $r_i+\lambda r_j$，可将 D_1 化为下三角行列式

$$D_1=\begin{vmatrix}p_{11}&&0\\\vdots&\ddots&\\p_{k1}&\cdots&p_{kk}\end{vmatrix}=p_{11}\cdots p_{kk},$$

利用列运算 $c_i+\lambda c_j$，可将 D_2 化为下三角行列式

$$D_2=\begin{vmatrix}q_{11}&&0\\\vdots&\ddots&\\q_{n1}&\cdots&q_{nn}\end{vmatrix}=q_{11}\cdots q_{nn},$$

于是，先对 D 的前 k 行作上述行运算 $r_i+\lambda r_j$，再对 D 的后 n 列作上述列运算 $c_i+\lambda c_j$，此时 D 化为下三角行列式

$$D=\begin{vmatrix} p_{11} & & & & & 0 \\ \vdots & \ddots & & & & \\ p_{k1} & \cdots & p_{kk} & & & \\ c_{11} & \cdots & c_{1k} & q_{11} & & \\ \vdots & & \vdots & \vdots & \ddots & \\ c_{n1} & \cdots & c_{nk} & q_{n1} & \cdots & q_{nn} \end{vmatrix},$$

因此 $D=p_{11}\cdots p_{kk}\cdot q_{11}\cdots q_{nn}=D_1D_2$.

第三节 行列式按行（列）展开

在行列式的计算中，阶数较低的行列式显然比阶数高的行列式计算起来简单，例 9 中，一个高阶数的行列式可以用两个低阶数行列式表示，从而能够简化计算. 如果对于任意的行列式都能用阶数较低的行列式表示，就能起到简化计算的作用，本节将讨论通过降低行列式的阶数计算行列式的方法.

一、行列式按行（列）展开法则

定义 1-7 在 n 阶行列式中，把元素 a_{ij} 所在的第 i 行和第 j 列划去后，余下的 $n-1$ 阶行列式称为元素 a_{ij} 的**余子式**，记为 M_{ij}；把$(-1)^{i+j}M_{ij}$ 称为元素 a_{ij} 的**代数余子式**，记为 A_{ij}.

由定义可知，代数余子式 A_{ij} 与元素 a_{ij} 无关.

例如：四阶行列式

$$D=\begin{vmatrix} a_{11} & a_{12} & a_{13} & a_{14} \\ a_{21} & a_{22} & a_{23} & a_{24} \\ a_{31} & a_{32} & a_{33} & a_{34} \\ a_{41} & a_{42} & a_{43} & a_{44} \end{vmatrix}$$

中元素 a_{23} 的余子式为

$$M_{23}=\begin{vmatrix} a_{11} & a_{12} & a_{14} \\ a_{31} & a_{32} & a_{34} \\ a_{41} & a_{42} & a_{44} \end{vmatrix}$$

元素 a_{23} 代数余子式为

$$A_{23}=(-1)^{2+3}M_{23}=-M_{23}$$

引理 1-1 如果在一个 n 阶行列式 D 中，第 i 行元素除 a_{ij} 外其余都为零，那么这个行列式等于 a_{ij} 与它的代数余子式的乘积，即

$$D=a_{ij}A_{ij}$$

证明 先证 a_{ij} 位于第一行第一列的情形，即

$$D=\begin{vmatrix} a_{11} & 0 & \cdots & 0 \\ a_{21} & a_{22} & \cdots & a_{2n} \\ \vdots & \vdots & & \vdots \\ a_{n1} & a_{n2} & \cdots & a_{nn} \end{vmatrix},$$

由例 1-9 可知，

$$D = a_{11}M_{11} = a_{11}(-1)^{1+1}M_{11} = a_{11}A_{11}.$$

再证一般情形，即

$$D = \begin{vmatrix} a_{11} & \cdots & a_{1j} & \cdots & a_{1n} \\ \vdots & & \vdots & & \vdots \\ 0 & \cdots & a_{ij} & \cdots & 0 \\ \vdots & & \vdots & & \vdots \\ a_{n1} & \cdots & a_{nj} & \cdots & a_{nn} \end{vmatrix},$$

现将第 i 行作 $i-1$ 次相邻对换，换到第一行，然后再对第 j 列作 $j-1$ 次相邻对换，换到第一列，共对换 $i+j-2$ 次，所得的行列式为

$$D_1 = \begin{vmatrix} a_{ij} & 0 & \cdots & 0 & 0 & \cdots & 0 \\ a_{1j} & a_{11} & \cdots & a_{1j-1} & a_{1j+1} & \cdots & a_{1n} \\ \vdots & \vdots & & \vdots & \vdots & & \vdots \\ a_{i-1j} & a_{i-11} & \cdots & a_{i-1j-1} & a_{i-1j+1} & \cdots & a_{i-1n} \\ a_{i+1j} & a_{i+11} & \cdots & a_{i+1j-1} & a_{i+1j+1} & \cdots & a_{i+1n} \\ \vdots & \vdots & & \vdots & \vdots & & \vdots \\ a_{nj} & a_{n1} & \cdots & a_{nj-1} & a_{nj+1} & \cdots & a_{nn} \end{vmatrix},$$

那么 $D_1=(-1)^{i+j-2}D=(-1)^{i+j}D$，可得 $D=(-1)^{i+j}D_1$，此时 a_{ij} 位于 D_1 的第一行第一列，由前面的结果可知 $D_1=a_{ij}M_{ij}$，因此

$$D = (-1)^{i+j}D_1 = (-1)^{i+j}a_{ij}M_{ij} = a_{ij}A_{ij}.$$

由引理可以得到下面的行列式按行（列）展开法则：

定理 1-3 **行列式 D 等于它的任意一行（列）的所有元素与其对应的代数余子式乘积之和，即**

$$D = a_{i1}A_{i1} + a_{i2}A_{i2} + \cdots + a_{in}A_{in} (i = 1, 2, \cdots, n),$$

或

$$D = a_{1j}A_{1j} + a_{2j}A_{2j} + \cdots + a_{nj}A_{nj} (j = 1, 2, \cdots, n).$$

证明 按行展开的情形

$$D = \begin{vmatrix} a_{11} & a_{12} & \cdots & a_{1n} \\ \vdots & \vdots & & \vdots \\ a_{i1}+0+\cdots+0 & 0+a_{i2}+\cdots+0 & \cdots & 0+\cdots+0+a_{in} \\ \vdots & \vdots & & \vdots \\ a_{n1} & a_{n2} & \cdots & a_{nn} \end{vmatrix}$$

$$= \begin{vmatrix} a_{11} & a_{12} & \cdots & a_{1n} \\ \vdots & \vdots & & \vdots \\ a_{i1} & 0 & \cdots & 0 \\ \vdots & \vdots & & \vdots \\ a_{n1} & a_{n2} & \cdots & a_{nn} \end{vmatrix} + \begin{vmatrix} a_{11} & a_{12} & \cdots & a_{1n} \\ \vdots & \vdots & & \vdots \\ 0 & a_{i2} & \cdots & 0 \\ \vdots & \vdots & & \vdots \\ a_{n1} & a_{n2} & \cdots & a_{nn} \end{vmatrix} + \cdots + \begin{vmatrix} a_{11} & a_{12} & \cdots & a_{1n} \\ \vdots & \vdots & & \vdots \\ 0 & 0 & \cdots & a_{in} \\ \vdots & \vdots & & \vdots \\ a_{n1} & a_{n2} & \cdots & a_{nn} \end{vmatrix}$$

根据引理，可得

$$D = a_{i1}A_{i1} + a_{i2}A_{i2} + \cdots + a_{in}A_{in} (i = 1, 2, \cdots, n).$$

按列展开情形，类似可证的结果

$$D = a_{1j}A_{1j} + a_{2j}A_{2j} + \cdots + a_{nj}A_{nj}\,(j = 1,\ 2,\ \cdots,\ n).$$

例 1-10 用定理 1-3 计算例 1-6

$$D = \begin{vmatrix} 5 & 1 & 2 & -2 \\ -3 & -1 & 3 & -2 \\ 1 & 0 & 1 & -1 \\ -7 & -3 & -2 & 3 \end{vmatrix}.$$

解

$$D \xlongequal[c_4 + c_1]{c_3 - c_1} \begin{vmatrix} 5 & 1 & -3 & 3 \\ -3 & -1 & 6 & -5 \\ 1 & 0 & 0 & 0 \\ -7 & -3 & 5 & -4 \end{vmatrix} = (-1)^{3+1} \begin{vmatrix} 1 & -3 & 3 \\ -1 & 6 & -5 \\ -3 & 5 & -4 \end{vmatrix}$$

$$\xlongequal[r_3 + 3r_1]{r_2 + r_1} \begin{vmatrix} 1 & -3 & 3 \\ 0 & 3 & -2 \\ 0 & -4 & 5 \end{vmatrix} = (-1)^{1+1} \begin{vmatrix} 3 & -2 \\ -4 & 5 \end{vmatrix} = 7$$

说明：本题首先用行列式的性质将第三行元素除 a_{31} 外全部化为 0，其目的是为了利用定理 1-3 计算时，减少计算行列式的数量，对于一般情况下，主要做法是应该选零元素较多的行（列），或先用行列式的性质把行列式的某行（列）尽可能多地化为零，再利用定理 1-3，按此行（列）展开即可.

例 1-11 计算行列式（未写出元素为 0）

$$D_n = \begin{vmatrix} 1-a & a & & & & \\ -1 & 1-a & a & & & \\ & -1 & 1-a & a & & \\ & & \ddots & \ddots & \ddots & \\ & & & -1 & 1-a & a \\ & & & & -1 & 1-a \end{vmatrix}$$

解 把各列均加到第一列，然后按第一列展开

$$D_n = \begin{vmatrix} 1 & a & 0 & 0 & \cdots & 0 \\ 0 & 1-a & a & & & \\ 0 & -1 & 1-a & a & & \\ \vdots & & \ddots & \ddots & \ddots & \\ 0 & & & -1 & 1-a & a \\ -a & & & & -1 & 1-a \end{vmatrix} = D_{n-1} + (-a)(-1)^{n+1} \begin{vmatrix} a & & & & \\ 1-a & a & & & \\ & 1-a & \ddots & & \\ & & \ddots & a & \\ & & & 1-a & a \end{vmatrix}$$

$$= D_{n-1} - (-1)^{n+1}a^n$$

以此作为递推公式，有

$$\begin{aligned} D_n &= D_{n-1} - (-1)^{n+1}a^n = D_{n-1} + (-1)^n a^n = \cdots \\ &= D_1 + a^2 - a^3 + \cdots + (-1)^{n-1}a^{n-1} + (-1)^n a^n \end{aligned}$$

这里 $D_1=1-a$.

例 1-12 证明：范德蒙德（Vandermonde）行列式

$$D_n=\begin{vmatrix}1&1&\cdots&1\\x_1&x_2&\cdots&x_n\\x_1^2&x_2^2&\cdots&x_n^2\\\vdots&\vdots&&\vdots\\x_1^{n-1}&x_2^{n-1}&\cdots&x_n^{n-1}\end{vmatrix}=\prod_{n\geqslant i>j\geqslant 1}(x_i-x_j).$$

证明 当 $n=2$ 时

$$D_2=\begin{vmatrix}1&1\\x_1&x_2\end{vmatrix}=x_2-x_1=\prod_{2\geqslant i>j\geqslant 1}(x_i-x_j)$$

结论成立.

假设对 $n-1$ 阶范德蒙德行列式结论成立，下面证明对 n 阶范德蒙德行列式结论也成立. 为此，从第 n 行开始，后行减去前行的 x_1 倍，有

$$D_n=\begin{vmatrix}1&1&1&\cdots&1\\0&x_2-x_1&x_3-x_1&\cdots&x_n-x_1\\0&x_2(x_2-x_1)&x_3(x_3-x_1)&\cdots&x_n(x_n-x_1)\\\vdots&\vdots&\vdots&&\vdots\\0&x_2^{n-2}(x_2-x_1)&x_3^{n-2}(x_3-x_1)&\cdots&x_n^{n-2}(x_n-x_1)\end{vmatrix},$$

按第一列展开，并把每列的公因子 (x_i-x_1) 提出，可得

$$D_n=(x_2-x_1)(x_3-x_1)\cdots(x_n-x_1)\begin{vmatrix}1&1&\cdots&1\\x_2&x_3&\cdots&x_n\\\vdots&\vdots&&\vdots\\x_2^{n-2}&x_3^{n-2}&\cdots&x_n^{n-2}\end{vmatrix},$$

上式右端的行列式是 $n-1$ 阶范德蒙德行列式，由归纳假设它等于 $\prod\limits_{n\geqslant i>j\geqslant 2}(x_i-x_j)$，故

$$D_n=(x_2-x_1)(x_3-x_1)\cdots(x_n-x_1)\prod_{n\geqslant i>j\geqslant 2}(x_i-x_j)=\prod_{n\geqslant i>j\geqslant 1}(x_i-x_j).$$

注意，$\prod\limits_{n\geqslant i>j\geqslant 1}(x_i-x_j)$ 表示 x_1，x_2，$\cdots x_n$ 这 n 个数的所有可能的差 (x_i-x_j) $(i>j)$ 的乘积. 例如，当 $n=4$ 时，$\prod\limits_{4\geqslant i>j\geqslant 1}(x_i-x_j)=(x_2-x_1)(x_3-x_1)(x_4-x_1)(x_3-x_2)(x_4-x_2)(x_4-x_3)$.

例 1-11 和例 1-12 都是计算 n 阶行列式，例 1-11 用的是递推法，例 1-12 是数学归纳法，一般事先不知道结果时常用递推法，证明某个结果时常用数学归纳法.

二、代数余子式求和

由行列式的按行（列）展开法则，很容易得到下面的结论：

推论 1-5 ***n* 个数与 *n* 阶行列式的某一行（列）各元素的代数余子式乘积之和等于用这 *n* 个数代替行列式的该行（列）的元素所得的新行列式，即**

$$b_1A_{j1}+b_2A_{j2}+\cdots+b_nA_{jn}=\begin{vmatrix} a_{11} & \cdots & a_{1n} \\ \vdots & & \vdots \\ a_{j-1,1} & \cdots & a_{j-1,n} \\ b_1 & \cdots & b_n \\ a_{j+1,1} & & a_{j+1,n} \\ \vdots & & \vdots \\ a_{n1} & \cdots & a_{nn} \end{vmatrix} \quad (j=1,2,\cdots,n),$$

或 $$b_1A_{1j}+b_2A_{2j}+\cdots+b_nA_{nj}=\begin{vmatrix} a_{11} & \cdots & a_{1,j-1} & b_1 & a_{1,j+1} & \cdots & a_{1n} \\ \vdots & & \vdots & \vdots & \vdots & & \vdots \\ a_{n1} & \cdots & a_{n,j-1} & b_n & a_{n,j+1} & \cdots & a_{nn} \end{vmatrix} \quad (j=1,\ 2,\ \cdots,\ n).$$

例 1-13 设

$$D=\begin{vmatrix} 1 & 2 & 3 & 4 \\ 1 & 0 & 1 & 2 \\ 3 & -1 & -1 & 0 \\ 1 & 2 & 0 & -5 \end{vmatrix},$$

求 $A_{11}+A_{12}+A_{13}+A_{14}$ 及 $M_{11}+M_{21}+M_{31}+M_{41}$.

解 由推论 1-5

$$A_{11}+A_{12}+A_{13}+A_{14}=\begin{vmatrix} 1 & 1 & 1 & 1 \\ 1 & 0 & 1 & 2 \\ 3 & -1 & -1 & 0 \\ 1 & 2 & 0 & -5 \end{vmatrix}=-13.$$

$$M_{11}+M_{21}+M_{31}+M_{41}=A_{11}-A_{21}+A_{31}-A_{41}=\begin{vmatrix} 1 & 2 & 3 & 4 \\ -1 & 0 & 1 & 2 \\ 1 & -1 & -1 & 0 \\ -1 & 2 & 0 & -5 \end{vmatrix}=-2.$$

根据推论 1-5，下面的推论 1-6 成立是显然的.

推论 1-6 行列式的某一行（列）的元素与另一行（列）的对应元素的代数余子式乘积之和等于零，即

$$a_{i1}A_{j1}+a_{i2}A_{j2}+\cdots+a_{in}A_{jn}=0, i\neq j,$$

或 $$a_{1i}A_{1j}+a_{2i}A_{2j}+\cdots+a_{ni}A_{nj}=0,\ i\neq j.$$

综合定理 1-3 及推论 1-6，得到下面两个关于代数余子式的重要性质：

$$\sum_{k=1}^{n} a_{ki}A_{kj}=D\delta_{ij}=\begin{cases} D, & 当\ i=j, \\ 0, & 当\ i\neq j; \end{cases}$$

$$\sum_{k=1}^{n} a_{ik}A_{jk}=D\delta_{ij}=\begin{cases} D, & 当\ i=j, \\ 0, & 当\ i\neq j; \end{cases}$$

其中 $$\delta_{ij}=\begin{cases} 1, & 当\ i=j, \\ 0, & 当\ i\neq j. \end{cases}$$

第四节 克拉默法则

在第一节中，二元线性方程组的解可以用二阶行列式表示，本节将进一步讨论 n 个方程 n 个未知数的线性方程组

$$\begin{cases} a_{11}x_1+a_{12}x_2+\cdots+a_{1n}x_n=b_1, \\ a_{21}x_1+a_{22}x_2+\cdots+a_{2n}x_n=b_2, \\ \cdots \\ a_{n1}x_1+a_{n2}x_2+\cdots+a_{nn}x_n=b_n \end{cases} \tag{1-9}$$

的解以及解与系数行列式的关系.

一、n 个方程 n 个未知数的线性方程组的解

克拉默（Cramer）法则　如果线性方程组（1-9）的系数行列式不等于零，即

$$D=\begin{vmatrix} a_{11} & \cdots & a_{1n} \\ \vdots & & \vdots \\ a_{n1} & \cdots & a_{nn} \end{vmatrix}\neq 0,$$

则方程组（1-9）有唯一解

$$x_1=\frac{D_1}{D},\quad x_2=\frac{D_2}{D},\quad \cdots,\quad x_n=\frac{D_n}{D},$$

其中 D_j（$j=1, 2, \cdots, n$）是把系数行列式 D 中第 j 列的元素用方程组右端的常数项 b_1，b_2，…，b_n 代替后所得到的 n 阶行列式，即

$$D_j=\begin{vmatrix} a_{11} & \cdots & a_{1,j-1} & b_1 & a_{1,j+1} & \cdots & a_{1n} \\ \vdots & & \vdots & \vdots & \vdots & & \vdots \\ a_{n1} & \cdots & a_{n,j-1} & b_n & a_{n,j+1} & \cdots & a_{nn} \end{vmatrix}.$$

定理的证明在第二章第四节给出.

例 1-14　解线性方程组

$$\begin{cases} 2x_1+x_2-5x_3+x_4=8, \\ x_1-3x_2-6x_4=9, \\ 2x_2-x_3+2x_4=-5, \\ x_1+4x_2-7x_3+6x_4=0. \end{cases}$$

解　因为线性方程组的系数行列式

$$D=\begin{vmatrix} 2 & 1 & -5 & 1 \\ 1 & -3 & 0 & -6 \\ 0 & 2 & -1 & 2 \\ 1 & 4 & -7 & 6 \end{vmatrix}=27\neq 0,$$

所以由克拉默法则可知线性方程组有唯一解，此时

$$D_1=\begin{vmatrix} 8 & 1 & -5 & 1 \\ 9 & -3 & 0 & -6 \\ -5 & 2 & -1 & 2 \\ 0 & 4 & -7 & 6 \end{vmatrix}=81, D_2=\begin{vmatrix} 2 & 8 & -5 & 1 \\ 1 & 9 & 0 & -6 \\ 0 & -5 & -1 & 2 \\ 1 & 0 & -7 & 6 \end{vmatrix}=-108,$$

$$D_3=\begin{vmatrix}2&1&8&1\\1&-3&9&-6\\0&2&-5&2\\1&4&0&6\end{vmatrix}=-27, D_4=\begin{vmatrix}2&1&-5&8\\1&-3&0&9\\0&2&-1&-5\\1&4&-7&0\end{vmatrix}=27,$$

于是唯一解为 $x_1=3$，$x_2=-4$，$x_3=-1$，$x_4=1$.

二、解与系数行列式的关系

克拉默法则告诉我们：系数行列式 $D\neq0$，则线性方程组（1-9）一定有唯一解. 我们学习了第三章第四节以后还会知道：线性方程组（1-9）有唯一解，则它的系数行列式 $D\neq 0$. 为此我们将两者综合起来，叙述如下：

定理 1-4　线性方程组（1-9）有唯一解的充分必要条件是它的系数行列式 $D\neq0$.

定理 4 还可叙述为

定理 1-4′　线性方程组（1-9）无解或有两个不同的解的充分必要条件是它的系数行列式 $D=0$.

定义 1-8　当线性方程组（1-9）右端常数项 b_1，b_2，…，b_n 不全为零时，线性方程组（1-9）称为**非齐次线性方程组**. 当 b_1，b_2，…，b_n 全为零时，即

$$\begin{cases}a_{11}x_1+a_{12}x_2+\cdots+a_{1n}x_n=0\\a_{21}x_1+a_{22}x_2+\cdots+a_{2n}x_n=0\\\cdots\\a_{n1}x_1+a_{n2}x_2+\cdots+a_{nn}x_n=0\end{cases}\tag{1-10}$$

称为**齐次线性方程组**. $x_1=x_2=\cdots=x_n=0$ 定是方程组（1-10）的解，这个解称为**齐次线性方程组的零解**. 如果有一组不全为零的数是方程组（1-10）的解，则该解称为**齐次线性方程组的非零解**. 显然齐次线性方程组一定有零解，但不一定有非零解.

将定理 1-4 用于齐次线性方程组，有下述结论：

定理 1-5　齐次线性方程组（1-10）只有零解的充分必要条件是它的系数行列式 $D\neq0$.

定理 1-5 还可叙述为

定理 1-5′　齐次线性方程组（1-10）有非零解的充分必要条件是它的系数行列式 $D=0$.

例 1-15　λ 取何值时，齐次线性方程组

$$\begin{cases}\lambda x+2y+2z=0\\2x+(\lambda+1)y=0\\2x+(\lambda-1)z=0\end{cases}$$

有非零解?

解　系数行列式

$$D=\begin{vmatrix}\lambda&2&2\\2&\lambda+1&0\\2&0&\lambda-1\end{vmatrix}=\lambda(\lambda-3)(\lambda+3)$$

由定理 1-5′知，当 $D=0$ 即 $\lambda(\lambda-3)(\lambda+3)=0$ 时，所给方程组有非零解，因此 $\lambda=0$、$\lambda=3$ 或 $\lambda=-3$.

克拉默法则给出了一定条件下线性方程组的求解公式，同时也给出了解与系数行列式之间的关系，这在理论上有重要意义．但未知数的个数与方程的个数不相等时，克拉默法则失效，对于这种情况将在第三章第四节中介绍．

习题一

A组

1．利用对角线法则计算下列行列式：

(1) $\begin{vmatrix} 4 & 1 \\ 5 & 6 \end{vmatrix}$．　(2) $\begin{vmatrix} 2 & 0 & 1 \\ 1 & -4 & -1 \\ -1 & 8 & 3 \end{vmatrix}$．　(3) $\begin{vmatrix} 0 & b & 0 \\ a & 0 & d \\ 0 & c & 0 \end{vmatrix}$．

2．问 x 为何值时，$\begin{vmatrix} 1 & 1 & 1 \\ 2 & 3 & x \\ 4 & 9 & x^2 \end{vmatrix}=0$？

3．求下列各排列的逆序数：

(1) 1 2 3 4．　(2) 4 1 3 2．

(3) 3 4 2 1．　(4) 2 4 1 3．

(5) 1 3… $(2n-1)$ 2 4… $(2n)$．　(6) 1 3…$(2n-1)$ $(2n)$ $(2n-2)$ …2．

4．写出四阶行列式中含有因子 $a_{11}a_{23}$ 的项．

5．在 6 阶行列式中，下列各项应取什么符号？

(1) $a_{14}a_{23}a_{31}a_{42}a_{56}a_{65}$．　(2) $a_{24}a_{15}a_{62}a_{43}a_{31}a_{56}$．

6．证明：反对角行列式 $\begin{vmatrix} & & & \lambda_1 \\ & & \lambda_2 & \\ & \iddots & & \\ \lambda_n & & & \end{vmatrix}=(-1)^{\frac{n(n-1)}{2}}\lambda_1\lambda_2\cdots\lambda_n$．

7．计算下列各行列式：

(1) $\begin{vmatrix} 2 & 1 & 4 & 1 \\ 3 & -1 & 2 & 1 \\ 1 & 2 & 3 & 2 \\ 5 & 0 & 6 & 2 \end{vmatrix}$．　(2) $\begin{vmatrix} -2 & 3 & 2 & 4 \\ 1 & -2 & 3 & 2 \\ 3 & 2 & 3 & 4 \\ 0 & 4 & -2 & 5 \end{vmatrix}$．

(3) $\begin{vmatrix} -ab & ac & ae \\ bd & -cd & de \\ bf & cf & -ef \end{vmatrix}$．　(4) $\begin{vmatrix} 1 & x & y & z \\ x & 1 & 0 & 0 \\ y & 0 & 1 & 0 \\ z & 0 & 0 & 1 \end{vmatrix}$．

8．证明：

(1) $\begin{vmatrix} a^2 & ab & b^2 \\ 2a & a+b & 2b \\ 1 & 1 & 1 \end{vmatrix}=(a-b)^3$．　(2) $\begin{vmatrix} ax+by & ay+bz & az+bx \\ ay+bz & az+bx & ax+by \\ az+bx & ax+by & ay+bz \end{vmatrix}=(a^3+b^3)\begin{vmatrix} x & y & z \\ y & z & x \\ z & x & y \end{vmatrix}$．

9. 计算下列各行列式（D_K 为 k 阶行列式）：

(1) $D_n=\begin{vmatrix} a & & 1 \\ & \ddots & \\ 1 & & a \end{vmatrix}$，其中主对角线上元素都是 a，未写出的元素都是 0.

(2) $D_{2n}=\begin{vmatrix} a & & & & & b \\ & a & & & b & \\ & & \ddots & \cdots & & \\ & & a & b & & \\ & & c & d & & \\ & & \cdots & \ddots & & \\ & c & & & d & \\ c & & & & & d \end{vmatrix}$，未写出的元素都是 0.

10. 已知 $D=\begin{vmatrix} 1 & 1 & 2 & -1 \\ -2 & 3 & 4 & 1 \\ 3 & 4 & 1 & 2 \\ -4 & 2 & 0 & 6 \end{vmatrix}$，求：

(1) $A_{12}-2A_{22}+3A_{32}-4A_{42}$. (2) $A_{31}+2A_{32}+A_{34}$.

11. 解方程组：

(1) $\begin{cases} 3x_1-2x_2-12=0 \\ 2x_1+x_2-1=0 \end{cases}$.　　(2) $\begin{cases} x_1-2x_2+x_3=-2 \\ 2x_1+x_2-3x_3-1 \\ -x_1+x_2-x_3=0 \end{cases}$.

12. 问 λ 取何值时，齐次线性方程组

$$\begin{cases} (1-\lambda)x_1-2x_2+4x_3=0 \\ 2x_1+(3-\lambda)x_2+x_3=0 \\ x_1+x_2+(1-\lambda)x_3=0 \end{cases}$$

有非零解？

B 组

1. （2014 年）行列式 $\begin{vmatrix} 0 & a & b & 0 \\ a & 0 & 0 & b \\ 0 & c & d & 0 \\ c & 0 & 0 & d \end{vmatrix}=$________.

2. （2015 年）n 阶行列式 $\begin{vmatrix} 2 & 0 & \cdots & 0 & 2 \\ -1 & 2 & \cdots & 0 & 2 \\ \vdots & \vdots & \ddots & \vdots & \vdots \\ 0 & 0 & \cdots & 2 & 2 \\ 0 & 0 & \cdots & -1 & 2 \end{vmatrix}=$________.

3. （1997 年）n 阶行列式 $\begin{vmatrix} 0 & 1 & 1 & \cdots & 1 & 1 \\ 1 & 0 & 1 & \cdots & 1 & 1 \\ 1 & 1 & 0 & \cdots & 1 & 1 \\ \vdots & \vdots & \vdots & & \vdots & \vdots \\ 1 & 1 & 1 & \cdots & 0 & 1 \\ 1 & 1 & 1 & \cdots & 1 & 0 \end{vmatrix}$ =________.

4. 已知 $\begin{vmatrix} \lambda-3 & 1 & -1 \\ 1 & \lambda-5 & 1 \\ -1 & 1 & \lambda-3 \end{vmatrix}=0$，求 λ.

5. 计算下列行列式：

（1）$\begin{vmatrix} b+c & c+a & a+b \\ a & b & c \\ a^2 & b^2 & c^2 \end{vmatrix}$.（2）$\begin{vmatrix} a_1 & -1 & 0 & 0 \\ a_2 & x & -1 & 0 \\ a_3 & 0 & x & -1 \\ a_4 & 0 & 0 & x \end{vmatrix}$.

（3）$D_{n+1}=\begin{vmatrix} a^n & (a-1)^n & \cdots & (a-n)^n \\ a^{n-1} & (a-1)^{n-1} & \cdots & (a-n)^{n-1} \\ \vdots & \vdots & & \vdots \\ a & a-1 & \cdots & a-n \\ 1 & 1 & \cdots & 1 \end{vmatrix}$.（提示：利用范德蒙德行列式的结果）

（4）$D_n=\det(a_{ij})$，其中 $a_{ij}=|i-j|$.

（5）$D_n=\begin{vmatrix} 1+a_1 & 1 & \cdots & 1 \\ 1 & 1+a_2 & \cdots & 1 \\ \cdots & \cdots & \cdots & \cdots \\ 1 & 1 & \cdots & 1+a_n \end{vmatrix}$，其中，$a_1a_2\cdots a_n\neq0$.

6. 设 n 阶行列式 $D=\det(a_{ij})$，把 D 上下翻转或逆时针旋转90°或依副对角线翻转，依次得

$$D_1=\begin{vmatrix} a_{n1} & \cdots & a_{nn} \\ \vdots & & \vdots \\ a_{11} & \cdots & a_{1n} \end{vmatrix},\ D_2=\begin{vmatrix} a_{1n} & \cdots & a_{nn} \\ \vdots & & \vdots \\ a_{11} & \cdots & a_{n1} \end{vmatrix},\ D_3=\begin{vmatrix} a_{nn} & \cdots & a_{1n} \\ \vdots & & \vdots \\ a_{n1} & \cdots & a_{11} \end{vmatrix}$$

证明：$D_1=D_2=(-1)^{\frac{n(n-1)}{2}}D$，$D_3=D$.

第二章　矩　　阵

矩阵是数学中非常重要的基本概念之一，是线性代数的主要研究对象之一．它不仅是研究线性关系的有力工具，而且自然科学、工程技术中许多问题都可归结为对矩阵的研究．本章将介绍矩阵的一些基本概念和基本运算，并讨论它们的一些基本性质．

第一节　矩 阵 的 概 念

一、矩阵的定义

工程技术中的许多问题可归结为解线性方程组

$$\begin{cases} a_{11}x_1 + a_{12}x_2 + \cdots + a_{1n}x_n = b_1 \\ a_{21}x_1 + a_{22}x_2 + \cdots + a_{2n}x_n = b_2 \\ \cdots \\ a_{m1}x_1 + a_{m2}x_2 + \cdots + a_{mn}x_n = b_m \end{cases}.$$

由于一个线性方程组有没有解，如果有解，有多少解，解是什么，只与未知量的系数及常数项有关，而与未知量用什么符号表示无关，因此将 a_{ij} 和 b_i 按 i 和 j 的次序排成一张表

$$\begin{matrix} a_{11} & a_{12} & \cdots & a_{1n} & b_1 \\ a_{21} & a_{22} & \cdots & a_{2n} & b_2 \\ \vdots & \vdots & & \vdots & \vdots \\ a_m & a_m & \cdots & a_m & b_m \end{matrix}$$

表中每一行表示一个 n 元一次方程．这样，对方程组的研究就可以转化为对这张“数表”的研究．

定义 2-1　由 $m\times n$ 个数 a_{ij}（$i=1, 2, \cdots, m$；$j=1, 2, \cdots, n$）所排成的 m 行 n 列，并括以圆括弧（或方括弧）括起的数表

$$\begin{pmatrix} a_{11} & a_{12} & \cdots & a_{1n} \\ a_{21} & a_{22} & \cdots & a_{2n} \\ \vdots & \vdots & & \vdots \\ a_{m1} & a_{m2} & \cdots & a_{mn} \end{pmatrix}$$

称为一个 **m 行 n 列矩阵**，简称 $m\times n$ 矩阵．横的各排称为矩阵的行，纵的各排称为矩阵的列．其中的 a_{ij} 称为矩阵的第 i 行第 j 列的元素．矩阵通常用大写字母 $\boldsymbol{A}$，$\boldsymbol{B}$，$\boldsymbol{E}$ 等表示．如前面的矩阵可以记为 $\boldsymbol{A}$ 或 $\boldsymbol{A}_{m\times n}$，又可简记为（$a_{ij}$）或$(a_{ij})_{m\times n}$．

元素是实数的矩阵称为实矩阵，元素为复数的矩阵称为复矩阵．本书若无特殊说明，a_{ij} 都是指实数．

注意：矩阵与行列式在表示形式上差别不大，但它们是完全不同的概念．行列式是一个算式，一个数字行列式经过计算可求得其值，而矩阵仅仅是一个数表，它的行数和列数也可以不同．

矩阵的应用非常广泛，下面仅举几例.

例 2-1 将某种物资从三个产地 A_1，A_2，A_3 调运到四个销地 B_1，B_2，B_3，B_4. 那么一种调运方案就可用一个矩阵

$$\begin{pmatrix} a_{11} & a_{12} & a_{13} & a_{14} \\ a_{21} & a_{22} & a_{23} & a_{24} \\ a_{31} & a_{32} & a_{33} & a_{34} \end{pmatrix}$$

来表示，其中 a_{ij} 表示由产地 A_i 运到销地 B_j 的数量.

每个产地到每个销地运输单位物资的运价 c_{ij} $(i=1, 2, 3; j=1, 2, 3, 4)$，同样可以列成矩阵

$$\begin{pmatrix} c_{11} & c_{12} & c_{13} & c_{14} \\ c_{21} & c_{22} & c_{23} & c_{24} \\ c_{31} & c_{32} & c_{33} & c_{34} \end{pmatrix}.$$

例 2-2 n 个变量与 m 个变量 y_1，y_2，…，y_m 之间的关系

$$\begin{cases} y_1 = a_{11}x_1 + a_{12}x_2 + \cdots + a_{1n}x_n \\ y_2 = a_{21}x_1 + a_{22}x_2 + \cdots + a_{2n}x_n \\ \cdots \\ y_m = a_{m1}x_1 + a_{m2}x_2 + \cdots + a_{mn}x_n \end{cases},$$

表示一个从变量 x_1，x_2，…，x_n 到变量 y_1，y_2，…，y_m 的**线性变换**，其中 a_{ij} 为常数，线性变换的系数 a_{ij} 构成矩阵 $A=(a_{ij})_{m\times n}$. 显然，给定了线性变换，它的系数所构成的矩阵（称为系数矩阵）就确定了. 反之，若给出一个矩阵作为线性变换的系数矩阵，则线性变换也就确定了，因此线性变换与矩阵之间存在一一对应的关系.

特别地，将变换

$$\begin{cases} y_1 = x_1 \\ y_2 = x_2 \\ \quad\cdots \\ y_n = x_n \end{cases},$$

称为**恒等变换**.

二、一些常用的特殊矩阵

(1) 行矩阵和列矩阵. 只有一行的矩阵

$$\boldsymbol{A} = (a_1 \quad a_2 \quad \cdots \quad a_n)$$

称为行矩阵，又称行向量. 为避免元素间的混淆，行矩阵也记为

$$\boldsymbol{A} = (a_1, a_2, \cdots, a_n).$$

只有一列的矩阵

$$\boldsymbol{B} = \begin{pmatrix} b_1 \\ b_2 \\ \vdots \\ b_n \end{pmatrix}$$

称为列矩阵，又称列向量.

(2) 零矩阵. 若一个矩阵的所有元素都为零，称为零矩阵，记为 $\boldsymbol{O}$. 若要表示其行数与

列数，可记为 $\boldsymbol{O}_{m\times n}$.

(3) 方阵. 在 $m\times n$ 矩阵中，若 $m=n$，则称此矩阵为 n 阶方阵，简记为 $\boldsymbol{A}_n$ 或 A，即

$$\boldsymbol{A}_n=(a_{ij})=\begin{pmatrix}a_{11}&a_{12}&\cdots&a_{1n}\\a_{21}&a_{22}&\cdots&a_{2n}\\\vdots&\vdots&&\vdots\\a_{n1}&a_{n2}&\cdots&a_{nn}\end{pmatrix}.$$

特别地规定：一阶方阵（a）$=a$，即一阶方阵是一个数.

(4) 对角阵. 除主对角线（从左上角至右下角的直线）上的元素外其他元素都为零的矩阵

$$\boldsymbol{\Lambda}=\begin{pmatrix}\lambda_1&0&0&0\\0&\lambda_2&0&0\\0&0&\ddots&0\\0&0&0&\lambda_n\end{pmatrix}$$

称为对角矩阵. 对角矩阵也简写为

$$\boldsymbol{\Lambda}=\operatorname{diag}(\lambda_1,\lambda_2,\cdots,\lambda_n)=\begin{pmatrix}\lambda_1&&&\\&\lambda_2&&\\&&\ddots&\\&&&\lambda_n\end{pmatrix}.$$

(5) $\boldsymbol{n}$ 阶单位阵. 主对角线上的元素都为 1，其他元素都为零的 n 阶方阵

$$\boldsymbol{E}_n=\begin{pmatrix}1&&&\\&1&&\\&&\ddots&\\&&&1\end{pmatrix}$$

称为 n 阶单位矩阵，简称单位阵. 记为 $\boldsymbol{E}_n$ 或 E. 显然单位矩阵对应的线性变换为恒等变换.

(6) $\boldsymbol{n}$ 阶上三角矩阵. 主对角线下方元素都为零的 n 阶方阵

$$\begin{pmatrix}a_{11}&a_{12}&\cdots&a_{1n}\\0&a_{22}&\cdots&a_{2n}\\\vdots&\vdots&&\vdots\\0&0&\cdots&a_{nn}\end{pmatrix}$$

称为 n 阶上三角矩阵，也可简写为

$$\begin{pmatrix}a_{11}&a_{12}&\cdots&a_{1n}\\&a_{22}&\cdots&a_{2n}\\&&\ddots&\vdots\\&&&a_{nn}\end{pmatrix}.$$

同样，有 **$\boldsymbol{n}$ 阶下三角矩阵**

$$\begin{pmatrix}a_{11}&&&\\a_{21}&a_{22}&&\\\vdots&\vdots&\ddots&\\a_{n1}&a_{n2}&\cdots&a_{nn}\end{pmatrix}.$$

第二节　矩阵的运算

矩阵之所以有用，不在于把一些数排成矩形表本身，主要在于可以对它进行某些有实际意义的运算. 本节将介绍矩阵的运算，这些运算反映了矩阵之间的基本关系.

一、矩阵的加法

首先，两个矩阵的行数相等，列数也相等时，就称它们是**同型矩阵**. 如果矩阵 $\boldsymbol{A}=(a_{ij})$ 与 $\boldsymbol{B}=(b_{ij})$ 是同型矩阵，并且它们的对应元素也相等，即

$$a_{ij}=b_{ij}\quad (i=1,2,\cdots,m;j=1,2,\cdots,n),$$

则称**矩阵 $\boldsymbol{A}$ 与矩阵 $\boldsymbol{B}$ 相等**，记为 $\boldsymbol{A}=\boldsymbol{B}$.

注意：不同型的单位矩阵是不相等的，不同型的零矩阵也是不相等的.

定义 2-2　设有两个 $m\times n$ 矩阵 $\boldsymbol{A}=(a_{ij})_{m\times n}$，$\boldsymbol{B}=(b_{ij})_{m\times n}$，那么**矩阵 $\boldsymbol{A}$ 与 $\boldsymbol{B}$ 的和**记为 $\boldsymbol{A}+\boldsymbol{B}$，规定为

$$\begin{pmatrix} a_{11}+b_{11} & a_{12}+b_{12} & \cdots & a_{1n}+b_{1n} \\ a_{21}+b_{21} & a_{22}+b_{22} & \cdots & a_{2n}+b_{2n} \\ \vdots & \vdots & & \vdots \\ a_{m1}+b_{m1} & a_{m2}+b_{m2} & \cdots & a_{mn}+b_{mn} \end{pmatrix}.$$

注意：只有同型矩阵才能进行加法运算.

矩阵加法满足下列运算规律（设 $\boldsymbol{A}$、$\boldsymbol{B}$、$\boldsymbol{C}$ 为 $m\times n$ 矩阵）：

（1）$\boldsymbol{A}+\boldsymbol{B}=\boldsymbol{B}+\boldsymbol{A}$.

（2）$(\boldsymbol{A}+\boldsymbol{B})+\boldsymbol{C}=\boldsymbol{A}+(\boldsymbol{B}+\boldsymbol{C})$.

如果 $A=(a_{ij})_{\mathrm{m}\times\mathrm{n}}$，记

$$-\boldsymbol{A}=\begin{pmatrix} -a_{11} & -a_{12} & \cdots & -a_{1n} \\ -a_{21} & -a_{22} & \cdots & -a_{2n} \\ \vdots & \vdots & & \vdots \\ -a_{m1} & -a_{m2} & \cdots & -a_{mn} \end{pmatrix}$$

称为矩阵 $\boldsymbol{A}$ 的**负矩阵**，记为 $-\boldsymbol{A}$.

利用负矩阵，定义矩阵的减法为 $\boldsymbol{A}-\boldsymbol{B}=\boldsymbol{A}+(-\boldsymbol{B})$.

二、数与矩阵的乘积（简称数乘）

定义 2-3　**数 λ 与矩阵 A 的乘积**记为 $\lambda\boldsymbol{A}$ 或 $\boldsymbol{A}\lambda$，规定为

$$\lambda\boldsymbol{A}=\boldsymbol{A}\lambda=\begin{pmatrix} \lambda a_{11} & \lambda a_{12} & \cdots & \lambda a_{1n} \\ \lambda a_{21} & \lambda a_{22} & \cdots & \lambda a_{2n} \\ \vdots & \vdots & & \vdots \\ \lambda a_{m1} & \lambda a_{m2} & \cdots & \lambda a_{mn} \end{pmatrix}.$$

注意：数 λ 乘一个矩阵 $\boldsymbol{A}$，需要把数 λ 乘矩阵 $\boldsymbol{A}$ 的每一个元素，这与行列式的性质 1-3 是不同的.

例如，若 $\boldsymbol{A}=\begin{pmatrix} 3 & -1 & 2 \\ 1 & 0 & 4 \end{pmatrix}$，则

$$5\boldsymbol{A}=\begin{pmatrix}5\times3 & 5\times(-1) & 5\times2\\ 5\times1 & 5\times0 & 5\times4\end{pmatrix}=\begin{pmatrix}15 & -5 & 10\\ 5 & 0 & 20\end{pmatrix}.$$

数与矩阵的乘积满足下列运算规律（设 $\boldsymbol{A}$、$\boldsymbol{B}$ 为 $m\times n$ 矩阵，λ，μ 为数）：

(1) $(\lambda\mu)\boldsymbol{A}=\lambda(\mu\boldsymbol{A})$.

(2) $(\lambda+\mu)\boldsymbol{A}=\lambda\boldsymbol{A}+\mu\boldsymbol{A}$.

(3) $\lambda(\boldsymbol{A}+\boldsymbol{B})=\lambda\boldsymbol{A}+\mu\boldsymbol{A}$.

矩阵相加与数乘矩阵合起来统称为**矩阵的线性运算**.

三、矩阵与矩阵相乘

定义 2-4　设 $\boldsymbol{A}=(a_{ij})$ 是一个 $m\times s$ 矩阵，$\boldsymbol{B}=(b_{ij})$ 是一个 $s\times n$ 矩阵，那么，规定**矩阵 $\boldsymbol{A}$ 与矩阵 $\boldsymbol{B}$ 的乘积 $\boldsymbol{AB}$** 是一个 $m\times n$ 矩阵 $\boldsymbol{C}=(c_{ij})$，此矩阵的第 i 行第 j 列元素 c_{ij} 等于 $\boldsymbol{A}$ 的第 i 行与 $\boldsymbol{B}$ 的第 j 列对应元素乘积之和，即

$$c_{ij}=a_{i1}b_{1j}+a_{i2}b_{2j}+\cdots a_{is}b_{sj}=\sum_{k=1}^{s}a_{ik}b_{kj}\,(i=1,2,\cdots,m;j=1,2,\cdots,n)$$

注意：两个矩阵只有当左端矩阵 $\boldsymbol{A}$ 的列数与右端矩阵 $\boldsymbol{B}$ 的行数相等才能相乘，并且乘积 $\boldsymbol{AB}$ 的行数等于 $\boldsymbol{A}$ 的行数，列数等于 $\boldsymbol{B}$ 的列数. 当 $\boldsymbol{AB}$ 有意义时，$\boldsymbol{BA}$ 不一定有意义，因为 $\boldsymbol{B}$ 的列数不一定等于 $\boldsymbol{A}$ 的行数，因此 $\boldsymbol{A}$ 与 $\boldsymbol{B}$ 相乘时必须指出 $\boldsymbol{A}$ 是左乘 $\boldsymbol{B}$ 还是右乘 $\boldsymbol{B}$.

例 2-3　求矩阵 $\boldsymbol{A}=\begin{pmatrix}2 & -1 & 0\\ 3 & 1 & -2\end{pmatrix}$，$\boldsymbol{B}=\begin{pmatrix}1 & -3\\ 2 & 1\\ -5 & 0\end{pmatrix}$ 的乘积 $\boldsymbol{AB}$.

解　因为 $\boldsymbol{A}$ 是 2×3 矩阵，$\boldsymbol{B}$ 是 3×2 矩阵，$\boldsymbol{A}$ 的列数与 $\boldsymbol{B}$ 的行数相等，所以矩阵 $\boldsymbol{A}$ 与 $\boldsymbol{B}$ 可以相乘，其乘积矩阵是一个 2×2 矩阵. 按公式有

$$\begin{aligned}\boldsymbol{AB}&=\begin{pmatrix}2 & -1 & 0\\ 3 & 1 & -2\end{pmatrix}\begin{pmatrix}1 & -3\\ 2 & 1\\ -5 & 0\end{pmatrix}\\ &=\begin{pmatrix}2\times1+(-1)\times2+0\times(-5) & 2\times(-3)+(-1)\times1+0\times0\\ 3\times1+1\times2+(-2)\times(-5) & 3\times(-3)+1\times1+(-2)\times0\end{pmatrix}\\ &=\begin{pmatrix}0 & -7\\ 15 & -8\end{pmatrix}.\end{aligned}$$

例 2-4　$\boldsymbol{A}$，$\boldsymbol{B}$ 分别是 $1\times n$ 和 $n\times1$ 矩阵，设

$$\boldsymbol{A}=(a_1,a_2,\cdots,a_n),\quad \boldsymbol{B}=\begin{pmatrix}b_1\\ b_2\\ \vdots\\ b_n\end{pmatrix},$$

计算 $\boldsymbol{AB}$ 与 $\boldsymbol{BA}$.

解

$$\boldsymbol{AB}=(a_1\quad a_2\quad\cdots\quad a_n)\begin{pmatrix}b_1\\ b_2\\ \vdots\\ b_n\end{pmatrix}=a_1b_1+a_2b_2+\cdots a_nb_n,$$

$$\boldsymbol{BA}=\begin{pmatrix}b_1\\b_2\\\vdots\\b_n\end{pmatrix}(a_1\quad a_2\quad\cdots\quad a_n)=\begin{pmatrix}b_1a_1&b_1a_2&\cdots&b_1a_n\\b_2a_1&b_2a_2&\cdots&b_2a_n\\\vdots&\vdots&&\vdots\\b_na_1&b_na_2&\cdots&b_na_n\end{pmatrix},$$

$\boldsymbol{AB}$ 是 1 阶矩阵，$\boldsymbol{BA}$ 是 n 阶矩阵.

例 2-5 求矩阵 $\boldsymbol{A}=\begin{pmatrix}-2&4\\1&-2\end{pmatrix}$ 与 $\boldsymbol{B}=\begin{pmatrix}2&4\\-3&-6\end{pmatrix}$ 的乘积 $\boldsymbol{AB}$ 与 $\boldsymbol{BA}$.

解 $\boldsymbol{AB}=\begin{pmatrix}-2&4\\1&-2\end{pmatrix}\begin{pmatrix}2&4\\-3&-6\end{pmatrix}=\begin{pmatrix}-16&-32\\8&16\end{pmatrix}$,

$\boldsymbol{BA}=\begin{pmatrix}2&4\\-3&-6\end{pmatrix}\begin{pmatrix}-2&4\\1&-2\end{pmatrix}=\begin{pmatrix}0&0\\0&0\end{pmatrix}$.

从例 2-5 中可以看到，矩阵与矩阵的乘法和数与数的乘法有以下几个根本性的区别：

(1) 矩阵乘法没有交换律，即在一般情况下，$\boldsymbol{AB}\neq\boldsymbol{BA}$. 对于两个 n 阶方阵 $\boldsymbol{A}$、$\boldsymbol{B}$ 若 $\boldsymbol{AB}=\boldsymbol{BA}$ 成立，则称 $\boldsymbol{A}$ 与 $\boldsymbol{B}$ 是可交换的.

(2) 两个非零矩阵相乘可能是零矩阵. 即若两个矩阵 $\boldsymbol{A}$、$\boldsymbol{B}$ 满足 $\boldsymbol{AB}=\boldsymbol{O}$，不能得出 $\boldsymbol{A}=\boldsymbol{O}$ 或 $\boldsymbol{B}=\boldsymbol{O}$ 的结论.

(3) 矩阵的乘法也不满足消去律. 即当 $\boldsymbol{AB}=\boldsymbol{CB}$ 时，不一定可得 $\boldsymbol{A}=\boldsymbol{C}$.

矩阵乘法满足的运算规律（假如运算都是可行的）有：

(1) $(\boldsymbol{AB})\boldsymbol{C}=\boldsymbol{A}(\boldsymbol{BC})$.

(2) $\lambda(\boldsymbol{AB})=(\lambda\boldsymbol{A})\boldsymbol{B}=\boldsymbol{A}(\lambda\boldsymbol{B})$（$\lambda$ 为常数）.

(3) **左分配律** $\boldsymbol{A}(\boldsymbol{B}+\boldsymbol{C})=\boldsymbol{AB}+\boldsymbol{AC}$,

右分配律 $(\boldsymbol{B}+\boldsymbol{C})\boldsymbol{A}=\boldsymbol{BA}+\boldsymbol{CA}$.

对于单位矩阵 $\boldsymbol{E}$，易验证

$$\boldsymbol{E}_m\boldsymbol{A}_{m\times n}=\boldsymbol{A}_{m\times n},\quad \boldsymbol{A}_{m\times n}\boldsymbol{E}_n=\boldsymbol{A}_{m\times n},$$

或简写成

$$\boldsymbol{EA}=\boldsymbol{AE}=\boldsymbol{A},$$

可见单位阵在矩阵乘法中的作用类似于数 1.

矩阵的乘法至关重要. 可以说，矩阵之所以有用主要在于它有这种特殊的乘法. 这里我们举出一个引出矩阵乘法的实例.

设有两个线性变换

$$\begin{cases}y_1=a_{11}x_1+a_{12}x_2+a_{13}x_3\\y_2=a_{21}x_1+a_{22}x_2+a_{23}x_3\end{cases},$$

$$\begin{cases}x_1=b_{11}t_1+b_{12}t_2\\x_2=b_{21}t_1+b_{22}t_2\\x_3=b_{31}t_1+b_{32}t_2\end{cases}$$

它们所对应的变换矩阵为

$$\boldsymbol{A}=\begin{pmatrix}a_{11}&a_{12}&a_{13}\\a_{21}&a_{22}&a_{23}\end{pmatrix},\quad \boldsymbol{B}=\begin{pmatrix}b_{11}&b_{12}\\b_{21}&b_{22}\\b_{31}&b_{32}\end{pmatrix},$$

则从 t_1，t_2 到 y_1，y_2 的线性变换为

$$\begin{cases} y_1 = (a_{11}b_{11} + a_{12}b_{21} + a_{13}b_{31})t_1 + (a_{11}b_{12} + a_{12}b_{22} + a_{13}b_{32})t_2 \\ y_2 = (a_{21}b_{11} + a_{22}b_{21} + a_{23}b_{31})t_1 + (a_{21}b_{12} + a_{22}b_{22} + a_{23}b_{32})t_2 \end{cases}$$

此线性变换的系数矩阵为

$$\boldsymbol{C} = \begin{pmatrix} c_{11} & c_{12} \\ c_{21} & c_{22} \end{pmatrix},$$

其中：

$$c_{11} = a_{11}b_{11} + a_{12}b_{21} + a_{13}b_{31};\quad c_{12} = a_{11}b_{12} + a_{12}b_{22} + a_{13}b_{32};$$

$$c_{21} = a_{21}b_{11} + a_{22}b_{21} + a_{23}b_{31};\quad c_{22} = a_{21}b_{12} + a_{22}b_{22} + a_{23}b_{32}.$$

可以看到，$c_{ij}=a_{i1}b_{1j}+a_{i2}b_{2j}+a_{i3}b_{3j}$（$i=1$，2，$j=1$，2），因此有 $\boldsymbol{C}=\boldsymbol{AB}$.

定义了矩阵乘法，x_1，x_2，…，x_n 到 y_1，y_2，…，y_m 的线性变换

$$\begin{cases} y_1 = a_{11}x_1 + a_{12}x_2 + \cdots + a_{1n}x_n \\ y_2 = a_{21}x_1 + a_{22}x_2 + \cdots + a_{2n}x_n \\ \cdots \\ y_m = a_{m1}x_1 + a_{m2}x_2 + \cdots + a_{mn}x_n \end{cases}$$

可以写成矩阵形式

$$\boldsymbol{y} = \boldsymbol{Ax}$$

其中，

$$\boldsymbol{x} = \begin{pmatrix} x_1 \\ x_2 \\ \vdots \\ x_n \end{pmatrix},\quad \boldsymbol{y} = \begin{pmatrix} y_1 \\ y_2 \\ \vdots \\ y_m \end{pmatrix},$$

于是，可将前述的线性变换$\begin{cases} y_1=a_{11}x_1+a_{12}x_2+a_{13}x_3 \\ y_2=a_{21}x_1+a_{22}x_2+a_{23}x_3 \end{cases}$与$\begin{cases} x_1=b_{11}t_1+b_{12}t_2 \\ x_2=b_{21}t_1+b_{22}t_2 \\ x_3-b_{31}t_1+b_{32}l_2 \end{cases}$，分别记为 $\boldsymbol{y}=\boldsymbol{Ax}$ 和 $\boldsymbol{x}=\boldsymbol{Bt}$，此两线性变换的乘积（或复合），即可表示为 $\boldsymbol{y}=(\boldsymbol{AB})\boldsymbol{t}$.

四、方阵的幂

定义 2-5　设 $\boldsymbol{A}$ 是 n 阶方阵，m 是正整数，m 个 $\boldsymbol{A}$ 连乘积称为 $\boldsymbol{A}$ **的** m **次幂**，记为 $\boldsymbol{A}^m$，即

$$\boldsymbol{A}^m = \underbrace{\boldsymbol{AA}\cdots\boldsymbol{A}}_{m个}.$$

显然只有方阵的幂才有意义.

方阵的幂满足如下运算规律（k、l 为正整数）：

(1) $\boldsymbol{A}^k\boldsymbol{A}^l=\boldsymbol{A}^{k+l}$.

(2) $(\boldsymbol{A}^k)^l=\boldsymbol{A}^{kl}$.

注意：由于矩阵乘法不满足交换律，所以当 n 阶方阵 $\boldsymbol{A}$ 与 $\boldsymbol{B}$ 不可交换时，一般地，$(\boldsymbol{AB})^k\neq\boldsymbol{A}^k\boldsymbol{B}^k$、$(\boldsymbol{A}+\boldsymbol{B})^2\neq\boldsymbol{A}^2+2\boldsymbol{AB}+\boldsymbol{B}^2$、$(\boldsymbol{A}-\boldsymbol{B})(\boldsymbol{A}+\boldsymbol{B})\neq\boldsymbol{A}^2-\boldsymbol{B}^2$.

例 2-6　证明：

$$\begin{pmatrix}1&0\\\lambda&1\end{pmatrix}^n=\begin{pmatrix}1&0\\n\lambda&1\end{pmatrix}$$

证明 用数学归纳法．当 $n=1$ 时，等式显然成立．设 $n=k$ 时成立，即设

$$\begin{pmatrix}1&0\\\lambda&1\end{pmatrix}^k=\begin{pmatrix}1&0\\k\lambda&1\end{pmatrix}$$

则 $n=k+1$ 时，

$$\begin{pmatrix}1&0\\\lambda&1\end{pmatrix}^{k+1}=\begin{pmatrix}1&0\\k\lambda&1\end{pmatrix}\begin{pmatrix}1&0\\\lambda&1\end{pmatrix}=\begin{pmatrix}1&0\\(k+1)\lambda&1\end{pmatrix}$$

也成立，等式得证．

五、矩阵的转置

定义 2-6 设一个 $m\times n$ 矩阵

$$\boldsymbol{A}=\begin{bmatrix}a_{11}&a_{12}&\cdots&a_{1n}\\a_{21}&a_{22}&\cdots&a_{2n}\\\vdots&\vdots&&\vdots\\a_{m1}&a_{m2}&\cdots&a_{mn}\end{bmatrix}$$

将 $\boldsymbol{A}$ 的第 i 行（$i=1$，2，…，m）作为第 i 列所得矩阵

$$\begin{bmatrix}a_{11}&a_{21}&\cdots&a_{m1}\\a_{12}&a_{22}&\cdots&a_{m2}\\\vdots&\vdots&&\vdots\\a_{1n}&a_{2n}&\cdots&a_{mn}\end{bmatrix}$$

称为 **$\boldsymbol{A}$ 的转置矩阵**，或简称为 **$\boldsymbol{A}$ 的转置**，记作 $\boldsymbol{A}^{\mathrm{T}}$．

例如，若 $\boldsymbol{A}=\begin{pmatrix}1&0&3\\2&1&-1\end{pmatrix}$，其转置 $\boldsymbol{A}^{\mathrm{T}}=\begin{bmatrix}1&2\\0&1\\3&-1\end{bmatrix}$．

矩阵的转置满足下列运算规则（假设运算都是可行的）：

（1）$(\boldsymbol{A}^{\mathrm{T}})^{\mathrm{T}}=\boldsymbol{A}$；

（2）$(\boldsymbol{A}+\boldsymbol{B})^{\mathrm{T}}=\boldsymbol{A}^{\mathrm{T}}+\boldsymbol{B}^{\mathrm{T}}$；

（3）$(\lambda\boldsymbol{A})^{\mathrm{T}}=\lambda A^{\mathrm{T}}$；

（4）$(\boldsymbol{AB})^{\mathrm{T}}=\boldsymbol{B}^{\mathrm{T}}\boldsymbol{A}^{\mathrm{T}}$．

（1）、（2）、（3）显然成立，下面对（4）进行证明．

设 $\boldsymbol{A}=(a_{ij})_{m\times s}$，$\boldsymbol{B}=(b_{ij})_{s\times n}$，$\boldsymbol{AB}=\boldsymbol{C}=(c_{ij})_{m\times n}$，$\boldsymbol{B}^{\mathrm{T}}\boldsymbol{A}^{\mathrm{T}}=\boldsymbol{D}=(d_{ij})_{n\times m}$，而 $\boldsymbol{B}^{\mathrm{T}}$ 的第 i 行为（b_{1i}，b_{2i}，…，b_{si}），$\boldsymbol{A}^{\mathrm{T}}$ 的第 j 列为 $(a_{j1},a_{j2},\cdots,a_{js})^{\mathrm{T}}$，故

$$d_{ij}=\sum_{k=1}^{s}b_{ki}a_{jk}=\sum_{k=1}^{s}a_{jk}b_{ki}=c_{ji}$$

即

$$\boldsymbol{D}=\boldsymbol{C}^{\mathrm{T}}$$

所以

$$(\boldsymbol{AB})^{\mathrm{T}}=\boldsymbol{B}^{\mathrm{T}}\boldsymbol{A}^{\mathrm{T}}.$$

（2）、（4）显然可推广到 n 个矩阵的情形，也就是说，以下等式成立：

$$(\boldsymbol{A}_1+\boldsymbol{A}_2+\cdots+\boldsymbol{A}_n)^{\mathrm{T}}=\boldsymbol{A}_1^{\mathrm{T}}+\boldsymbol{A}_2^{\mathrm{T}}+\cdots+\boldsymbol{A}_n^{\mathrm{T}};$$

$$(\boldsymbol{A}_1\boldsymbol{A}_2\cdots\boldsymbol{A}_n)^{\mathrm{T}}=\boldsymbol{A}_n^{\mathrm{T}}\cdots\boldsymbol{A}_2^{\mathrm{T}}\boldsymbol{A}_1^{\mathrm{T}}.$$

定义 2-7 设 $\boldsymbol{A}$ 为 n 阶方阵，若满足 $\boldsymbol{A}^{\mathrm{T}}=\boldsymbol{A}$，即 $a_{ij}=a_{ji}$（i，$j=1$，2，…，n），则 $\boldsymbol{A}$ 称为**对称矩阵**；若满足 $\boldsymbol{A}^{\mathrm{T}}=-\boldsymbol{A}$，即 $a_{ij}=-a_{ji}$（i，$j=1$，2，…，n），则称 $\boldsymbol{A}$ 为**反对称矩阵**.

对称矩阵的特点：它的关于主对角线对称的对应元素相等；反对称矩阵的特点：主对角线上元素都为零，而其他关于主对角线对称的对应元素互为相反数.

例如$\begin{pmatrix} 2 & 1 & -2 \\ 1 & 3 & 4 \\ -2 & 4 & 8 \end{pmatrix}$为一对称矩阵；而$\begin{pmatrix} 0 & -1 & 2 \\ 1 & 0 & -4 \\ -2 & 4 & 0 \end{pmatrix}$为一反对称矩阵.

例 2-7 设 $\boldsymbol{A}$ 为任意给定的 $m\times n$ 矩阵，证明：$\boldsymbol{AA}^{\mathrm{T}}$ 为对称矩阵.

证明 因为$(\boldsymbol{AA}^{\mathrm{T}})^{\mathrm{T}}=(\boldsymbol{A}^{\mathrm{T}})^{\mathrm{T}}\boldsymbol{A}^{\mathrm{T}}=\boldsymbol{AA}^{\mathrm{T}}$，故 $\boldsymbol{AA}^{\mathrm{T}}$ 为对称矩阵.

例 2-8 设 $\boldsymbol{A}$ 为 n 阶反对称矩阵，$\boldsymbol{B}$ 为 n 阶对称矩阵，证明：$\boldsymbol{AB}-\boldsymbol{BA}$ 是 n 阶对称矩阵.

证明 $\boldsymbol{AB}-\boldsymbol{BA}$ 显然是 n 阶矩阵，根据 $\boldsymbol{A}^{\mathrm{T}}=-\boldsymbol{A}$，$\boldsymbol{B}^{\mathrm{T}}=\boldsymbol{B}$ 可得

$$(\boldsymbol{AB}-\boldsymbol{BA})^{\mathrm{T}}=(\boldsymbol{AB})^{\mathrm{T}}-(\boldsymbol{BA})^{\mathrm{T}}=\boldsymbol{B}^{\mathrm{T}}\boldsymbol{A}^{\mathrm{T}}-\boldsymbol{A}^{\mathrm{T}}\boldsymbol{B}^{\mathrm{T}}=\boldsymbol{B}(-\boldsymbol{A})-(-\boldsymbol{A})\boldsymbol{B}=\boldsymbol{AB}-\boldsymbol{BA}$$

故 $\boldsymbol{AB}-\boldsymbol{BA}$ 是 n 阶对称矩阵.

六、方阵的行列式

定义 2-8 由 n 阶方阵 $\boldsymbol{A}$ 的元素所构成的行列式（各元素的位置不变），称为方阵 $\boldsymbol{A}$ 的行列式，记为 $|\boldsymbol{A}|$ 或 $\det\boldsymbol{A}$.

注意：方阵与行列式是两个不同的概念，n 阶方阵是 n^2 个数按一定方式排成的数表，而 n 阶行列式则是这些数（也就是数表 A）按一定的运算法则所确定的一个数.

由 $\boldsymbol{A}$ 确定的 $|\boldsymbol{A}|$ 满足下述运算规律（设 $\boldsymbol{A}$、$\boldsymbol{B}$ 为 n 阶方阵，λ 为常数）：

（1）$|\boldsymbol{A}^{\mathrm{T}}|=|\boldsymbol{A}|$.

（2）$|\lambda\boldsymbol{A}|=\lambda^n|\boldsymbol{A}|$.

（3）$|\boldsymbol{AB}|=|\boldsymbol{A}||\boldsymbol{B}|$.

（4）$|\boldsymbol{A}^n|=|\boldsymbol{A}|^n$.

下面对（3）进行证明，其余的请读者自己验证.

设 $\boldsymbol{A}=(a_{ij})$，$\boldsymbol{B}=(b_{ij})$. 记 $2n$ 阶行列式

$$D=\begin{vmatrix} a_{11} & \cdots & a_{1n} & & & \\ \vdots & & \vdots & & O & \\ a_{n1} & \cdots & a_{nn} & & & \\ -1 & & & b_{11} & \cdots & b_{1n} \\ & \ddots & & \vdots & & \vdots \\ & & -1 & b_{n1} & \cdots & b_{nn} \end{vmatrix}=\begin{vmatrix} \boldsymbol{A} & \boldsymbol{O} \\ -\boldsymbol{E} & \boldsymbol{B} \end{vmatrix}$$

由第一章例题结论可知 $D=|A||B|$，而在 D 中以 b_{1j} 乘第 1 列，b_{2j} 乘第 2 列，…，b_{nj} 乘第 n 列，都加到第 $n+j$ 列上（$j=1$，2，…n），有

$$D=\begin{vmatrix} \boldsymbol{A} & \boldsymbol{C} \\ -\boldsymbol{E} & \boldsymbol{O} \end{vmatrix},$$

其中 $\boldsymbol{C}=(c_{ij})$，$c_{ij}=b_{1j}a_{i1}+b_{2j}a_{i2}+\cdots+b_{nj}a_{in}$，故 $\boldsymbol{C}=\boldsymbol{AB}$.

再对 D 的行作 $r_j\leftrightarrow r_{n+j}(j=1,2,\cdots,n)$，有

$$D=(-1)^n\begin{vmatrix}-\boldsymbol{E} & \boldsymbol{O}\\ \boldsymbol{A} & \boldsymbol{C}\end{vmatrix},$$

从而按第一章例题结论，有

$$D=(-1)^n|-\boldsymbol{E}||\boldsymbol{C}|=(-1)^n(-1)^n|\boldsymbol{C}|=|\boldsymbol{C}|=|\boldsymbol{AB}|.$$

于是
$$|\boldsymbol{AB}|=|\boldsymbol{A}||\boldsymbol{B}|.$$

由上面结论立即可以得到 $|\boldsymbol{A}^n|=|\boldsymbol{A}|^n$.

由（3）可知，对于 n 阶矩阵 $\boldsymbol{A}$、$\boldsymbol{B}$，一般来说 $\boldsymbol{AB}\neq\boldsymbol{BA}$，但总有 $|\boldsymbol{AB}|=|\boldsymbol{BA}|$.

例 2-9 设 $\boldsymbol{A}=\begin{pmatrix}1 & 2 & 4\\ 0 & -2 & 7\\ 0 & 0 & -3\end{pmatrix}$，$\boldsymbol{B}=\begin{pmatrix}4 & 9 & 5\\ 0 & 1 & -7\\ 0 & 0 & 2\end{pmatrix}$，

计算 $|\boldsymbol{A}|$、$|\boldsymbol{B}|$、$|\boldsymbol{A}+\boldsymbol{B}|$、$|2\boldsymbol{A}|$、$|\boldsymbol{AB}|$、$|\boldsymbol{BA}|$、$|\boldsymbol{A}^3|$.

解 $|\boldsymbol{A}|=\begin{vmatrix}1 & 2 & 4\\ 0 & -2 & 7\\ 0 & 0 & -3\end{vmatrix}=6$，$|\boldsymbol{B}|=\begin{vmatrix}4 & 9 & 5\\ 0 & 1 & -7\\ 0 & 0 & 2\end{vmatrix}=8$，$|\boldsymbol{A}+\boldsymbol{B}|=\begin{vmatrix}5 & 11 & 9\\ 0 & -1 & 0\\ 0 & 0 & -1\end{vmatrix}=5$，

$|2\boldsymbol{A}|=2^3|\boldsymbol{A}|=48$，　$|\boldsymbol{AB}|=|\boldsymbol{BA}|=|\boldsymbol{B}||\boldsymbol{A}|=48$，　$|\boldsymbol{A}^3|=|\boldsymbol{A}|^3=6^3=216$.

由此例可见，一般地

$$|\boldsymbol{A}+\boldsymbol{B}|\neq|\boldsymbol{A}|+|\boldsymbol{B}|,\quad 但\ |\boldsymbol{AB}|=|\boldsymbol{BA}|.$$

第三节 逆 矩 阵

对于矩阵，已经定义了加法、减法及乘法运算，本节我们继续讨论矩阵的运算.

在数的乘法运算中，我们知道，每个不等于零的数 a，必有倒数 $a^{-1}=\dfrac{1}{a}$，使得

$$aa^{-1}=a^{-1}a=1,$$

在矩阵的乘法运算中，单位矩阵 $\boldsymbol{E}$ 相当于数的乘法运算中的 1，试问，对于每个非零的矩阵 $\boldsymbol{A}$，是否也存在一个矩阵 $\boldsymbol{B}$，使得

$$\boldsymbol{AB}=\boldsymbol{BA}=\boldsymbol{E}.$$

线性方程组的矩阵形式为

$$\boldsymbol{Ax}=\boldsymbol{b},$$

线性变换的矩阵形式为

$$\boldsymbol{y}=\boldsymbol{Ax},$$

要用矩阵的运算求解方程 $\boldsymbol{Ax}=\boldsymbol{b}$ 及讨论线性变换 $\boldsymbol{y}=\boldsymbol{Ax}$ 能否确定 $\boldsymbol{y}$ 到 $\boldsymbol{x}$ 的线性变换（称为 $\boldsymbol{y}=\boldsymbol{Ax}$ 的逆变换），均需研究对于一个矩阵 $\boldsymbol{A}$，是否存在一个矩阵 $\boldsymbol{B}$，使得 $\boldsymbol{AB}=\boldsymbol{BA}=\boldsymbol{E}$. 本节将给出可逆矩阵及其逆矩阵的定义，并讨论矩阵可逆的条件及求逆矩阵的方法.

一、逆矩阵的定义

定义 2-9 设矩阵 $\boldsymbol{A}$ 是 n 阶方阵，若存在 n 阶方阵 $\boldsymbol{B}$，使得

$$\boldsymbol{AB}=\boldsymbol{BA}=\boldsymbol{E},$$

其中 $\boldsymbol{E}$ 是 n 阶单位矩阵，则称矩阵 $\boldsymbol{A}$ 是**可逆**的，并称矩阵 $\boldsymbol{B}$ 为 $\boldsymbol{A}$ 的逆矩阵.

由此可见，可逆矩阵及其逆矩阵是同阶方阵. 又由于定义中 $\boldsymbol{A}$ 和 $\boldsymbol{B}$ 的地位对称，所以

当 $\boldsymbol{B}$ 为 $\boldsymbol{A}$ 的逆矩阵时，$\boldsymbol{A}$ 也为 $\boldsymbol{B}$ 的逆矩阵.

定理 2-1 若矩阵 $\boldsymbol{A}$ 是可逆的，则 $\boldsymbol{A}$ 的逆矩阵是唯一的.

证明 设 $\boldsymbol{B}$、$\boldsymbol{C}$ 都是 $\boldsymbol{A}$ 的逆矩阵，则

$$\boldsymbol{B}=\boldsymbol{EB}=(\boldsymbol{CA})\boldsymbol{B}=\boldsymbol{C}(\boldsymbol{AB})=\boldsymbol{CE}=\boldsymbol{C}$$

所以 $\boldsymbol{A}$ 的逆矩阵是唯一的.

由于矩阵 $\boldsymbol{A}$ 可逆时，$\boldsymbol{A}$ 的逆矩阵是唯一的，所以今后可记 $\boldsymbol{A}$ 的逆矩阵为 $\boldsymbol{A}^{-1}$，由定义有

$$\boldsymbol{AA}^{-1}=\boldsymbol{A}^{-1}\boldsymbol{A}=\boldsymbol{E}.$$

当 $\boldsymbol{AB}=\boldsymbol{BA}=\boldsymbol{E}$ 时，$\boldsymbol{B}=\boldsymbol{A}^{-1}$.

二、方阵可逆的充要条件

n 阶方阵 $\boldsymbol{A}$ 满足什么条件时可逆？如果 $\boldsymbol{A}$ 可逆，怎样求 $\boldsymbol{A}^{-1}$？下面来回答这些问题. 先引入 n 阶方阵 $\boldsymbol{A}$ 的伴随矩阵 $\boldsymbol{A}^*$.

定义 2-10 设 $\boldsymbol{A}_{ij}$ 是方阵 $\boldsymbol{A}=(a_{ij})_{n\times n}$ 的行列式 $|\boldsymbol{A}|$ 中元素 a_{ij} 的代数余子式，则称矩阵

$$\boldsymbol{A}^*=\begin{pmatrix}\boldsymbol{A}_{11}&\boldsymbol{A}_{21}&\cdots&\boldsymbol{A}_{n1}\\\boldsymbol{A}_{12}&\boldsymbol{A}_{22}&\cdots&\boldsymbol{A}_{n2}\\\cdots&\cdots&\cdots&\cdots\\\boldsymbol{A}_{1n}&\boldsymbol{A}_{2n}&\cdots&\boldsymbol{A}_{nn}\end{pmatrix}$$

为方阵 $\boldsymbol{A}$ 的**伴随矩阵**.

例如：矩阵 $\begin{pmatrix}1&2\\3&5\end{pmatrix}$ 的伴随矩阵 $\boldsymbol{A}^*=\begin{pmatrix}5&-2\\-3&1\end{pmatrix}$.

伴随矩阵具 A^* 有如下性质：

$$\boldsymbol{AA}^*=\boldsymbol{A}^*\boldsymbol{A}=|\boldsymbol{A}|\boldsymbol{E}.$$

事实上，由行列式展开定理可知

$$a_{i1}\boldsymbol{A}_{i1}+a_{i2}\boldsymbol{A}_{i2}+\cdots+a_{in}\boldsymbol{A}_{in}=|A|\quad(i=1,2,\cdots,n)$$

$$a_{i1}\boldsymbol{A}_{j1}+a_{i2}\boldsymbol{A}_{j2}+\cdots a_{in}\boldsymbol{A}_{jn}=0\quad i\neq j,\quad(i,j=1,2,\cdots,n)$$

于是

$$\boldsymbol{AA}^*=\begin{pmatrix}a_{11}&a_{12}&\cdots&a_{1n}\\a_{21}&a_{22}&\cdots&a_{2n}\\\vdots&\vdots&&\vdots\\a_{n1}&a_{n2}&\cdots&a_{nn}\end{pmatrix}\begin{pmatrix}\boldsymbol{A}_{11}&\boldsymbol{A}_{21}&\cdots&\boldsymbol{A}_{n1}\\\boldsymbol{A}_{12}&\boldsymbol{A}_{22}&\cdots&\boldsymbol{A}_{n2}\\\cdots&\cdots&\cdots&\cdots\\\boldsymbol{A}_{1n}&\boldsymbol{A}_{2n}&\cdots&\boldsymbol{A}_{nn}\end{pmatrix}=\begin{pmatrix}|A|&&&\\&|\boldsymbol{A}|&&\\&&\ddots&\\&&&|\boldsymbol{A}|\end{pmatrix}=|\boldsymbol{A}|\boldsymbol{E},$$

同理可证，$\boldsymbol{A}^*\boldsymbol{A}=|\boldsymbol{A}|\boldsymbol{E}$.

定理 2-2 n 阶方阵 $\boldsymbol{A}$ 可逆的充分必要条件是 $|\boldsymbol{A}|\neq 0$，而且当 $\boldsymbol{A}$ 可逆时，$\boldsymbol{A}^{-1}=\dfrac{1}{|\boldsymbol{A}|}\boldsymbol{A}^*$.

证明 必要性：若 $\boldsymbol{A}$ 可逆，则有逆矩阵 $\boldsymbol{B}$，使得 $\boldsymbol{AB}=\boldsymbol{BA}=\boldsymbol{E}$，而 $|\boldsymbol{AB}|=|\boldsymbol{A}||\boldsymbol{B}|=1$，所以

$$|\boldsymbol{A}|\neq 0.$$

充分性：若 $|\boldsymbol{A}|\neq 0$，由 $\boldsymbol{AA}^*=\boldsymbol{A}^*\boldsymbol{A}=|\boldsymbol{A}|\boldsymbol{E}$，知 $\boldsymbol{A}\dfrac{\boldsymbol{A}^*}{|\boldsymbol{A}|}=\dfrac{\boldsymbol{A}^*}{|\boldsymbol{A}|}\boldsymbol{A}=\boldsymbol{E}$，再由逆阵的定义知 $\boldsymbol{A}$ 可逆，且 $\boldsymbol{A}^{-1}=\dfrac{1}{|\boldsymbol{A}|}\boldsymbol{A}^*$.

对于 n 阶方阵 $\boldsymbol{A}$，当 $|\boldsymbol{A}|=0$ 时称为**奇异矩阵**，否则称 $\boldsymbol{A}$ 为**非奇异矩阵**，于是定理 2 又可叙述为 n 阶方阵 $\boldsymbol{A}$ 可逆的充分必要条件是 $\boldsymbol{A}$ 是非奇异矩阵.

推论 2-1 若 $\boldsymbol{AB}=\boldsymbol{E}$（或 $\boldsymbol{BA}=\boldsymbol{E}$），则 $\boldsymbol{A}^{-1}=\boldsymbol{B}$（或 $\boldsymbol{B}^{-1}=\boldsymbol{A}$）.

证明 因为 $\boldsymbol{AB}=\boldsymbol{E}$，所以 $|\boldsymbol{AB}|=|\boldsymbol{A}||\boldsymbol{B}|=1$，即 $|\boldsymbol{A}|\neq 0$，故 $\boldsymbol{A}$ 可逆，且有

$$\boldsymbol{B}=\boldsymbol{EB}=(\boldsymbol{A}^{-1}\boldsymbol{A})\boldsymbol{B}=\boldsymbol{A}^{-1}(\boldsymbol{AB})=\boldsymbol{A}^{-1}\boldsymbol{E}=\boldsymbol{A}^{-1}.$$

定理不仅给出了矩阵可逆的充分必要条件，而且还给出了求逆矩阵的方法，称为求逆矩阵的公式法或伴随矩阵法. 以后还将介绍另一种求 $\boldsymbol{A}^{-1}$ 的方法. 推论告诉我们，判断 $\boldsymbol{B}$ 是否是 $\boldsymbol{A}$ 的逆阵，只需要验证 $\boldsymbol{AB}=\boldsymbol{E}$（或 $\boldsymbol{BA}=\boldsymbol{E}$）即可.

例 2-10 方阵

$$\boldsymbol{A}=\begin{pmatrix}1&2&3\\2&1&2\\1&3&3\end{pmatrix}$$

是否可逆，若可逆，求出其逆矩阵.

解 计算 $|\boldsymbol{A}|=\begin{vmatrix}1&2&3\\2&1&2\\1&3&3\end{vmatrix}=4\neq 0$，所以 $\boldsymbol{A}^{-1}$ 存在，而

$$\boldsymbol{A}_{11}=-3,\quad \boldsymbol{A}_{12}=-4,\quad \boldsymbol{A}_{13}=5,$$
$$\boldsymbol{A}_{21}=3,\quad \boldsymbol{A}_{22}=0,\quad \boldsymbol{A}_{23}=-1,$$
$$\boldsymbol{A}_{31}=1,\quad \boldsymbol{A}_{32}=4,\quad \boldsymbol{A}_{33}=-3$$

所以

$$\boldsymbol{A}^{*}=\begin{pmatrix}\boldsymbol{A}_{11}&\boldsymbol{A}_{21}&\boldsymbol{A}_{31}\\\boldsymbol{A}_{12}&\boldsymbol{A}_{22}&\boldsymbol{A}_{32}\\\boldsymbol{A}_{13}&\boldsymbol{A}_{23}&\boldsymbol{A}_{33}\end{pmatrix}=\begin{pmatrix}-3&3&1\\-4&0&4\\5&-1&-3\end{pmatrix},$$

故

$$\boldsymbol{A}^{-1}=\frac{1}{|\boldsymbol{A}|}\boldsymbol{A}^{*}=\begin{pmatrix}-\frac{3}{4}&\frac{3}{4}&\frac{1}{4}\\-1&0&1\\\frac{5}{4}&-\frac{1}{4}&-\frac{3}{4}\end{pmatrix}.$$

求逆的运算容易出错，所以求得 $\boldsymbol{A}^{-1}$ 后，应验证 $\boldsymbol{AA}^{-1}=\boldsymbol{E}$，以保证结果是正确的.

主对角元都非零的对角阵是可逆阵，其逆矩阵仍是对角阵.

例如：

$$\boldsymbol{A}=\begin{pmatrix}a_1&&&\\&a_2&&\\&&\ddots&\\&&&a_n\end{pmatrix},\quad (a_i\neq 0, i=1,2,\cdots,n),$$

则

$$\boldsymbol{A}^{-1}=\begin{pmatrix}\frac{1}{a_1}&&&\\&\frac{1}{a_2}&&\\&&\ddots&\\&&&\frac{1}{a_n}\end{pmatrix}.$$

例 2-11 设方阵 A 满足 $A^2-A-2E=0$，证明：A，$A+2E$ 都可逆，并求它们的逆矩阵.

证明 由于 $A^2-A-2E=0$，得 $A(A-E)=2E$，即

$$A\frac{A-E}{2}=E,$$

根据推论 1 可知，A 可逆，且 $A^{-1}=\frac{A-E}{2}$.

又从 $A^2-A-2E=0$，得 $(A+2E)(A-3E)+4E=0$，即

$$(A+2E)\left[-\frac{1}{4}(A-3E)\right]=E,$$

故 $A+2E$ 可逆，且 $(A+2E)^{-1}=-\frac{1}{4}(A-3E)$.

三、逆矩阵的性质

(1) 若 A 可逆，则 A^{-1} 亦可逆，且 $(A^{-1})^{-1}=A$.

(2) 若 A 可逆，数 $\lambda\neq 0$，则 λA 亦可逆，$(\lambda A)^{-1}=\frac{1}{\lambda}A^{-1}$.

(3) 若 A、B 为同阶可逆方阵，则 AB 也可逆，且 $(AB)^{-1}=B^{-1}A^{-1}$.

证明 因为 $(AB)(B^{-1}A^{-1})=A(BB^{-1})A^{-1}=AEA^{-1}=AA^{-1}=E$. 故由推论 2-1 有 $(AB)^{-1}=B^{-1}A^{-1}$.

(4) 若 A 可逆，则 A^{T} 亦可逆，且 $(A^{\mathrm{T}})^{-1}=(A^{-1})^{\mathrm{T}}$.

证明 因为 $A^{\mathrm{T}}(A^{-1})^{\mathrm{T}}=(A^{-1}A)^{\mathrm{T}}=E^{\mathrm{T}}=E$. 故由推论 2-1 得 $(A^{\mathrm{T}})^{-1}=(A^{-1})^{\mathrm{T}}$.

(5) 若 A 可逆，则 A^* 亦可逆，且 $(A^*)^{-1}=\frac{A}{|A|}$.

证明 因为 $A^*\frac{A}{|A|}=E$，故由推论 2-1 有 $(A^*)^{-1}=\frac{A}{|A|}$.

(6) 若 A 可逆，则 $|A^{-1}|=|A|^{-1}$.

证明 因为 $AA^{-1}=E$，所以 $|A||A^{-1}|=1$. 又由 A 可逆知 $|A|\neq 0$，因此 $|A^{-1}|=\frac{1}{|A|}=|A|^{-1}$.

(7) 当 $|A|\neq 0$ 时，还可定义 $A^0=E$，$A^{-k}=(A^{-1})^k$，其中 k 为正整数，这样矩阵的幂运算得到推广，且 $|A|\neq 0$，λ，μ 为整数时，有

$$A^{\lambda}A^{\mu}=A^{\lambda+\mu},(A^{\lambda})^{\mu}=A^{\lambda\mu}.$$

注意 2-1 A、B 均可逆，$A+B$ 不一定可逆，即使 $A+B$ 可逆，一般情况下，$(A+B)^{-1}\neq A^{-1}+B^{-1}$.

例如：$A=\begin{pmatrix}1&&\\&-1&\\&&2\end{pmatrix}$，$B=\begin{pmatrix}1&&\\&1&\\&&2\end{pmatrix}$，而 $A+B=\begin{pmatrix}2&&\\&0&\\&&4\end{pmatrix}$ 不可逆.

又 $A+A=2A$ 可逆，但 $(A+A)^{-1}=(2A)^{-1}=2^{-1}A^{-1}\neq A^{-1}+A^{-1}=2A^{-1}$.

注意 2-2 一般情况下，矩阵乘法不满足消去律，但若 A 是可逆方阵，则由 $AB=AC$，可推出 $B=C$.

注意 2-3 一般情况下，矩阵乘法不能由 $AB=O$，得出 $A=O$ 或 $B=O$，但若 A 是可逆

方阵，则由 $\boldsymbol{AB}=\boldsymbol{O}$ 可推出 $\boldsymbol{B}=\boldsymbol{O}$.

例 2-12 证明：若 $\boldsymbol{A}$ 是可逆的反对称矩阵，则 $\boldsymbol{A}^{-1}$ 也是反对称矩阵.

证明 因为 $(\boldsymbol{A}^{-1})^{\mathrm{T}}=(\boldsymbol{A}^{\mathrm{T}})^{-1}=(-\boldsymbol{A})^{-1}=-\boldsymbol{A}^{-1}$，所以 $\boldsymbol{A}^{-1}$ 是反对称矩阵.

四、逆矩阵的应用

1. 利用逆矩阵求线性变换的逆变换

设有线性变换 $\boldsymbol{y}=\boldsymbol{Ax}$，且 $\boldsymbol{A}$ 可逆，则 $\boldsymbol{x}=\boldsymbol{A}^{-1}\boldsymbol{y}$ 为 $\boldsymbol{y}=\boldsymbol{Ax}$ 的逆变换.

例 2-13 求线性变换 $\begin{cases} y_1=x_1-x_2-x_3 \\ y_2=2x_1-x_2-3x_3 \\ y_3=-3x_1+4x_2+4x_3 \end{cases}$ 的逆变换.

解 线性变换矩阵为

$$\boldsymbol{A}=\begin{pmatrix} 1 & -1 & -1 \\ 2 & -1 & -3 \\ -3 & 4 & 4 \end{pmatrix},$$

而 $|\boldsymbol{A}|=\begin{vmatrix} 1 & -1 & -1 \\ 2 & -1 & -3 \\ -3 & 4 & 4 \end{vmatrix}=2\neq 0$，所以 $\boldsymbol{A}$ 可逆，可求得

$$\boldsymbol{A}^{-1}=\frac{1}{2}\begin{pmatrix} 8 & 0 & 2 \\ 1 & 1 & 1 \\ 5 & -1 & 1 \end{pmatrix}.$$

从而由 $\boldsymbol{x}=\boldsymbol{A}^{-1}\boldsymbol{y}$，得

$$\begin{pmatrix} x_1 \\ x_2 \\ x_3 \end{pmatrix}=\frac{1}{2}\begin{pmatrix} 8 & 0 & 2 \\ 1 & 1 & 1 \\ 5 & -1 & 1 \end{pmatrix}\begin{pmatrix} y_1 \\ y_2 \\ y_3 \end{pmatrix},$$

即

$$\begin{cases} x_1=4y_1+y_3 \\ x_2=\dfrac{1}{2}y_1+\dfrac{1}{2}y_2+\dfrac{1}{2}y_3 \\ x_3=\dfrac{5}{2}y_1-\dfrac{1}{2}y_2+\dfrac{1}{2}y_3 \end{cases}.$$

2. 利用逆矩阵求解线性方程组和矩阵方程

设线性方程组的矩阵形式为 $\boldsymbol{Ax}=\boldsymbol{b}$，且 $\boldsymbol{A}$ 可逆，则 $\boldsymbol{x}=\boldsymbol{A}^{-1}\boldsymbol{b}$.

更一般地，对于矩阵方程，$\boldsymbol{AXB}=\boldsymbol{C}$，且 $\boldsymbol{A}$、$\boldsymbol{B}$ 可逆，则 $\boldsymbol{X}=\boldsymbol{A}^{-1}\boldsymbol{C}\boldsymbol{B}^{-1}$.

例 2-14 利用逆阵解下列线性方程组

$$\begin{cases} x_1+2x_2+3x_3=1 \\ 2x_1+2x_2+5x_3=2 \\ 3x_1+5x_2+x_3=3 \end{cases}.$$

解 记 $\boldsymbol{A}=\begin{pmatrix} 1 & 2 & 3 \\ 2 & 2 & 5 \\ 3 & 5 & 1 \end{pmatrix}$，$\boldsymbol{x}=\begin{pmatrix} x_1 \\ x_2 \\ x_3 \end{pmatrix}$，$\boldsymbol{b}=\begin{pmatrix} 1 \\ 2 \\ 3 \end{pmatrix}$，则线性方程组可表示为 $\boldsymbol{Ax}=\boldsymbol{b}$.

因为 $|\boldsymbol{A}|=15\neq 0$，所以 $\boldsymbol{A}$ 可逆. 在 $\boldsymbol{AX}=\boldsymbol{b}$ 的两边分别左乘 $\boldsymbol{A}^{-1}$，得 $\boldsymbol{x}=\boldsymbol{A}^{-1}\mathbf{b}$

而 $$A^{-1}=\frac{1}{15}\begin{pmatrix}-23 & 13 & 4\\ 13 & -8 & 1\\ 4 & 1 & -2\end{pmatrix},$$

所以 $$x=A^{-1}b=\frac{1}{15}\begin{pmatrix}-23 & 13 & 4\\ 13 & -8 & 1\\ 4 & 1 & -2\end{pmatrix}\begin{pmatrix}1\\2\\3\end{pmatrix}=\begin{pmatrix}1\\0\\0\end{pmatrix},$$

即 $x_1=1$，$x_2=0$，$x_3=0$.

例 2-15 设 $A=\begin{pmatrix}1 & 2 & 3\\ 2 & 2 & 1\\ 3 & 4 & 3\end{pmatrix}$，$B=\begin{pmatrix}2 & 1\\ 5 & 3\end{pmatrix}$，$C=\begin{pmatrix}1 & 3\\ 2 & 0\\ 3 & 1\end{pmatrix}$，

求 X，使之满足 $AXB=C$.

解 因为 $|A|=2$，$|B|=1$，所以 A、B 均可逆. 在 $AXB=C$ 的两边分别左乘 A^{-1}、右乘 B^{-1}，得

$$X=A^{-1}CB^{-1}$$

而 $$A^{-1}=\frac{1}{2}\begin{pmatrix}2 & 6 & -4\\ -3 & -6 & 5\\ 2 & 2 & -2\end{pmatrix},\ B^{-1}=\begin{pmatrix}3 & -1\\ -5 & 2\end{pmatrix},$$

所以 $$X=A^{-1}CB^{-1}=\frac{1}{2}\begin{pmatrix}2 & 6 & -4\\ -3 & -6 & 5\\ 2 & 2 & -2\end{pmatrix}\begin{pmatrix}1 & 3\\ 2 & 0\\ 3 & 1\end{pmatrix}\begin{pmatrix}3 & -1\\ 5 & 2\end{pmatrix}=\begin{pmatrix}-2 & 1\\ 10 & -4\\ -10 & 4\end{pmatrix}.$$

例 2-16 设矩阵 A、B 满足关系式 $AB=A+2B$，其中 $A=\begin{pmatrix}4 & 2 & 3\\ 1 & 1 & 0\\ -1 & 2 & 3\end{pmatrix}$，求矩阵 B.

解 由 $AB=A+2B$，得 $AB-2B=(A-2E)B=A$，因为

$$|A-2E|=\begin{vmatrix}2 & 2 & 3\\ 1 & -1 & 0\\ -1 & 2 & 1\end{vmatrix}=-1,$$

故 $A-2E$ 可逆，且 $B=(A-2E)^{-1}A$.

又 $$(A-2E)^{-1}=\begin{pmatrix}1 & -4 & -3\\ 1 & -5 & -3\\ -1 & 6 & 4\end{pmatrix},$$

所以 $$B=(A-2E)^{-1}A=\begin{pmatrix}1 & -4 & -3\\ 1 & -5 & -3\\ -1 & 6 & 4\end{pmatrix}\begin{pmatrix}4 & 2 & 3\\ 1 & 1 & 0\\ -1 & 2 & 3\end{pmatrix}=\begin{pmatrix}3 & -8 & -6\\ 2 & -9 & -6\\ -2 & 12 & 9\end{pmatrix}.$$

第四节 分 块 矩 阵

本节将介绍矩阵的分块运算.

一、分块的矩阵概念

矩阵的分块是在处理较高阶矩阵运算中常用的一个重要技巧．它不仅可以把高阶矩阵的运算转化为若干低阶矩阵的运算，以减少运算量，而且可以使运算更简捷、明了．

一个矩阵可以用一组纵线和横线划分为若干个行、列数较小的小矩阵，每块小矩阵称为矩阵 $\boldsymbol{A}$ 的子块，在做运算时，干脆把这些小块当作数来看待，这就是矩阵的分块运算．

例如：把一个 5 阶矩阵

$$\boldsymbol{A}=\left(\begin{array}{ccc:cc}1&0&0&1&2\\0&1&0&1&-3\\0&0&1&-1&0\\ \hdashline 0&0&0&4&1\\0&0&0&1&4\end{array}\right)$$

用水平和垂直的虚线分成 4 块，如果记

$$\boldsymbol{E}_3=\begin{pmatrix}1&0&0\\0&1&0\\0&0&1\end{pmatrix}\quad \boldsymbol{A}_1=\begin{pmatrix}0&2\\1&-3\\-1&0\end{pmatrix}\quad \boldsymbol{O}=\begin{pmatrix}0&0&0\\0&0&0\end{pmatrix}\quad \boldsymbol{A}_2=\begin{pmatrix}4&1\\1&4\end{pmatrix}$$

我们就可以把 $\boldsymbol{A}$ 看成是由上面 4 个子块组成的，写作

$$\boldsymbol{A}=\begin{pmatrix}\boldsymbol{E}_3&\boldsymbol{A}_1\\\boldsymbol{O}&\boldsymbol{A}_2\end{pmatrix},$$

并称它是 $\boldsymbol{A}$ 的一个 2×2 分块矩阵．

把一个 $m\times n$ 的矩阵 $\boldsymbol{A}$，在行的方向分成 s 块，在列的方向分成 t 块，称为 $\boldsymbol{A}$ 的 $s\times t$ 分块矩阵，记作 $\boldsymbol{A}=[\boldsymbol{A}_{kl}]_{s\times t}$，其中 $\boldsymbol{A}_{kl}$（$k=1，2，\cdots，s$；$l=1，2，\cdots，t$）为 $\boldsymbol{A}$ 的子块，它们是各种类型的小矩阵．对 $m\times n$ 的矩阵 $\boldsymbol{A}$，常用的分块矩阵，除了上面的 4 块矩阵外，还有以下几种形式：

$$\boldsymbol{A}=\begin{pmatrix}a_{11}&a_{12}&\cdots&a_{1n}\\a_{21}&a_{22}&\cdots&a_{2n}\\\vdots&\vdots&&\vdots\\a_{m1}&a_{m2}&\cdots&a_{mn}\end{pmatrix}\xlongequal{\text{按行分块}}\begin{pmatrix}\boldsymbol{\beta}_1\\\boldsymbol{\beta}_2\\\vdots\\\boldsymbol{\beta}_m\end{pmatrix}$$

$$\boldsymbol{A}=\begin{pmatrix}a_{11}&a_{12}&\cdots&a_{1n}\\a_{21}&a_{22}&\cdots&a_{2n}\\\vdots&\vdots&&\vdots\\a_{m1}&a_{m2}&\cdots&a_{mn}\end{pmatrix}\xlongequal{\text{按列分块}}(\boldsymbol{\alpha}_1,\boldsymbol{\alpha}_2,\cdots,\boldsymbol{\alpha}_n)$$

其中 $\boldsymbol{\beta}_i=(a_{i1}，a_{i2}，\cdots，a_{in})\quad i=1，2，\cdots，m$；$\quad \boldsymbol{\alpha}_j=\begin{pmatrix}a_{1j}\\a_{2j}\\\vdots\\a_{mj}\end{pmatrix}\quad j=1，2，\cdots，n$

二、分块矩阵的运算

分块矩阵的运算规则与普通矩阵的运算规则类似，简单说明如下：

1. 分块矩阵的加法

设 $\boldsymbol{A}$、$\boldsymbol{B}$ 为同型矩阵，且采用相同的分块法，不妨设

$$A=\begin{pmatrix}A_{11}&A_{12}&\cdots&A_{1r}\\A_{21}&A_{22}&\cdots&A_{2r}\\\cdots&\cdots&\cdots&\cdots\\A_{s1}&A_{s2}&\cdots&A_{sr}\end{pmatrix},\quad B=\begin{pmatrix}B_{11}&B_{12}&\cdots&B_{1r}\\B_{21}&B_{22}&\cdots&B_{2r}\\\cdots&\cdots&\cdots&\cdots\\B_{s1}&B_{s2}&\cdots&B_{sr}\end{pmatrix},$$

其中子块 A_{ij} 与 B_{ij} 的行数、列数相同，$i=1, 2, \cdots, s$；$j=1, 2, \cdots, r$. 则

$$A+B=\begin{pmatrix}A_{11}+B_{11}&A_{12}+B_{12}&\cdots&A_{1r}+B_{1r}\\A_{21}+B_{21}&A_{22}+B_{22}&\cdots&A_{2r}+B_{2r}\\\cdots&\cdots&\cdots&\cdots\\A_{s1}+B_{s1}&A_{s2}+B_{s2}&\cdots&A_{sr}+B_{sr}\end{pmatrix}.$$

2. 分块矩阵的数乘

设 λ 为一常数，则

$$\lambda A=\begin{pmatrix}\lambda A_{11}&\lambda A_{12}&\cdots&\lambda A_{1r}\\\lambda A_{21}&\lambda A_{22}&\cdots&\lambda A_{2r}\\\cdots&\cdots&\cdots&\cdots\\\lambda A_{s1}&\lambda A_{s2}&\cdots&\lambda A_{sr}\end{pmatrix}.$$

3. 分块矩阵的乘法

两个分块矩阵相乘时，要求第一个矩阵列的分法与第二个矩阵行的分法相同，然后将子块看成元素，按普通矩阵的乘法规则进行运算.

例如：设 A 是 $m\times l$ 的矩阵，B 为 $l\times n$ 的矩阵，分块为

$$A=\begin{pmatrix}A_{11}&A_{12}&\cdots&A_{1t}\\A_{21}&A_{22}&\cdots&A_{2t}\\\cdots&\cdots&\cdots&\cdots\\A_{s1}&A_{s2}&\cdots&A_{st}\end{pmatrix},\quad B=\begin{pmatrix}B_{11}&B_{12}&\cdots&B_{1r}\\B_{21}&B_{22}&\cdots&B_{2r}\\\cdots&\cdots&\cdots&\cdots\\B_{t1}&B_{t2}&\cdots&B_{tr}\end{pmatrix},$$

其中 A_{i1}，A_{i2}，…，A_{it} 的列数分别等于 B_{1j}，B_{2j}，…，B_{tj} 的行数，则

$$AB=\begin{pmatrix}C_{11}&C_{12}&\cdots&C_{1r}\\C_{21}&C_{22}&\cdots&C_{2r}\\\cdots&\cdots&\cdots&\cdots\\C_{s1}&C_{s2}&\cdots&C_{sr}\end{pmatrix},$$

其中，$C_{ij}=\sum\limits_{k=1}^{t}A_{ik}B_{kj}\quad (i=1,2,\cdots,s;j=1,2,\cdots,r)$.

4. 分块矩阵的转置

设分块矩阵

$$A=\begin{pmatrix}A_{11}&A_{12}&\cdots&A_{1r}\\A_{21}&A_{22}&\cdots&A_{2r}\\\cdots&\cdots&\cdots&\cdots\\A_{s1}&A_{s2}&\cdots&A_{sr}\end{pmatrix},$$

则其转置为

$$A^{T}=\begin{pmatrix} A_{11}^{T} & A_{21}^{T} & \cdots & A_{s1}^{T} \\ A_{12}^{T} & A_{22}^{T} & \cdots & A_{s2}^{T} \\ \cdots & \cdots & \cdots & \cdots \\ A_{1r}^{T} & A_{2r}^{T} & \cdots & A_{sr}^{T} \end{pmatrix}.$$

例 2-17 设

$$A=\begin{pmatrix} 1 & 0 & 0 & 0 \\ 0 & 1 & 0 & 0 \\ -1 & 2 & 1 & 0 \\ 1 & 1 & 0 & 1 \end{pmatrix},\quad B=\begin{pmatrix} 3 & 2 & 1 & 0 \\ 1 & 0 & 0 & 1 \\ 1 & 0 & 0 & 0 \\ 0 & 1 & 0 & 0 \end{pmatrix},$$

求 AB.

解 将 A、B 作如下分块：

$$A=\left(\begin{array}{cc:cc} 1 & 0 & 0 & 0 \\ 0 & 1 & 0 & 0 \\ \hdashline -1 & 2 & 1 & 0 \\ 1 & 1 & 0 & 1 \end{array}\right)=\begin{pmatrix} E & O \\ A_1 & E \end{pmatrix},\quad A_1=\begin{pmatrix} -1 & 2 \\ 1 & 1 \end{pmatrix}$$

$$B=\left(\begin{array}{cc:cc} 3 & 2 & 1 & 0 \\ 1 & 0 & 0 & 1 \\ \hdashline 1 & 0 & 0 & 0 \\ 0 & 1 & 0 & 0 \end{array}\right)=\begin{pmatrix} B_1 & E \\ E & O \end{pmatrix},\quad B_1=\begin{pmatrix} 3 & 2 \\ 1 & 0 \end{pmatrix}$$

利用分块矩阵乘法，得

$$AB=\begin{pmatrix} E & O \\ A_1 & E \end{pmatrix}\begin{pmatrix} B_1 & E \\ E & O \end{pmatrix}=\begin{pmatrix} EB_1+OE & EE+OO \\ A_1B_1+EE & A_1E+EO \end{pmatrix}=\begin{pmatrix} 3 & 2 & 1 & 0 \\ 1 & 0 & 0 & 1 \\ 0 & -2 & -1 & 2 \\ 4 & 3 & 1 & 1 \end{pmatrix}$$

不难验证，AB 直接相乘与分块相乘所得的结果是一致的.

例 2-18 设 A 是 $m\times n$ 矩阵，B 为 $n\times s$ 矩阵，B 按列分块成 $1\times s$ 分块矩阵，将 A 看成 1×1 分块矩阵，则

$$AB=A(B_1\quad B_2\quad \cdots\quad B_s)=(AB_1\quad AB_2\quad \cdots\quad AB_s).$$

三、分块对角矩阵

形如

$$A=\begin{pmatrix} A_1 & & & \\ & A_2 & & \\ & & \ddots & \\ & & & A_m \end{pmatrix}$$

的分块矩阵（其中 A_i 都是方阵，$i=1, 2, \cdots, m.$）称为**分块对角阵**.

分块对角阵有如下常用的性质：

(1) $\boldsymbol{A}^{\mathrm{T}}=\begin{pmatrix}\boldsymbol{A}_1^{\mathrm{T}} & & & \\ & \boldsymbol{A}_2^{\mathrm{T}} & & \\ & & \ddots & \\ & & & \boldsymbol{A}_m^{\mathrm{T}}\end{pmatrix}$.

(2) $\boldsymbol{A}^{k}=\begin{pmatrix}\boldsymbol{A}_1^{k} & & & \\ & \boldsymbol{A}_2^{k} & & \\ & & \ddots & \\ & & & \boldsymbol{A}_m^{k}\end{pmatrix}$.

(3) $|\boldsymbol{A}|=|\boldsymbol{A}_1||\boldsymbol{A}_2|\cdots|\boldsymbol{A}_m|$，其中 $\boldsymbol{A}_i$（$i=1, 2, \cdots, m$）都是方阵.

(4) 分块对角阵 $\boldsymbol{A}$ 可逆的充分必要条件是 $|\boldsymbol{A}_i|\neq 0$，即子块 $\boldsymbol{A}_i$ 可逆（$i=1, 2, \cdots, m$），且

$$\boldsymbol{A}^{-1}=\begin{pmatrix}\boldsymbol{A}_1^{-1} & & & \\ & \boldsymbol{A}_2^{-1} & & \\ & & \ddots & \\ & & & \boldsymbol{A}_m^{-1}\end{pmatrix}.$$

(5) 同阶且分块法相同的分块对角矩阵可以相加和相乘，如设

$$\boldsymbol{A}=\begin{pmatrix}\boldsymbol{A}_1 & & & \\ & \boldsymbol{A}_2 & & \\ & & \ddots & \\ & & & \boldsymbol{A}_m\end{pmatrix},\quad \boldsymbol{B}=\begin{pmatrix}\boldsymbol{B}_1 & & & \\ & \boldsymbol{B}_2 & & \\ & & \ddots & \\ & & & \boldsymbol{B}_m\end{pmatrix},$$

其中 $\boldsymbol{A}_i$ 与 $\boldsymbol{B}_i$ 的行数、列数相同，$i=1, 2, \cdots, m$，则

$$\boldsymbol{A}+\boldsymbol{B}=\begin{pmatrix}\boldsymbol{A}_1+\boldsymbol{B}_1 & & & \\ & \boldsymbol{A}_2+\boldsymbol{B}_2 & & \\ & & \ddots & \\ & & & \boldsymbol{A}_{\mathrm{m}}+\boldsymbol{B}_{\mathrm{m}}\end{pmatrix},$$

$$\boldsymbol{AB}=\begin{pmatrix}\boldsymbol{A}_1\boldsymbol{B}_1 & & & \\ & \boldsymbol{A}_2\boldsymbol{B}_2 & & \\ & & \ddots & \\ & & & \boldsymbol{A}_m\boldsymbol{B}_m\end{pmatrix}.$$

例 2-19 $\boldsymbol{A}=\begin{pmatrix}5 & 0 & 0 & 0\\ 0 & 1 & 1 & 0\\ 0 & -1 & 1 & 0\\ 0 & 0 & 0 & 2\end{pmatrix}$，求 $\boldsymbol{A}^{-1}$.

解

$$\boldsymbol{A}=\left(\begin{array}{c|cc|c}5 & 0 & 0 & 0\\ \hline 0 & 1 & 1 & 0\\ 0 & -1 & 1 & 0\\ \hline 0 & 0 & 0 & 2\end{array}\right)=\begin{pmatrix}\boldsymbol{A}_1 & \boldsymbol{O} & \boldsymbol{O}\\ \boldsymbol{O} & \boldsymbol{A}_2 & \boldsymbol{O}\\ \boldsymbol{O} & \boldsymbol{O} & \boldsymbol{A}_3\end{pmatrix},$$

其中
$$\boldsymbol{A}_1=(5),\ \boldsymbol{A}_2=\begin{pmatrix}1&1\\-1&1\end{pmatrix},\ \boldsymbol{A}_3=(2),$$

而
$$\boldsymbol{A}_1^{-1}=\left(\frac{1}{5}\right),\ \boldsymbol{A}_2^{-1}=\begin{pmatrix}\frac{1}{2}&-\frac{1}{2}\\\frac{1}{2}&\frac{1}{2}\end{pmatrix},\ \boldsymbol{A}_3^{-1}=\left(\frac{1}{2}\right),$$

所以
$$\boldsymbol{A}^{-1}=\begin{pmatrix}\boldsymbol{A}_1^{-1}&&\\&\boldsymbol{A}_2^{-1}&\\&&\boldsymbol{A}_3^{-3}\end{pmatrix}=\begin{pmatrix}\frac{1}{5}&0&0&0\\0&\frac{1}{2}&-\frac{1}{2}&0\\0&\frac{1}{2}&\frac{1}{2}&0\\0&0&0&\frac{1}{2}\end{pmatrix}.$$

例 2-20 设 $\boldsymbol{A}=\begin{pmatrix}\boldsymbol{B}&\boldsymbol{O}\\\boldsymbol{C}&\boldsymbol{D}\end{pmatrix}$，$\boldsymbol{B}$、$\boldsymbol{D}$ 均为可逆矩阵，求 $\boldsymbol{A}^{-1}$.

解 因 $|\boldsymbol{A}|=|\boldsymbol{B}|\,|\boldsymbol{D}|\neq 0$，故 $\boldsymbol{A}$ 可逆. 设
$$\boldsymbol{A}^{-1}=\begin{pmatrix}\boldsymbol{X}&\boldsymbol{Y}\\\boldsymbol{Z}&\boldsymbol{T}\end{pmatrix},$$
其中 $\boldsymbol{X}$ 与 $\boldsymbol{B}$，$\boldsymbol{T}$ 与 $\boldsymbol{D}$ 分别是同阶方阵，于是由
$$\begin{pmatrix}\boldsymbol{B}&\boldsymbol{O}\\\boldsymbol{C}&\boldsymbol{D}\end{pmatrix}\begin{pmatrix}\boldsymbol{X}&\boldsymbol{Y}\\\boldsymbol{Z}&\boldsymbol{T}\end{pmatrix}=\begin{pmatrix}\boldsymbol{BX}&\boldsymbol{BY}\\\boldsymbol{CX}+\boldsymbol{DZ}&\boldsymbol{CY}+\boldsymbol{DT}\end{pmatrix}=\begin{pmatrix}\boldsymbol{E}_1&\boldsymbol{O}\\\boldsymbol{O}&\boldsymbol{E}_2\end{pmatrix},$$
得 $\boldsymbol{BX}=\boldsymbol{E}_1$，$\boldsymbol{X}=\boldsymbol{B}^{-1}$；

$\boldsymbol{BY}=\boldsymbol{O}$，$\boldsymbol{Y}=\boldsymbol{B}^{-1}\boldsymbol{O}=\boldsymbol{O}$；

$\boldsymbol{CX}+\boldsymbol{DZ}=\boldsymbol{O}$，$\boldsymbol{DZ}=-\boldsymbol{CX}=-\boldsymbol{CB}^{-1}$，$\boldsymbol{Z}=-\boldsymbol{D}^{-1}\boldsymbol{CB}^{-1}$；

$\boldsymbol{CY}+\boldsymbol{DT}=\boldsymbol{E}_2$，$\boldsymbol{DT}=\boldsymbol{E}_2$，$\boldsymbol{T}=\boldsymbol{D}^{-1}$；

故
$$\boldsymbol{A}^{-1}=\begin{pmatrix}\boldsymbol{B}^{-1}&\boldsymbol{O}\\-\boldsymbol{D}^{-1}\boldsymbol{CB}^{-1}&\boldsymbol{D}^{-1}\end{pmatrix}.$$

对于线性方程组
$$\begin{cases}a_{11}x_1+a_{12}x_2+\cdots+a_{1n}x_n=b_1\\a_{21}x_1+a_{22}x_2+\cdots+a_{2n}x_n=b_2\\\cdots\cdots\\a_{m1}x_1+a_{m2}x_2+\cdots+a_{mn}x_n=b_m\end{cases}\tag{2-1}$$

记
$$\boldsymbol{A}=\begin{pmatrix}a_{11}&a_{12}&\cdots&a_{1n}\\a_{21}&a_{22}&\cdots&a_{2n}\\\vdots&\vdots&&\vdots\\a_{m1}&a_{m2}&\cdots&a_{mn}\end{pmatrix},\quad \boldsymbol{x}=\begin{pmatrix}x_1\\x_2\\\vdots\\x_n\end{pmatrix},\quad \boldsymbol{b}=\begin{pmatrix}b_1\\b_2\\\vdots\\b_m\end{pmatrix},\quad \bar{\boldsymbol{A}}=\begin{pmatrix}a_{11}&a_{12}&\cdots&a_{1n}&b_1\\a_{21}&a_{22}&\cdots&a_{2n}&b_2\\\vdots&\vdots&&\vdots&\vdots\\a_{m1}&a_{m2}&\cdots&a_{mn}&b_m\end{pmatrix}$$
称 $\boldsymbol{A}$ 为方程组（2-1）的**系数矩阵**；$\boldsymbol{x}$ 为未知数向量（或**解向量**）；$\boldsymbol{b}$ 为常数项向量；$\bar{\boldsymbol{A}}=(\boldsymbol{A},\ \boldsymbol{b})$ 为**增广矩阵**.

利用矩阵的乘法，方程组（2-1）可记为

$$\boldsymbol{Ax}=\boldsymbol{b} \tag{2-2}$$

如果把系数矩阵 **A** 按行分成 m 块，则线性方程组 $\boldsymbol{Ax}=\boldsymbol{b}$ 可记为

$$\begin{pmatrix}\beta_1\\ \beta_2\\ \vdots\\ \beta_m\end{pmatrix}\boldsymbol{x}=\begin{pmatrix}b_1\\ b_2\\ \vdots\\ b_m\end{pmatrix}，\quad 或\begin{cases}\boldsymbol{\beta}_1\boldsymbol{x}=b_1\\ \boldsymbol{\beta}_2\boldsymbol{x}=b_2\\ \quad\cdots\\ \boldsymbol{\beta}_m\boldsymbol{x}=b_m\end{cases} \tag{2-3}$$

这就相当于把每个方程

$$a_{i1}x_1+a_{i2}x_2+\cdots+a_{in}x_n=b_i$$

记为

$$\boldsymbol{\beta}_i\boldsymbol{x}=b_i\quad(i=1,2,\cdots,m).$$

如果把系数矩阵 **A** 按列分成 n 块，则线性方程组 $\boldsymbol{Ax}=\boldsymbol{b}$ 可记为

$$(\boldsymbol{\alpha}_1,\boldsymbol{\alpha}_2,\cdots,\boldsymbol{\alpha}_3)\begin{pmatrix}x_1\\ x_2\\ \vdots\\ x_n\end{pmatrix}=\boldsymbol{b}$$

即

$$x_1\boldsymbol{\alpha}_1+x_2\boldsymbol{\alpha}_2+\cdots+x_n\boldsymbol{\alpha}_n=\boldsymbol{b} \tag{2-4}$$

把方程组（2-1）表示成方程组（2-2）～（2-4），虽然从表面上看来只是形式的变化，但是这种变化却能给我们带来方便.

下面证明在第一章中介绍的克拉默法则.

克拉默法则 对于 n 个变量、n 个方程的线性方程组

$$\begin{cases}a_{11}x_1+a_{12}x_2+\cdots+a_{1n}x_n=b_1\\ a_{21}x_1+a_{22}x_2+\cdots+a_{2n}x_n=b_2\\ \cdots\cdots\\ a_{n1}x_1+a_{n2}x_2+\cdots+a_{nn}x_n=b_n\end{cases}$$

如果它的系数行列式 $D\neq0$，则它有唯一解

$$x_j=\frac{1}{D}D_j=\frac{1}{D}(b_1A_{1j}+b_2A_{2j}+\cdots b_nA_{nj})\quad(j=1,2,\cdots,n).$$

证明 把方程组写成矩阵方程

$$\boldsymbol{Ax}=\boldsymbol{b},$$

这里 $\boldsymbol{A}=(a_{ij})_{n\times n}$ 为 n 阶矩阵，因 $|\boldsymbol{A}|=D\neq0$，故 A^{-1} 存在.

下面验证 $\boldsymbol{x}=\boldsymbol{A}^{-1}\boldsymbol{b}$ 满足方程组：

$$\boldsymbol{Ax}=\boldsymbol{AA}^{-1}\boldsymbol{b}=\boldsymbol{b},$$

这表明 $\boldsymbol{x}=\boldsymbol{A}^{-1}\boldsymbol{b}$ 是方程组的解向量.

设 $\boldsymbol{x}=\boldsymbol{C}$ 也是方程组的一个解，因此 $\boldsymbol{AC}=\boldsymbol{b}$，进一步可得 $\boldsymbol{A}^{-1}\boldsymbol{AC}=\boldsymbol{A}^{-1}\boldsymbol{b}$，即 $\boldsymbol{C}=\boldsymbol{A}^{-1}\boldsymbol{b}$，根据逆阵的唯一性，知 $\boldsymbol{A}^{-1}\boldsymbol{b}$ 是方程组的唯一的解向量.

由逆阵公式 $\boldsymbol{A}^{-1}=\dfrac{1}{|\boldsymbol{A}|}\boldsymbol{A}^*$，有 $\boldsymbol{x}=\boldsymbol{A}^{-1}\boldsymbol{b}=\dfrac{1}{D}\boldsymbol{A}^*\boldsymbol{b}$，即

$$\begin{pmatrix} x_1 \\ x_2 \\ \vdots \\ x_n \end{pmatrix} = \frac{1}{D}\begin{pmatrix} A_{11} & A_{21} & \cdots & A_{n1} \\ A_{12} & A_{22} & \cdots & A_{n2} \\ \cdots & \cdots & \cdots & \cdots \\ A_{1n} & A_{2n} & \cdots & A_{nn} \end{pmatrix}\begin{pmatrix} b_1 \\ b_2 \\ \vdots \\ b_n \end{pmatrix} = \frac{1}{D}\begin{pmatrix} b_1A_{11}+b_2A_{21}+\cdots b_nA_{n1} \\ b_1A_{12}+b_2A_{22}+\cdots b_nA_{n2} \\ \cdots\cdots \\ b_1A_{1n}+b_2A_{2n}+\cdots b_nA_{nn} \end{pmatrix},$$

亦即 $x_j=\frac{1}{D}D_j=\frac{1}{D}(b_1A_{1j}+b_2A_{2j}+\cdots+b_nA_{nj})\quad (j=1,2,\cdots,n).$

习题二

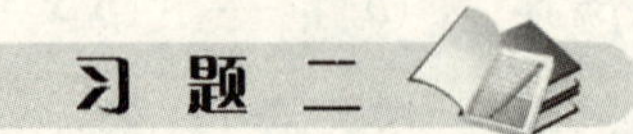

A组

1．设$\boldsymbol{A}=\begin{pmatrix} 2 & 4 & 1 \\ 0 & 3 & 2 \end{pmatrix}$，$\boldsymbol{B}=\begin{pmatrix} 1 & -1 & 0 \\ 3 & 5 & 0 \end{pmatrix}$，$\boldsymbol{C}=\begin{pmatrix} 0 & 2 & 0 \\ 0 & -1 & 1 \end{pmatrix}$，

求：$\boldsymbol{A}+\boldsymbol{B}$； $\boldsymbol{B}-2\boldsymbol{C}$； $5\boldsymbol{A}-4\boldsymbol{C}$； $\boldsymbol{A}+\boldsymbol{B}+\boldsymbol{C}$.

2．计算下列矩阵的乘积：

（1）$\begin{pmatrix} 3 & 2 \\ -1 & 4 \\ 5 & 1 \end{pmatrix}\begin{pmatrix} 1 & 8 & -1 \\ 2 & 0 & 3 \end{pmatrix}$.　　（2）$(x_1 \quad x_2 \quad x_3)\begin{pmatrix} 0 & a_{12} & a_{13} \\ a_{21} & 0 & a_{23} \\ a_{31} & a_{32} & 0 \end{pmatrix}\begin{pmatrix} x_1 \\ x_2 \\ x_3 \end{pmatrix}$（其中$a_{ij}=-a_{ji}$）.

（3）$\begin{pmatrix} \lambda_1 & 0 & 0 \\ 0 & \lambda_2 & 0 \\ 0 & 0 & \lambda_3 \end{pmatrix}\begin{pmatrix} a_{11} & a_{12} & a_{13} \\ a_{21} & a_{22} & a_{23} \\ a_{31} & a_{32} & a_{33} \end{pmatrix}$.　　（4）$\begin{pmatrix} 1 & 2 & 1 & 1 \\ 0 & 1 & -1 & 2 \\ 0 & 0 & 2 & 1 \\ 0 & 0 & 0 & 3 \end{pmatrix}\begin{pmatrix} 1 \\ 1 \\ 1 \\ 1 \end{pmatrix}$.

3．设$\boldsymbol{A}=\begin{pmatrix} 1 & 1 & 1 \\ 2 & -1 & 0 \\ 1 & 0 & 1 \end{pmatrix}$，$\boldsymbol{B}=\begin{pmatrix} 1 & 0 & 0 \\ 2 & 1 & 0 \\ 0 & 2 & 1 \end{pmatrix}$，求：（1）$|-2\boldsymbol{B}|$.（2）$\boldsymbol{AB}-\boldsymbol{BA}$.

4．计算$\boldsymbol{A}^n$（$n\in N$），其中$\boldsymbol{A}=\begin{pmatrix} 1 & 0 & 1 \\ 0 & 1 & 0 \\ 0 & 0 & 1 \end{pmatrix}$.

5．设$\boldsymbol{A}$为n阶对称矩阵，$\boldsymbol{B}$为n阶反对称矩阵，证明：

（1）$\boldsymbol{B}^2$为对称矩阵.　　（2）$\boldsymbol{AB}-\boldsymbol{BA}$为对称矩阵，$\boldsymbol{AB}+\boldsymbol{BA}$为反对称矩阵.

6．求下列方阵的逆阵：

（1）$\begin{pmatrix} 3 & 4 \\ -1 & 2 \end{pmatrix}$.　　（2）$\begin{pmatrix} \cos\theta & -\sin\theta \\ \sin\theta & \cos\theta \end{pmatrix}$.

（3）$\begin{pmatrix} 1 & -3 & 2 \\ -3 & 0 & 1 \\ 1 & 1 & -1 \end{pmatrix}$.　　（4）$\begin{pmatrix} 3 & 3 & 0 & 0 \\ 2 & 1 & 0 & 0 \\ 0 & 0 & 1 & -2 \\ 0 & 0 & 0 & 1 \end{pmatrix}$.

7. 解下列矩阵方程：

(1) $\begin{pmatrix}1 & 4\\-1 & 2\end{pmatrix}\boldsymbol{X}\begin{pmatrix}2 & 0\\-1 & 1\end{pmatrix}=\begin{pmatrix}3 & 1\\0 & -1\end{pmatrix}$.　　(2) $\begin{pmatrix}0 & 1 & 0\\1 & 0 & 0\\0 & 0 & 1\end{pmatrix}\boldsymbol{X}\begin{pmatrix}1 & 0 & 0\\0 & 0 & 1\\0 & 1 & 0\end{pmatrix}=\begin{pmatrix}1 & -4 & 3\\2 & 0 & -1\\1 & -2 & 0\end{pmatrix}$.

8. 利用逆阵解下列线性方程组

$$\begin{cases}x_1-x_2-x_3=2\\2x_1-x_2-3x_3=1\\3x_1+2x_2-5x_3=0\end{cases}.$$

9. 设 $\boldsymbol{A}=\begin{pmatrix}0 & 3 & 3\\1 & 1 & 0\\-1 & 2 & 3\end{pmatrix}$，$\boldsymbol{AB}=\boldsymbol{A}+2\boldsymbol{B}$，求：$\boldsymbol{B}$.

10. 利用分块矩阵求下列矩阵的逆矩阵

$$\begin{pmatrix}1 & 3 & 0 & 0 & 0\\2 & 8 & 0 & 0 & 0\\0 & 0 & 1 & 0 & 1\\0 & 0 & 2 & 3 & 2\\0 & 0 & 3 & 1 & 1\end{pmatrix}.$$

B 组

1. 设 $\boldsymbol{A}$ 为 3 阶方阵，$|\boldsymbol{A}|=-\frac{1}{3}$，求：$|(4\boldsymbol{A})^{-1}+3\boldsymbol{A}^*|$.

2. 设 n 阶方阵 $\boldsymbol{A}$ 及 s 阶方阵 $\boldsymbol{B}$ 都可逆，求：$\begin{pmatrix}\boldsymbol{O} & \boldsymbol{A}\\\boldsymbol{B} & \boldsymbol{O}\end{pmatrix}^{-1}$.

3. (1988 年) 已知 $\boldsymbol{AP}=\boldsymbol{BP}$，其中 $\boldsymbol{B}=\begin{pmatrix}1 & 0 & 0\\0 & 0 & 0\\0 & 0 & -1\end{pmatrix}$，$\boldsymbol{P}=\begin{pmatrix}1 & 0 & 0\\2 & -1 & 0\\2 & 1 & 1\end{pmatrix}$，求：$\boldsymbol{A}$ 及 $\boldsymbol{A}^5$.

4. (1988 年) 设 4 阶矩阵 $\boldsymbol{A}=(\alpha, \gamma_2, \gamma_3, \gamma_4)$，$\boldsymbol{B}=(\beta, \gamma_2, \gamma_3, \gamma_4)$，其中 α，β，γ_2，γ_3，γ_4 均为 4 维列向量，且已知行列式 $|\boldsymbol{A}|=4$，$|\boldsymbol{B}|=1$，求：行列式 $|\boldsymbol{A}+\boldsymbol{B}|$.

5. (1991 年) 设 4 阶方阵 $\boldsymbol{A}=\begin{pmatrix}5 & 2 & 0 & 0\\2 & 1 & 0 & 0\\0 & 0 & 1 & -2\\0 & 0 & 1 & 1\end{pmatrix}$，求：$\boldsymbol{A}^{-1}$.

6. (1994 年) 已知 $\boldsymbol{\alpha}=[1, \ 2, \ 3]$，$\boldsymbol{\beta}=\left[1, \ \frac{1}{2}, \ \frac{1}{3}\right]$，设 $\boldsymbol{A}=\boldsymbol{\alpha}^{\mathrm{T}}\boldsymbol{\beta}$，求：$\boldsymbol{A}^n$.

7. (2015 年) 设矩阵 $\boldsymbol{A}=\begin{pmatrix}a & 1 & 0\\1 & a & -1\\0 & 1 & a\end{pmatrix}$ 且 $\boldsymbol{A}^3=\boldsymbol{O}$.

(1) 求 a 的值.

(2) 若矩阵 $\boldsymbol{X}$ 满足 $\boldsymbol{X}-\boldsymbol{XA}^2-\boldsymbol{AX}+\boldsymbol{AXA}^2=\boldsymbol{E}$，其中 $\boldsymbol{E}$ 为 3 阶单位矩阵，求 $\boldsymbol{X}$.

第三章　矩阵的初等变换与线性方程组

线性方程组是线性代数的重要组成部分，将线性方程组的加减消元法对应到矩阵中，得到矩阵的初等变换；矩阵的秩是一个重要的概念，它对线性方程组解的存在性以及后续章节的学习有很重要的作用，而矩阵的秩、求解线性方程组又要通过矩阵的初等变换来讨论，因此掌握好矩阵的初等变换是关键.

第一节　矩阵的初等变换

一、引例

求解线性方程组

$$\begin{cases} x_1+x_2+2x_3+x_4=2 \\ x_1+3x_2+8x_3+3x_4=2 \\ 6x_1+x_2-3x_3+3x_4=10 \\ 2x_1-x_2-5x_3-2x_4=5 \end{cases}$$

解　用加减消元法解方程组，同时在右边写出对应的增广矩阵，注意这个过程中矩阵是如何变化的.

$$\begin{cases} x_1+x_2+2x_3+x_4=2 & ① \\ x_1+3x_2+8x_3+3x_4=2 & ② \\ 6x_1+x_2-3x_3+3x_4=10 & ③ \\ 2x_1-x_2-5x_3-2x_4=5 & ④ \end{cases} \qquad \begin{pmatrix} 1 & 1 & 2 & 1 & 2 \\ 1 & 3 & 8 & 3 & 2 \\ 6 & 1 & -3 & 3 & 10 \\ 2 & -1 & -5 & -2 & 5 \end{pmatrix}=\boldsymbol{B} \tag{3-1}$$

$$\xrightarrow[\substack{③-6① \\ ④-2①}]{\substack{②-① \\ ②\times\frac{1}{2}}} \begin{cases} x_1+x_2+2x_3+x_4=2 & ① \\ x_2+3x_3+x_4=0 & ② \\ -5x_2-15x_3-3x_4=-2 & ③ \\ -3x_2-9x_3-4x_4=1 & ④ \end{cases} \qquad \begin{pmatrix} 1 & 1 & 2 & 1 & 2 \\ 0 & 1 & 3 & 1 & 0 \\ 0 & -5 & -15 & -3 & -2 \\ 0 & -3 & -9 & -4 & 1 \end{pmatrix}=\boldsymbol{B}_1 \tag{3-2}$$

$$\xrightarrow[④\times(-1)]{\substack{③+5② \\ ④+3②}} \begin{cases} x_1+x_2+2x_3+x_4=2 & ① \\ x_2+3x_3+x_4=0 & ② \\ 2x_4=-2 & ③ \\ x_4=-1 & ④ \end{cases} \qquad \begin{pmatrix} 1 & 1 & 2 & 1 & 2 \\ 0 & 1 & 3 & 1 & 0 \\ 0 & 0 & 0 & 2 & -2 \\ 0 & 0 & 0 & 1 & -1 \end{pmatrix}=\boldsymbol{B}_2 \tag{3-3}$$

$$\xrightarrow[④-2①]{③\leftrightarrow④} \begin{cases} x_1+x_2+2x_3+x_4=2 & ① \\ x_2+3x_3+x_4=0 & ② \\ x_4=-1 & ③ \\ 0=0 & ④ \end{cases} \qquad \begin{pmatrix} 1 & 1 & 2 & 1 & 2 \\ 0 & 1 & 3 & 1 & 0 \\ 0 & 0 & 0 & 1 & -1 \\ 0 & 0 & 0 & 0 & 0 \end{pmatrix}=\boldsymbol{B}_3 \tag{3-4}$$

此时方程组有三个有效方程而未知数有四个，所以有无限多解（在这一步可以判断出解的存

在性)，但为了方便求解，还需进一步将方程组变为如下形式

$$\xrightarrow[\text{②}-\text{③}]{\text{①}-\text{②}}\begin{cases}x_1 \quad - x_3 = 2 \text{①}\\ \quad x_2 + 3x_3 = 1 \text{②}\\ \quad\quad x_4 = -1 \text{③}\\ \quad\quad 0 = 0 \text{④}\end{cases} \quad \begin{pmatrix}1 & 0 & -1 & 0 & 2\\ 0 & 1 & 3 & 0 & 1\\ 0 & 0 & 0 & 1 & -1\\ 0 & 0 & 0 & 0 & 0\end{pmatrix}=\boldsymbol{B}_4 \qquad (3-5)$$

将 x_3 移到等号右边，可得到方程组的解为

$$\begin{cases}x_1 = x_3 + 2\\ x_2 = -3x_3 + 1\\ x_4 = -1\end{cases} \qquad (3-6)$$

其中，x_3 可任意取值.

分析上述求解过程发现，对方程组施行了三种变换，并且这三种变换是可逆的，即

(1) 交换方程的次序（ⓘ↔ⓙ），逆变换仍旧是ⓘ↔ⓙ.

(2) 某个方程乘以非零常数 k（ⓘ$\times k$），逆变换是ⓘ$\div k$.

(3) 一个方程加上另一个方程的 k 倍（ⓘ$+k$ⓙ），逆变换为ⓘ$-k$ⓙ.

因此变换前的方程组与变换后的方程组是同解的，这三种变换都是方程组的同解变换，所以式（3-6）就是所求方程组的解.

在上述求解过程中，并不是针对某个方程做变换，而是把整个方程组变成“阶梯”形状，参与运算的是方程组的系数和常数项，未知数没有参与运算，整个求解过程就相当于把上述三种变换作用在右边的矩阵 $\boldsymbol{B}$ 上，对矩阵 $\boldsymbol{B}$ 做这三种变换，为此将这三种变换引入矩阵中.

二、矩阵的初等变换

定义 3-1　下面三种变换称为矩阵的**初等行变换**：

(1) 交换两行（交换 i、j 两行，记为 $r_i \leftrightarrow r_j$）.

(2) 某一行中的所有元素乘以非零数 k（第 i 行乘以 k，记为 $r_i \times k$）.

(3) 把某一行所有元素的 k 倍加到另一行对应元素上（第 j 行的 k 倍加到第 i 行上，记为 $r_i + kr_j$）.

将定义 3-1 中的“行”换成“列”，就是矩阵的**初等列变换**（所用记号是把“r”换成“c”）.

定义 3-2　矩阵的初等行变换与初等列变换统称为矩阵的**初等变换**.

显然矩阵的三种初等变换都是可逆的，且其逆变换也是同类型的初等变换. 例如，$r_i \leftrightarrow r_j$ 的逆变换仍旧是 $r_i \leftrightarrow r_j$，$r_i \times k$ 的逆变换是 $r_i \times \dfrac{1}{k}$（或记为 $r_i \div k$），$r_i + kr_j$ 的逆变换是 $r_i + (-k)r_j$（或记为 $r_i - kr_j$）.

定义 3-3　如果矩阵 $\boldsymbol{A}$ 经过有限次的初等行变换变成矩阵 $\boldsymbol{B}$，就称为**矩阵 $\boldsymbol{A}$ 与 $\boldsymbol{B}$ 行等价**，记为 $\boldsymbol{A} \overset{r}{\cong} \boldsymbol{B}$；如果矩阵 $\boldsymbol{A}$ 经过有限次初等列变换变成矩阵 $\boldsymbol{B}$，就称为**矩阵 $\boldsymbol{A}$ 与 $\boldsymbol{B}$ 列等价**，记为 $\boldsymbol{A} \overset{c}{\cong} \boldsymbol{B}$. 如果矩阵 $\boldsymbol{A}$ 经过有限次的初等变换变成矩阵 $\boldsymbol{B}$，就称为**矩阵 A 与 $\boldsymbol{B}$ 等价**，记为 $A \cong B$.

矩阵之间的等价关系具有如下性质：

(1) **反身性**. $\boldsymbol{A}\cong\boldsymbol{A}$.

(2) **对称性**. 若 $\boldsymbol{A}\cong\boldsymbol{B}$，则 $\boldsymbol{B}\cong\boldsymbol{A}$.

(3) **传递性**. 若 $\boldsymbol{A}\cong\boldsymbol{B}$，$\boldsymbol{B}\cong\boldsymbol{C}$，则 $\boldsymbol{A}\cong\boldsymbol{C}$.

在引例中，式 (3-4) 中的矩阵 $\boldsymbol{B}_3$ 和式 (3-5) 中的矩阵 $\boldsymbol{B}_4$ 呈阶梯形，这是两种重要类型的矩阵，由矩阵 $\boldsymbol{B}_3$ 可判断出方程组的解是否存在，由 $\boldsymbol{B}_4$ 可写出方程组的解. 事实上，矩阵 $\boldsymbol{B}_3$ 是行阶梯形矩阵，矩阵 $\boldsymbol{B}_4$ 是行最简形矩阵，下面给出它们的定义.

定义 3-4 满足下面特征的矩阵称为**行阶梯形矩阵**：

(1) 行的首非零元（第一个不是零的元素）所在列其下方元素全为零.

(2) 行的首非零元所在的列位于上一行的首非零元右边.

(3) 若矩阵中有零行（元素全为零的行），则零行位于全部非零行的下方.

从外形上看，行阶梯形矩阵就是能够画出一条阶梯线：横线的下方全为 0；竖线后边的第一个元素就是首非零元；每个台阶只有一行，台阶数就是非零行的行数.

行阶梯形矩阵如果又满足下面两个特征，称为**行最简形矩阵**：

(1) 非零行的首非零元为 1.

(2) 非零行的首非零元所在的列除它之外全为 0.

对矩阵施行初等行变换，就是要将矩阵化为行阶梯形矩阵或行最简形矩阵.

在引例中，要解线性方程组只需把增广矩阵化为行最简形矩阵，就可以写出它的解. 反之，由线性方程组的解可唯一确定行最简形矩阵，但行阶梯形矩阵不是唯一的，不过其非零行的行数是唯一的. 由此推测一个矩阵的行最简形矩阵是唯一确定的，行阶梯形矩阵中的非零行的行数也是唯一确定的.

对行最简形矩阵再施行初等列变换，可变成一种形状更简单的矩阵，称为**标准型**. 如引例中的矩阵

$$\boldsymbol{B}=\begin{pmatrix}1&1&2&1&2\\1&3&8&3&2\\6&1&-3&3&10\\2&-1&-5&-2&5\end{pmatrix}\xrightarrow{r}\begin{pmatrix}1&0&-1&0&2\\0&1&3&0&1\\0&0&0&1&-1\\0&0&0&0&0\end{pmatrix}\xrightarrow[c_5-2c_1-c_2+c_3]{\substack{c_3\leftrightarrow c_4\\ c_4+c_1-3c_2}}\begin{pmatrix}1&0&0&0&0\\0&1&0&0&0\\0&0&1&0&0\\0&0&0&0&0\end{pmatrix}\overset{\text{记为}}{=\!=}\boldsymbol{F}$$

矩阵 $\boldsymbol{F}$ 称为矩阵 $\boldsymbol{B}$ 的**标准型**，其特点：$\boldsymbol{F}$ 的左上角是一个单位矩阵，其余元素全为 0.

用归纳法可以证明（这里不证）：任何 $m\times n$ 矩阵 $\boldsymbol{A}$ 总可以经过有限次的初等行变换，把它变为行阶梯形矩阵和行最简形矩阵，再经过有限次的初等列变换可化为标准型

$$\boldsymbol{F}=\begin{pmatrix}\boldsymbol{E}_r&\boldsymbol{O}\\\boldsymbol{O}&\boldsymbol{O}\end{pmatrix}_{m\times n}$$

$\boldsymbol{F}$ 由 m、n、r 三个数完全确定，其中 r 为行阶梯形矩阵中非零行的行数. 所有与 $\boldsymbol{A}$ 等价的矩阵组成一个集合，标准型 $\boldsymbol{F}$ 是这个集合中形状最简单的矩阵.

三、初等变换的性质

矩阵的初等变换是矩阵的一种重要运算. 下面的定理是它的一个最基本的性质.

定理 3-1 设 $\boldsymbol{A}$ 与 $\boldsymbol{B}$ 为 $m\times n$ 矩阵，那么

(1) **$\boldsymbol{A}\overset{r}{\cong}\boldsymbol{B}$ 的充分必要条件是存在 m 阶可逆矩阵 $\boldsymbol{P}$，使 $\boldsymbol{PA}=\boldsymbol{B}$.**

(2) $A\overset{c}{\cong}B$ 的充分必要条件是存在 n 阶可逆矩阵 Q，使 $AQ=B$.

(3) $A\cong B$ 的充分必要条件是存在 m 阶可逆矩阵 P 及 n 阶可逆矩阵 Q，使 $PAQ=B$.

定理的证明在下一节给出.

定理把矩阵的初等变换与矩阵的乘法联系到了一起，从而可以用矩阵乘法的运算规律得到初等变换的运算规律，也可以用矩阵的初等变换去研究矩阵的乘法.

推论 3-1　方阵 A 可逆的充分必要条件是 $A\overset{r}{\cong}E$.

证　A 可逆$\Leftrightarrow$存在可逆矩阵 P，使 $PA=E\Leftrightarrow A\overset{r}{\cong}E$.

若 $A\overset{r}{\cong}B$，即 A 经过有限次的初等行变换变为 B，由定理 3-1，存在可逆矩阵 P，使 $PA=B$. 那么，如何去求这个可逆矩阵 P?

为了求 P，可将 A 与单位矩阵 E 写成 1×2 分块矩阵 (A, E)，此时把 P 看成 1×1 分块矩阵，P 左乘 (A, E) 是有意义的，根据定理 3-1 显然有

$$PA=B\Leftrightarrow P(A,E)=(PA,PE)=(PA,P)=(B,P)\Leftrightarrow(A,E)\overset{r}{\cong}(B,P)$$

上式表明，对矩阵 (A, E) 作初等行变换，当 A 变为 B 时，E 就变成 P，这样就求得了可逆矩阵 P.

例 3-1　求矩阵 $A=\begin{pmatrix}2&1&5\\3&5&4\\1&2&1\end{pmatrix}$ 的行最简形矩阵 F，并求一个可逆矩阵 P，使 $PA=F$.

解　由于

$$(A,E)=\left(\begin{array}{ccc:ccc}2&1&5&1&0&0\\3&5&4&0&1&0\\1&2&1&0&0&1\end{array}\right)\xrightarrow[r_3-2r_1]{\substack{r_1\leftrightarrow r_3\\ r_2-3r_1}}\left(\begin{array}{ccc:ccc}1&2&1&0&0&1\\0&-1&1&0&1&-3\\0&-3&3&1&0&-2\end{array}\right)$$

$$\xrightarrow[r_3+3r_2]{\substack{r_2\times(-1)\\ r_1-2r_2}}\left(\begin{array}{ccc:ccc}1&0&3&0&2&-5\\0&1&-1&0&-1&3\\0&0&0&1&-3&7\end{array}\right).$$

因此 A 的行最简形矩阵 $F=\begin{pmatrix}1&0&3\\0&1&-1\\0&0&0\end{pmatrix}$，使 $PA=F$ 的一个可逆矩阵 $P=\begin{pmatrix}0&2&-5\\0&-1&3\\1&-3&7\end{pmatrix}$.

注意：由于上述解 (F, P) 中 F 的最后一行为零行，所以继续对 (F, P) 作初等行变换 $r_3\times k$，r_1+kr_3，r_2+kr_3 时，F 不变而 P 变，因此本例中使 $PA=F$ 的可逆矩阵 P 不是唯一的.

第二章介绍了用伴随矩阵法求方阵的逆阵和求解某些矩阵方程，这种方法适用阶数较低（不大于 3）的方阵，当方阵阶数较高时，则用初等变换法。下面以 3 阶方阵为例，介绍初等行变换求逆阵及求解某些矩阵方程的方法.

例 3-2　$A=\begin{pmatrix}5&2&4\\7&3&5\\8&4&5\end{pmatrix}$，证明：$A$ 可逆，并求 A^{-1}.

解 由于

$$(\boldsymbol{A},\boldsymbol{E})=\left(\begin{array}{ccc:ccc}5&2&4&1&0&0\\7&3&5&0&1&0\\8&4&5&0&0&1\end{array}\right)\xrightarrow[\substack{r_2-7r_1\\r_3-5r_1}]{\substack{r_3-r_2\\r_1\leftrightarrow r_3}}\left(\begin{array}{ccc:ccc}1&1&0&0&-1&1\\0&-4&5&0&8&-7\\0&-3&4&1&5&-5\end{array}\right)$$

$$\xrightarrow[r_3-3r_2]{r_3\times 4}\left(\begin{array}{ccc:ccc}1&1&0&0&-1&1\\0&-4&5&0&8&-7\\0&0&1&4&-4&1\end{array}\right)\xrightarrow[r_2\div(-4)]{r_2-5r_3}\left(\begin{array}{ccc:ccc}1&1&0&0&-1&1\\0&1&0&5&-7&3\\0&0&1&4&-4&1\end{array}\right)$$

$$\xrightarrow{r_1-r_2}\left(\begin{array}{ccc:ccc}1&0&0&-5&6&-2\\0&1&0&5&-7&3\\0&0&1&4&-4&1\end{array}\right),$$

故 $\boldsymbol{A}\overset{r}{\cong}\boldsymbol{E}$，所以 $\boldsymbol{A}$ 可逆，且 $\boldsymbol{A}^{-1}=\begin{pmatrix}-5&6&-2\\5&-7&3\\4&-4&1\end{pmatrix}$.

说明：本例中 $(\boldsymbol{A},\boldsymbol{E})\overset{r}{\cong}(\boldsymbol{E},\boldsymbol{P})$，故 $\boldsymbol{PA}=\boldsymbol{E}$，即 $\boldsymbol{A}^{-1}=\boldsymbol{P}$. 再者利用初等行变换把矩阵化为行最简形矩阵时，中间运算过程应避免出现分数，并且不能对列进行变换.

例 3-3 求解矩阵方程 $\boldsymbol{AX}=\boldsymbol{B}$，其中 $\boldsymbol{A}=\begin{pmatrix}3&-1&-2\\1&2&-2\\-1&-3&3\end{pmatrix}$，$\boldsymbol{B}=\begin{pmatrix}2&1\\-1&0\\3&-2\end{pmatrix}$.

分析 设有可逆阵 $\boldsymbol{P}$，使 $\boldsymbol{PA}=\boldsymbol{F}$ 为行最简形，则 $\boldsymbol{P}(\boldsymbol{A},\boldsymbol{B})=(\boldsymbol{F},\boldsymbol{PB})$，即对 $(\boldsymbol{A},\boldsymbol{B})$ 施行初等行变换把 $\boldsymbol{A}$ 变成 $\boldsymbol{F}$ 的同时，$\boldsymbol{B}$ 变成 $\boldsymbol{PB}$. 若 $\boldsymbol{F}=\boldsymbol{E}$，则 $\boldsymbol{A}$ 可逆，$\boldsymbol{P}=\boldsymbol{A}^{-1}$，这时方程有唯一解 $\boldsymbol{X}=\boldsymbol{PB}=\boldsymbol{A}^{-1}\boldsymbol{B}$.

解 由于

$$(\boldsymbol{A},\boldsymbol{B})=\left(\begin{array}{ccc:cc}3&-1&-2&2&1\\1&2&-2&-1&0\\-1&-3&3&3&-2\end{array}\right)\xrightarrow[r_3+r_1]{\substack{r_1\leftrightarrow r_2\\r_2-3r_1}}\left(\begin{array}{ccc:cc}1&2&-2&-1&0\\0&-7&4&5&1\\0&-1&1&2&-2\end{array}\right)$$

$$\xrightarrow[\substack{r_3+7r_2\\r_3\div(-3)}]{\substack{r_2\leftrightarrow r_3\\r_2\times(-1)}}\left(\begin{array}{ccc:cc}1&2&-2&-1&0\\0&1&-1&-2&2\\0&0&1&3&-5\end{array}\right)\xrightarrow[r_1-2r_2]{\substack{r_2+r_3\\r_1+2r_3}}\left(\begin{array}{ccc:cc}1&0&0&3&-4\\0&1&0&1&-3\\0&0&1&3&-5\end{array}\right),$$

故 $\boldsymbol{A}\overset{r}{\cong}\boldsymbol{E}$，所以 $\boldsymbol{A}$ 可逆，因此矩阵方程的唯一解为

$$\boldsymbol{X}=\boldsymbol{A}^{-1}\boldsymbol{B}=\begin{pmatrix}3&-4\\1&-3\\3&-5\end{pmatrix}.$$

*第二节 初 等 矩 阵

为建立初等变换与矩阵乘法的联系，我们引进初等矩阵的知识，用这个知识可以证明定

理 3-1.

一、三种初等矩阵及其逆矩阵

定义 3-5　由单位矩阵 $\boldsymbol{E}$ 经过一次初等变换得到的矩阵称为**初等矩阵**.

显然初等矩阵是方阵，三种初等变换对应有三种初等矩阵，分别是：

(1) 交换 $\boldsymbol{E}$ 中第 i、j 两行或第 i、j 两列，得到的都是如下形式的初等矩阵，记为 $\boldsymbol{E}(i,\ j)$，即

$$
\begin{array}{c}
\qquad\qquad\qquad\qquad\text{第 } i \text{ 列}\qquad\qquad \text{第 } j \text{ 列}\\
\qquad\qquad\qquad\qquad\quad\downarrow\qquad\qquad\qquad\downarrow
\end{array}
$$

$$
\boldsymbol{E}(i,j)=\begin{pmatrix}
1 &&&&&&&&& \\
& \ddots &&&&&&&& \\
&& 1 &&&&&&& \\
&&& 0 & \cdots & \cdots & \cdots & 1 &&& \\
&&& \vdots & 1 &&& \vdots &&& \\
&&& \vdots && \ddots && \vdots &&& \\
&&& \vdots &&& 1 & \vdots &&& \\
&&& 1 & \cdots & \cdots & \cdots & 0 &&& \\
&&&&&&&& 1 && \\
&&&&&&&&& \ddots & \\
&&&&&&&&&& 1
\end{pmatrix}
\begin{array}{l}
\\ \\ \\ \leftarrow \text{第 } i \text{ 行} \\ \\ \\ \\ \leftarrow \text{第 } j \text{ 行} \\ \\ \\ \\
\end{array},
$$

显然 $\boldsymbol{E}(i,\ j)$ 是可逆的，并且 $\boldsymbol{E}(i,\ j)^{-1}=\boldsymbol{E}(i,\ j)$.

(2) $\boldsymbol{E}$ 中第 i 行或第 i 列乘非零数 k，得到的都是如下形式的初等矩阵，记为 $\boldsymbol{E}(i\ (k))$，即

$$
\begin{array}{c}
\qquad\qquad\qquad\text{第 } i \text{ 列}\\
\qquad\qquad\qquad\downarrow
\end{array}
$$

$$
\boldsymbol{E}(i(k))=\begin{pmatrix}
1 &&&&&& \\
& \ddots &&&&& \\
&& 1 &&&& \\
&&& k &&& \\
&&&& 1 && \\
&&&&& \ddots & \\
&&&&&& 1
\end{pmatrix}
\begin{array}{l}
\\ \\ \\ \leftarrow \text{第 } i \text{ 行} \\ \\ \\ \\
\end{array}
$$

$\boldsymbol{E}\ (i\ (k))$ 也是可逆的，并且 $\boldsymbol{E}\ (i\ (k))^{-1}=\boldsymbol{E}\ (\ \ (1/k))$.

(3) $\boldsymbol{E}$ 中第 j 行乘数 k 加到第 i 行上或者 $\boldsymbol{E}$ 中第 i 列乘数 k 加到第 j 列上，得到的都是如下形式的初等矩阵，记为 $\boldsymbol{E}\ (ij\ (k))$，即

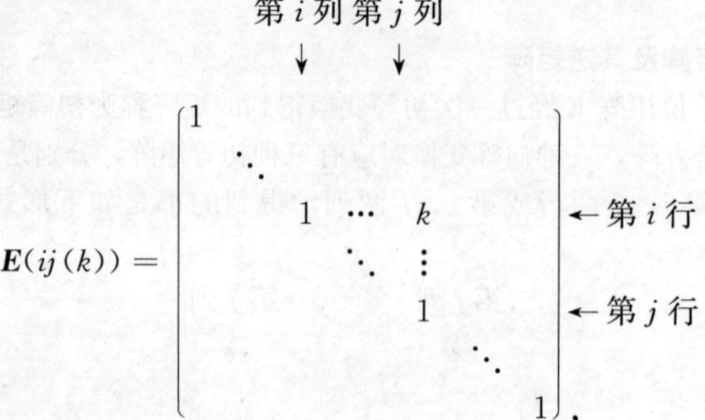

$E(ij(k))$ 也是可逆的，并且 $E(ij(k))^{-1}=E(ij(-k))$.

二、初等矩阵的性质

$$\begin{pmatrix}0&0&1&0\\0&1&0&0\\1&0&0&0\\0&0&0&1\end{pmatrix}\begin{pmatrix}a_{11}&a_{12}\\a_{21}&a_{22}\\a_{31}&a_{32}\\a_{41}&a_{42}\end{pmatrix}=\begin{pmatrix}a_{31}&a_{32}\\a_{21}&a_{22}\\a_{11}&a_{12}\\a_{41}&a_{42}\end{pmatrix},$$

此式说明 4 阶初等矩阵 $E(1,3)$ 左乘一个 4×2 矩阵，其结果相当于对这个矩阵施行第一种初等行变换：交换这个矩阵的第 1 行与第 3 行（$r_1\leftrightarrow r_3$）；

$$\begin{pmatrix}a_{11}&a_{12}&a_{13}&a_{14}\\a_{21}&a_{22}&a_{23}&a_{24}\end{pmatrix}\begin{pmatrix}0&0&1&0\\0&1&0&0\\1&0&0&0\\0&0&0&1\end{pmatrix}=\begin{pmatrix}a_{13}&a_{12}&a_{11}&a_{14}\\a_{23}&a_{22}&a_{21}&a_{24}\end{pmatrix},$$

此式说明一个 2×4 矩阵右乘 4 阶初等矩阵 $E(1,3)$，其结果相当于对这个矩阵施行第一种初等列变换：交换这个矩阵的第 1 列与第 3 列（$c_1\leftrightarrow c_3$）；

$$\begin{pmatrix}1&0&0&0\\0&1&0&0\\0&0&k&0\\0&0&0&1\end{pmatrix}\begin{pmatrix}a_{11}&a_{12}\\a_{21}&a_{22}\\a_{31}&a_{32}\\a_{41}&a_{42}\end{pmatrix}=\begin{pmatrix}a_{11}&a_{12}\\a_{21}&a_{22}\\ka_{31}&ka_{32}\\a_{41}&a_{42}\end{pmatrix},$$

此式说明 4 阶初等矩阵 $E(3(k))$ 左乘一个 4×2 矩阵，其结果相当于对这个矩阵施行第二种初等行变换：这个矩阵的第 3 行乘数 $k(r_3\times k)$；

$$\begin{pmatrix}a_{11}&a_{12}&a_{13}&a_{14}\\a_{21}&a_{22}&a_{23}&a_{24}\end{pmatrix}\begin{pmatrix}1&0&0&0\\0&1&0&0\\0&0&k&0\\0&0&0&1\end{pmatrix}=\begin{pmatrix}a_{11}&a_{12}&ka_{13}&a_{14}\\a_{21}&a_{22}&ka_{23}&a_{24}\end{pmatrix},$$

此式说明一个 2×4 矩阵右乘 4 阶初等矩阵 $E(3(k))$，其结果相当于对这个矩阵施行第二种初等列变换：这个矩阵的第 3 列乘数 $k(c_3\times k)$；

$$\begin{pmatrix}1&0&0&0\\0&1&k&0\\0&0&1&0\\0&0&0&1\end{pmatrix}\begin{pmatrix}a_{11}&a_{12}\\a_{21}&a_{22}\\a_{31}&a_{32}\\a_{41}&a_{42}\end{pmatrix}=\begin{pmatrix}a_{11}&a_{12}\\a_{21}+ka_{31}&a_{22}+ka_{32}\\a_{31}&a_{32}\\a_{41}&a_{42}\end{pmatrix},$$

此式说明 4 阶初等矩阵 $\boldsymbol{E}(23(k))$ 左乘一个 4×2 矩阵，其结果相当于对这个矩阵施行第三种初等行变换：这个矩阵的第 3 行乘数 k 加到第 2 行上（r_2+kr_3）；

$$\begin{pmatrix} a_{11} & a_{12} & a_{13} & a_{14} \\ a_{21} & a_{22} & a_{23} & a_{24} \end{pmatrix}\begin{pmatrix} 1 & 0 & 0 & 0 \\ 0 & 1 & k & 0 \\ 0 & 0 & 1 & 0 \\ 0 & 0 & 0 & 1 \end{pmatrix}=\begin{pmatrix} a_{11} & a_{12} & a_{13}+ka_{12} & a_{14} \\ a_{21} & a_{22} & a_{23}+ka_{22} & a_{24} \end{pmatrix},$$

此式说明一个 2×4 矩阵右乘 4 阶初等矩阵 $\boldsymbol{E}(23(k))$，其结果相当于对这个矩阵施行第三种初等列变换：这个矩阵的第 2 列乘数 k 加到第 3 列上（c_3+kc_2）.

读者可以验证，上述结果对于一般矩阵仍然成立．于是有

性质 3-1　设 $\boldsymbol{A}$ 是一个 $m\times n$ 矩阵，对 $\boldsymbol{A}$ 施行一次初等行变换，相当于在 $\boldsymbol{A}$ 的左边乘以相应的 m 阶初等矩阵；对 $\boldsymbol{A}$ 施行一次初等列变换，相当于在 $\boldsymbol{A}$ 的右边乘以相应的 n 阶初等矩阵.

当 $\boldsymbol{A}$ 是 n 阶方阵时，有

性质 3-2　方阵 $\boldsymbol{A}$ 可逆的充分必要条件是存在有限个初等矩阵 $\boldsymbol{P}_1$，$\boldsymbol{P}_2$，…，$\boldsymbol{P}_l$，使 $\boldsymbol{A}=\boldsymbol{P}_1\boldsymbol{P}_2\cdots\boldsymbol{P}_l$.

证明　充分性，当 $\boldsymbol{A}=\boldsymbol{P}_1\boldsymbol{P}_2\cdots\boldsymbol{P}_l$ 时，因初等矩阵可逆，所以 $|\boldsymbol{A}|=|\boldsymbol{P}_1||\boldsymbol{P}_2|\cdots|\boldsymbol{P}_l|\neq0$，故 $\boldsymbol{A}$ 可逆.

必要性，当 n 阶方阵 $\boldsymbol{A}$ 可逆时，设 $\boldsymbol{A}$ 的标准型 $\boldsymbol{F}$ 为

$$\boldsymbol{F}=\begin{pmatrix} \boldsymbol{E}_r & \boldsymbol{O} \\ \boldsymbol{O} & \boldsymbol{O} \end{pmatrix}_{n\times n},$$

$\boldsymbol{F}$ 是 $\boldsymbol{A}$ 的标准型，故 $\boldsymbol{F}\cong\boldsymbol{A}$，即 $\boldsymbol{F}$ 经过有限次的初等变换变为 $\boldsymbol{A}$，再根据性质 3-1，有

$$\boldsymbol{A}=\boldsymbol{P}_1\cdots\boldsymbol{P}_s\boldsymbol{F}\boldsymbol{P}_{s+1}\cdots\boldsymbol{P}_l,$$

所以 $\boldsymbol{F}$ 可逆，此时若标准型 $\boldsymbol{F}$ 中的 $r<n$，则 $\boldsymbol{F}=0$，矛盾，因此 $r=n$，故 $\boldsymbol{F}=\boldsymbol{E}$，所以 $\boldsymbol{A}=\boldsymbol{P}_1\boldsymbol{P}_2\cdots\boldsymbol{P}_l$.

有了以上知识，现在来证明定理 3-1.

定理 3-1 的证明

（1）$\boldsymbol{A}\overset{r}{\cong}\boldsymbol{B}\Leftrightarrow\boldsymbol{A}$ 经过有限次的初等行变换变为 $\boldsymbol{B}$（根据初等行变换定义）

$\Leftrightarrow$存在有限个 m 阶初等矩阵 $\boldsymbol{P}_1$，$\boldsymbol{P}_2$，…，$\boldsymbol{P}_l$，使得 $\boldsymbol{P}_1\boldsymbol{P}_2\cdots\boldsymbol{P}_l\boldsymbol{A}=\boldsymbol{B}$（根据性质 3-1）

$\Leftrightarrow$存在 m 阶初等矩阵 $\boldsymbol{P}$，使得 $\boldsymbol{PA}=\boldsymbol{B}$.（根据性质 3-2）

（2）和（3）的证明与（1）类似，读者可以自证.

第三节　矩　阵　的　秩

矩阵的秩是矩阵内在的一个本质特性，它对于矩阵理论的研究和应用起着十分重要的作用．本节主要介绍矩阵秩的概念和性质以及求秩的方法.

一、矩阵的秩及其求法

定义 3-6　在 $m\times n$ 矩阵 $\boldsymbol{A}$ 中，任取 k 行与 k 列（$k\leqslant m$，$k\leqslant n$），位于这些行列交叉处的 k^2 个元素（不改变元素的相对位置）所构成的 k 阶行列式，称为**矩阵 A 的 k 阶子式.**

显然 $m\times n$ 矩阵中有 k 阶子式共 $C_m^kC_n^k$ 个.

定义 3-7 设矩阵 $\boldsymbol{A}$ 中有一个不等于 0 的 r 阶子式 D_r，且所有 $r+1$ 阶子式（如果存在）都等于 0，则称 D_r 为矩阵 $\boldsymbol{A}$ 的**最高阶非零子式**.

根据行列式的展开法则可知，在 $\boldsymbol{A}$ 中当所有 $r+1$ 阶子式都等于 0 时，所有阶数高于 $r+1$ 的子式也全都等于 0，因此把 r 阶非零子式 D_r 称为最高阶非零子式.

定义 3-8 矩阵 $\boldsymbol{A}$ 的最高阶非零子式的阶数称为**矩阵 $\boldsymbol{A}$ 的秩**，记为 $R(\boldsymbol{A})$. 规定零矩阵的秩为 0.

根据秩的定义可知，如果 $\boldsymbol{A}$ 中有某个 s 阶子式不为 0，则 $R(\boldsymbol{A})\geqslant s$，若 $\boldsymbol{A}$ 中所有 t 阶子式全为 0，则 $R(\boldsymbol{A})<t$.

因为行列式与其转置行列式相等，所以 $\boldsymbol{A}^{\mathrm{T}}$ 的子式与 $\boldsymbol{A}$ 的子式对应相等，因此 $R(\boldsymbol{A}^{\mathrm{T}})=R(\boldsymbol{A})$.

例 3-4 求矩阵 $\boldsymbol{A}$ 的秩，其中

$$\boldsymbol{A}=\begin{pmatrix}2&-1&0&3&-2\\0&3&1&-2&5\\0&0&0&4&-3\\0&0&0&0&0\end{pmatrix}.$$

解 $\boldsymbol{A}$ 是一个行阶梯形矩阵，它的非零行有 3 行，所以 $\boldsymbol{A}$ 的所有 4 阶子式全为 0，而以非零行的非零首元为对角线元素的 3 阶行列式

$$\begin{vmatrix}2&-1&0\\0&3&-2\\0&0&4\end{vmatrix}\neq 0,$$

因此这个 3 阶行列式就是 $\boldsymbol{A}$ 的一个最高阶非零子式，故 $R(\boldsymbol{A})=3$.

从本例可以看出：行阶梯形矩阵的秩就等于非零行的行数.

但对于一般的矩阵，当行数与列数较高时，用定义去求秩比较烦琐，那该如何求秩呢？下面的定理给出了方法.

定理 3-2 初等变换不改变矩阵的秩，即若 $\boldsymbol{A}\cong\boldsymbol{B}$，则 $R(\boldsymbol{A})=R(\boldsymbol{B})$.

证明 先证：若 $\boldsymbol{A}$ 经过一次初等行变换变为 $\boldsymbol{B}$，则 $R(\boldsymbol{A})\leqslant R(\boldsymbol{B})$.

设 $R(\boldsymbol{A})=r$，且 $\boldsymbol{A}$ 的某个 r 阶子式 $D\neq 0$.

当 $\boldsymbol{A}\xrightarrow{r_i\leftrightarrow r_j}\boldsymbol{B}$ 或 $\boldsymbol{A}\xrightarrow{r_i\times k}\boldsymbol{B}$ 时，$\boldsymbol{A}$ 的 r 阶非零子式 D 变为 $\boldsymbol{B}$ 的某个 r 阶子式 D_1，显然 $D_1=D$ 或 $D_1=-D$ 或 $D_1=kD$，因此 $D_1\neq 0$，故 $R(\boldsymbol{B})\geqslant r$.

当 $\boldsymbol{A}\xrightarrow{r_i+kr_j}\boldsymbol{B}$ 时，分两种情况讨论：①若 D 不包含 $\boldsymbol{A}$ 的第 i 行，则变换后 D 未变，因此 D 也是 $\boldsymbol{B}$ 的 r 阶非零子式，故 $R(\boldsymbol{B})\geqslant r$；②若 D 包含 $\boldsymbol{A}$ 的第 i 行，变换后 D 变为 $\boldsymbol{B}$ 的某个 r 阶子式 D_1，具有如下形式

$$D_1=\begin{vmatrix}\vdots\\r_i+kr_j\\\vdots\end{vmatrix}=\begin{vmatrix}\vdots\\r_i\\\vdots\end{vmatrix}+k\begin{vmatrix}\vdots\\r_j\\\vdots\end{vmatrix}=D+kD_2,$$

此时若 D 还包含 $\boldsymbol{A}$ 的第 j 行，则 $D_2=0$，从而 $D_1=D\neq 0$，若 D 不包含 $\boldsymbol{A}$ 的第 j 行，由 $D=D_1-kD_2\neq 0$，知 D_1 与 D_2 不同时为 0，而 D_2 与 $\boldsymbol{B}$ 的某个 r 阶子式 $\widetilde{D}_2$ 最多相差一个符号，

因此在 $\boldsymbol{B}$ 中存在 r 阶非零子式 D_1 或 $\widetilde{D}_2$，故 $R(\boldsymbol{B})\geqslant r$.

以上证明了 $\boldsymbol{A}$ 经过一次初等行变换变为 $\boldsymbol{B}$，则 $R(\boldsymbol{A})\leqslant R(\boldsymbol{B})$，同样 $\boldsymbol{B}$ 也可经过一次初等变换变为 $\boldsymbol{A}$，故也有 $R(\boldsymbol{B})\leqslant R(\boldsymbol{A})$，因此 $R(\boldsymbol{A})=R(\boldsymbol{B})$.

经过一次初等行变换，不改变矩阵的秩，那么经过有限次初等行变换，也不会改变矩阵的秩.

设 $\boldsymbol{A}$ 经过初等列变换变为 $\boldsymbol{B}$，则 $\boldsymbol{A}^{\mathrm{T}}$ 经过初等行变换变为 $\boldsymbol{B}^{\mathrm{T}}$，由上述证明可知 $R(\boldsymbol{A}^{\mathrm{T}})=R(\boldsymbol{B}^{\mathrm{T}})$，又 $R(\boldsymbol{A})=R(\boldsymbol{A}^{\mathrm{T}})$，$R(\boldsymbol{B})=R(\boldsymbol{B}^{\mathrm{T}})$，所以 $R(\boldsymbol{A})=R(\boldsymbol{B})$.

这说明初等行变换与初等列变换都不改变矩阵的秩，因此初等变换不改变矩阵的秩，即 $\boldsymbol{A}\sim\boldsymbol{B}$，则 $R(\boldsymbol{A})=R(\boldsymbol{B})$.

由定理 3 - 2 可知，求矩阵的秩，只要利用初等行变换将矩阵化为行阶梯形矩阵，行阶梯形矩阵中非零行的行数就是该矩阵的秩.

根据定理 3 - 1 和定理 3 - 2，很容易的得到下面推论：

推论 3 - 2　若存在可逆矩阵 $\boldsymbol{P}$，$\boldsymbol{Q}$ 使得 $\boldsymbol{PAQ}=\boldsymbol{B}$，则 $R(\boldsymbol{A})=R(\boldsymbol{B})$.

例 3 - 5　设
$$\boldsymbol{A}=\begin{pmatrix}1&-2&1&0&-4\\3&2&1&2&1\\2&4&0&2&5\\-1&2&-1&-4&7\end{pmatrix},$$
求：(1) 矩阵 $\boldsymbol{A}$ 的秩.

(2) 矩阵 $\boldsymbol{A}$ 的一个最高阶非零子式.

(1) **解**　对 $\boldsymbol{A}$ 施行初等行变换将其化为行阶梯形矩阵
$$\boldsymbol{A}=\begin{pmatrix}1&-2&1&0&-4\\3&2&1&2&1\\2&4&0&2&5\\-1&2&-1&-4&7\end{pmatrix}\xrightarrow[r_4+r_1]{\substack{r_2-3r_1\\r_3-2r_1}}\begin{pmatrix}1&-2&1&0&-4\\0&8&-2&2&13\\0&8&-2&2&13\\0&0&0&-4&3\end{pmatrix}$$
$$\xrightarrow[r_3\leftrightarrow r_4]{r_3-r_2}\begin{pmatrix}1&-2&1&0&-4\\0&8&-2&2&13\\0&0&0&-4&3\\0&0&0&0&0\end{pmatrix},$$
$\boldsymbol{A}$ 的行阶梯形矩阵有 3 个非零行，因此 $R(\boldsymbol{A})=3$.

(2) 分析　因为 $R(\boldsymbol{A})=3$，所以 $\boldsymbol{A}$ 的最高阶非零子式为 3 阶，而 $\boldsymbol{A}$ 的 3 阶子式共有 $C_4^3\cdot C_5^3=40$ 个，要从 40 个子式中找出一个非零子式，显然是比较麻烦的. 但从 $\boldsymbol{A}$ 的行阶梯形矩阵可以看出，由 $\boldsymbol{A}$ 的第 1、2、4 列构成的矩阵 $\boldsymbol{A}_0$ 的秩为 3，所以 $\boldsymbol{A}_0$ 必有 3 阶非零子式，而 $\boldsymbol{A}_0$ 的 3 阶子式共有 4 个，在 $\boldsymbol{A}_0$ 的 4 个子式中找出一个非零子式比从 $\boldsymbol{A}$ 中找要简便许多，所以本题是在不改变矩阵秩的前提下，通过减少列数从而减少子式的个数来找非零子式. 下面给出解法，读者要仔细体会.

解　设 $\boldsymbol{A}=(\boldsymbol{a}_1,\ \boldsymbol{a}_2,\ \boldsymbol{a}_3,\ \boldsymbol{a}_4)$，记 $\boldsymbol{A}_0=(\boldsymbol{a}_1,\ \boldsymbol{a}_2,\ \boldsymbol{a}_4)$，则 $\boldsymbol{A}_0$ 的行阶梯形矩阵为
$$\begin{pmatrix}1&-2&0\\0&8&2\\0&0&-4\\0&0&0\end{pmatrix},$$

已知 $R(\boldsymbol{A}_0)=3$，故 $\boldsymbol{A}_0$ 中必有 3 阶非零子式，经计算，由 $\boldsymbol{A}_0$ 的 1，2，4 行构成的子式

$$\begin{vmatrix} 1 & -2 & 0 \\ 3 & 2 & 2 \\ -1 & 2 & -4 \end{vmatrix} = -32 \neq 0,$$

因此这个子式便是 $\boldsymbol{A}$ 的一个最高阶非零子式.

例 3-6 设
$$\boldsymbol{A}=\begin{pmatrix} 1 & 2 & -1 & 1 \\ 3 & 2 & \lambda & -1 \\ 5 & 6 & 3 & \mu \end{pmatrix},$$
已知 $R(\boldsymbol{A})=2$，求 λ 与 μ 的值.

解 $$\boldsymbol{A}\xrightarrow[r_3-5r_1]{r_2-3r_1}\begin{pmatrix} 1 & 2 & -1 & 1 \\ 0 & -4 & \lambda+3 & -4 \\ 0 & -4 & 8 & \mu-5 \end{pmatrix}\xrightarrow{r_3-r_2}\begin{pmatrix} 1 & 2 & -1 & 1 \\ 0 & -4 & \lambda+3 & -4 \\ 0 & 0 & 5-\lambda & \mu-1 \end{pmatrix},$$
因 $R(\boldsymbol{A})=2$，故
$$\begin{cases} 5-\lambda=0, \\ \mu-1=0, \end{cases} \quad 即\begin{cases} \lambda=5, \\ \mu=1. \end{cases}$$

二、矩阵秩的性质

若 A 是 $m\times n$ 的矩阵，显然它的秩既不会超过 m，也不会超过 n，因此有

(1) $0\leqslant R(A_{m\times n})\leqslant \min\{m, n\}$.

当 $R(\boldsymbol{A}_{m\times n})=m$ 时，称矩阵 $\boldsymbol{A}$ 为**行满秩矩阵**；当 $R(\boldsymbol{A}_{m\times n})=n$ 时，称矩阵 $\boldsymbol{A}$ 为**列满秩矩阵**.

特别地，若当 $\boldsymbol{A}$ 是 n 阶方阵时，则 $R(\boldsymbol{A})\leqslant n$；当 $R(\boldsymbol{A})=n$ 时，称方阵 $\boldsymbol{A}$ 为**满秩矩阵**，此时 $\boldsymbol{A}$ 的唯一 n 阶子式 $|\boldsymbol{A}|\neq 0$，所以 $\boldsymbol{A}$ 可逆；当 $R(\boldsymbol{A})<n$ 时，称方阵 $\boldsymbol{A}$ 为**降秩矩阵**，此时 $|\boldsymbol{A}|=0$，所以 $\boldsymbol{A}$ 不可逆.

前边已经介绍了几点性质，归纳如下：

(2) $\boldsymbol{A}$ 中有某个 r 阶子式不为 0，则 $R(\boldsymbol{A})\geqslant r$.

(3) $\boldsymbol{A}$ 中所有 $r+1$ 阶子式全为 0，则 $R(\boldsymbol{A})\leqslant r$.

(4) $R(\boldsymbol{A}^{\mathrm{T}})=R(\boldsymbol{A})$.

下面再介绍几个常用的矩阵秩的性质：

(5) $\max\{R(\boldsymbol{A}), R(\boldsymbol{B})\}\leqslant R(\boldsymbol{A}, \boldsymbol{B})\leqslant R(\boldsymbol{A})+R(\boldsymbol{B})$，

特别地，当 $\boldsymbol{B}=\boldsymbol{b}$ 为非零列向量时，有 $R(\boldsymbol{A})\leqslant R(\boldsymbol{A}, \boldsymbol{b})\leqslant R(\boldsymbol{A})+1$.

证明 先看左端，因 $\boldsymbol{A}$ 的最高阶非零子式总是 $(\boldsymbol{A}, \boldsymbol{B})$ 的非零子式，故 $R(\boldsymbol{A})\leqslant R(\boldsymbol{A}, \boldsymbol{B})$，同理也有 $R(\boldsymbol{B})\leqslant R(\boldsymbol{A}, \boldsymbol{B})$，所以 $\max\{R(\boldsymbol{A}), R(\boldsymbol{B})\}\leqslant R(\boldsymbol{A}, \boldsymbol{B})$.

再看右端，设 $R(\boldsymbol{A})=r$，$R(\boldsymbol{B})=t$，对 $\boldsymbol{A}$、$\boldsymbol{B}$ 分别作初等列变换化为列阶梯形矩阵 $\widetilde{A}$ 和 $\widetilde{B}$，则 $\widetilde{\boldsymbol{A}}$ 和 $\widetilde{\boldsymbol{B}}$ 中分别含有 r 个和 t 个非零列，即

$$\boldsymbol{A}\overset{c}{\sim}\widetilde{\boldsymbol{A}}=(\tilde{\boldsymbol{a}}_1,\cdots\tilde{\boldsymbol{a}}_r,\boldsymbol{0},\cdots,\boldsymbol{0}),\quad \boldsymbol{B}\overset{c}{\sim}\widetilde{\boldsymbol{B}}=(\tilde{\boldsymbol{b}}_1,\cdots\tilde{\boldsymbol{b}}_t,\boldsymbol{0},\cdots,\boldsymbol{0}),$$

于是
$$(\boldsymbol{A},\boldsymbol{B})\overset{c}{\sim}(\bar{\boldsymbol{A}},\bar{\boldsymbol{B}})=(\tilde{\boldsymbol{a}}_1,\cdots\tilde{\boldsymbol{a}}_r,\boldsymbol{0},\cdots,\boldsymbol{0},\tilde{\boldsymbol{b}}_1,\cdots\tilde{\boldsymbol{b}}_t,\boldsymbol{0},\cdots,\boldsymbol{0}),$$
可以看出 $(\widetilde{\boldsymbol{A}}, \widetilde{\boldsymbol{B}})$ 中有 $r+s$ 个非零列，故 $R(\widetilde{\boldsymbol{A}}, \widetilde{\boldsymbol{B}})\leqslant t+s$，而 $R(\boldsymbol{A}, \boldsymbol{B})=R(\widetilde{\boldsymbol{A}}, \widetilde{\boldsymbol{B}})$，所以

$$R(\boldsymbol{A},\boldsymbol{B}) \leqslant t+s = R(\boldsymbol{A})+R(\boldsymbol{B}).$$

(6) $R(\boldsymbol{A}+\boldsymbol{B}) \leqslant R(\boldsymbol{A})+R(\boldsymbol{B})$.

证明　因为 $(\boldsymbol{A}+\boldsymbol{B},\ \boldsymbol{B}) \overset{c}{\sim} (\boldsymbol{A},\ \boldsymbol{B})$，于是结合（5）有

$$R(\boldsymbol{A}+\boldsymbol{B}) \leqslant R(\boldsymbol{A}+\boldsymbol{B},\boldsymbol{B}) = R(\boldsymbol{A},\boldsymbol{B}) \leqslant R(\boldsymbol{A})+R(\boldsymbol{B}).$$

例 3-7　设 $\boldsymbol{A}$ 为 n 阶矩阵，证明：$R(\boldsymbol{A}+\boldsymbol{E})+R(\boldsymbol{A}-\boldsymbol{E}) \geqslant n$.

证明　因 $(\boldsymbol{A}+\boldsymbol{E})+(\boldsymbol{E}-\boldsymbol{A})=2\boldsymbol{E}$，由（6），有 $R(\boldsymbol{A}+\boldsymbol{E})+R(\boldsymbol{E}-A) \geqslant R(2\boldsymbol{E})=n$，而 $R(\boldsymbol{E}-A)=R(\boldsymbol{A}-\boldsymbol{E})$，所以 $R(\boldsymbol{A}+\boldsymbol{E})+R(\boldsymbol{A}-\boldsymbol{E}) \geqslant n$.

例 3-8　若 $\boldsymbol{A}_{m\times n}\boldsymbol{B}_{n\times l}=C$，且 $R(\boldsymbol{A})=n$，证明：$R(\boldsymbol{B})=R(\boldsymbol{C})$.

证明　因 $R(\boldsymbol{A})=n$，知 $\boldsymbol{A}$ 的行最简形矩阵为 $\begin{pmatrix}\boldsymbol{E}_n\\ \boldsymbol{O}\end{pmatrix}_{m\times n}$，并有 m 阶可逆矩阵 $\boldsymbol{P}$，使得 $\boldsymbol{PA}=\begin{pmatrix}\boldsymbol{E}_n\\ \boldsymbol{O}\end{pmatrix}_{m\times n}$. 于是

$$\boldsymbol{PC} = \boldsymbol{PAB} = \begin{pmatrix}\boldsymbol{E}_n\\ \boldsymbol{O}\end{pmatrix}\boldsymbol{B} = \begin{pmatrix}\boldsymbol{B}\\ \boldsymbol{O}\end{pmatrix}$$

由定理 3-2 的推论，可知 $R(\boldsymbol{C})=R(\boldsymbol{PC})$，而 $R(\boldsymbol{PC})=R\begin{pmatrix}\boldsymbol{B}\\ \boldsymbol{O}\end{pmatrix}=R(\boldsymbol{B})$，所以 $R(\boldsymbol{B})=R(\boldsymbol{C})$.

注意：本例中 $\boldsymbol{A}$ 为列满秩矩阵，若 $\boldsymbol{C}=\boldsymbol{O}$，则这时的结论为（矩阵乘法的消去律）.

设 $\boldsymbol{AB}=\boldsymbol{O}$，若 $\boldsymbol{A}$ 为列满秩矩阵，则 $\boldsymbol{B}=\boldsymbol{O}$.

第四节　线性方程组的解

在本章第一节中，利用矩阵的初等行变换求出了引例中线性方程组的解，本节将利用矩阵的初等行变换，进一步讨论一般线性方程组有解、无解的情况以及如何求解.

n 个未知数 m 个方程的线性方程组

$$\begin{cases} a_{11}x_1+a_{12}x_2+\cdots+a_{1n}x_n=b_1\\ a_{21}x_1+a_{22}x_2+\cdots+a_{2n}x_n=b_2\\ \cdots\cdots\\ a_{m1}x_1+a_{m2}x_2+\cdots+a_{mn}x_n=b_m \end{cases} \tag{3-7}$$

其向量方程形式记为

$$\boldsymbol{Ax}=\boldsymbol{b} \tag{3-8}$$

对于它的解的情况，有如下定理：

定理 3-3　n 元线性方程组 $\boldsymbol{Ax}=\boldsymbol{b}$

(1) **无解的充分必要条件是** $R(\boldsymbol{A})<R(\boldsymbol{A},\ \boldsymbol{b})$.

(2) **有唯一解的充分必要条件是** $R(\boldsymbol{A})=R(\boldsymbol{A},\ \boldsymbol{b})=n$.

(3) **有无限多解的充分必要条件是** $R(\boldsymbol{A})=R(\boldsymbol{A},\ \boldsymbol{b})<n$.

证明　充分性：

设 $R(\boldsymbol{A})=r$，$\overline{\boldsymbol{A}}=(\boldsymbol{A},\ \boldsymbol{b})$，对增广矩阵 $\overline{\boldsymbol{A}}$ 施行初等行变换，将 $\overline{\boldsymbol{A}}$ 化为行最简形矩阵，因

为交换前 n 列不改变方程组的解（只是未知数位置的改变）[1]，所以不妨设 $\bar{\boldsymbol{A}}$ 的行最简形矩阵为

$$\boldsymbol{U}=\left(\begin{array}{cccccccc:c} 1 & 0 & \cdots & 0 & b_{1,r+1} & \cdots & b_{1,n} & & d_1 \\ 0 & 1 & \cdots & 0 & b_{2,r+1} & \cdots & b_{2,n} & & d_2 \\ \vdots & \vdots & & \vdots & \vdots & & \vdots & & \vdots \\ 0 & 0 & \cdots & 1 & b_{r,r+1} & \cdots & b_{r,n} & & d_r \\ 0 & 0 & \cdots & 0 & 0 & \cdots & 0 & & d_{r+1} \\ 0 & 0 & \cdots & 0 & 0 & \cdots & 0 & & 0 \\ \vdots & \vdots & & \vdots & \vdots & & \vdots & & \vdots \\ 0 & 0 & \cdots & 0 & 0 & \cdots & 0 & & 0 \end{array}\right)$$

其中 $d_{r+1}=0$ 或 1.

$\boldsymbol{U}$ 对应的线性方程组为

$$\begin{cases} x_1+b_{1,r+1}x_{r+1}+\cdots+b_{1,n}x_n=d_1, \\ x_2+b_{2,r+1}x_{r+1}+\cdots+b_{2,n}x_n=d_2, \\ \cdots \\ x_r+b_{r,r+1}x_{r+1}+\cdots+b_{r,n}x_n=d_r, \\ \qquad\qquad\qquad\qquad 0=d_{r+1}, \end{cases} \tag{3-9}$$

式（3-9）与式（3-8）是同解方程组.

（1）若 $R(\boldsymbol{A})<R(\bar{\boldsymbol{A}})$，则 $\boldsymbol{U}$ 中的 $d_{r+1}=1$，显然式（3-9）无解，因此方程组式（3-8）也无解.

（2）若 $R(\boldsymbol{A})=R(\bar{\boldsymbol{A}})=r=n$，则 b_{ij} 不出现，且 $d_{r+1}=0$ 或 d_{r+1} 不出现，于是式（3-9）为

$$\begin{cases} x_1=d_1, \\ x_2=d_2, \\ \cdots \\ x_n=d_n, \end{cases}$$

因此方程组（3-8）有唯一解.

（3）若 $R(\boldsymbol{A})=R(\boldsymbol{A},\boldsymbol{b})=r<n$，则 $d_{r+1}=0$ 或 d_{r+1} 不出现，于是式（3-9）可变为

$$\begin{cases} x_1=-b_{1,r+1}x_{r+1}-\cdots-b_{1,n}x_n+d_1, \\ x_2=-b_{2,r+1}x_{r+1}-\cdots-b_{2,n}x_n+d_2, \\ \cdots \\ x_r=-b_{r,r+1}x_{r+1}-\cdots-b_{r,n}x_n+d_r, \end{cases}$$

令未知数 $x_{r+1}=c_1$，…，$x_n=c_{n-r}$（此时 x_1，…，x_r 称为**非自由未知数**，x_{r+1}，…，x_n 称为**自由未知数**），即得

[1] 在实际解方程组中，不必交换增广矩阵的列.

$$\begin{pmatrix} x_1 \\ \vdots \\ x_r \\ x_{r+1} \\ \vdots \\ x_n \end{pmatrix} = \begin{pmatrix} -b_{1,r+1}c_1 - \cdots - b_{1,n}c_{n-r} + d_1 \\ \vdots \\ -b_{r,r+1}c_1 - \cdots - b_{r,n}c_{n-r} + d_r \\ c_1 \\ \vdots \\ c_{n-r} \end{pmatrix},$$

或写成向量形式

$$\begin{pmatrix} x_1 \\ \vdots \\ x_r \\ x_{r+1} \\ \vdots \\ x_n \end{pmatrix} = c_1\begin{pmatrix} -b_{1,r+1} \\ \vdots \\ -b_{r,r+1} \\ 1 \\ \vdots \\ 0 \end{pmatrix} + \cdots + c_{n-r}\begin{pmatrix} -b_{1,n} \\ \vdots \\ -b_{r,n} \\ 0 \\ \vdots \\ 1 \end{pmatrix} + \begin{pmatrix} d_1 \\ \vdots \\ d_r \\ 0 \\ \vdots \\ 0 \end{pmatrix} \tag{3 - 10}$$

由于参数 c_1，…，c_{n-r}可任意取值，所以式（3 - 9）有无限多解，因此式（3 - 8）也有无限多解.

必要性：

（1）设方程组无解，证明 $R(A)<R(\boldsymbol{A}, \boldsymbol{b})$，它的逆否命题是"$R(\boldsymbol{A})=R(\boldsymbol{A}, \boldsymbol{b})$，则方程组有解"，这在充分性（2）（3）中已经给出了证明，故该结论成立.

（2）设方程组有唯一解，证明 $R(\boldsymbol{A})=R(\boldsymbol{A}, \boldsymbol{b})=n$，它的逆否命题是"$R(\boldsymbol{A})<R(\boldsymbol{A}, \boldsymbol{b})$ 或 $R(\boldsymbol{A})=R(\boldsymbol{A}, \boldsymbol{b})<n$，则方程组无解或有无限多解"，这其实就是（1）（3）的充分性，故该结论成立.

（3）设方程组有无限多解，证明 $R(\boldsymbol{A})=R(\boldsymbol{A}, \boldsymbol{b})<n$，它的逆否命题就是（1）（2）的充分性，故结论成立.

当 $R(\boldsymbol{A})=R(\boldsymbol{A}, \boldsymbol{b})<n$ 时，由于含有 $n-r$ 个参数的解，式（3 - 10）可表示线性方程组（3 - 9）的任一解，从而也可表示线性方程组（3 - 8）的任一解，因此解（3 - 10）称为线性方程组（3 - 8）的**通解**.

若方程组（3 - 7）有解，则称它是**相容**的；若无解，则称它是**不相容**的.

在上述充分性证明中，蕴含了求解线性方程组的一般步骤，现归纳如下。

（1）非齐次线性方程组求解步骤。

1）利用初等行变换把它的增广矩阵 $\bar{\boldsymbol{A}}$ 化为行阶梯形矩阵，从中可以看出 $R(\boldsymbol{A})$ 和 $R(\bar{\boldsymbol{A}})$，若 $R(\boldsymbol{A})<R(\bar{\boldsymbol{A}})$，则方程组无解.

2）若 $R(\boldsymbol{A})=R(\bar{\boldsymbol{A}})$，则进一步把 $\bar{\boldsymbol{A}}$ 化成行最简形矩阵.

3）设 $R(\boldsymbol{A})=R(\bar{\boldsymbol{A}})=r$，把行最简形矩阵中 r 个非零行的非零首元所对应的未知数取作非自由未知数，其余 $n-r$ 个未知数取作自由未知数，并令自由未知数分别等于 c_1，…，c_{n-r}，由 $\bar{A}$ 的行最简形矩阵，即可写出含 $n-r$ 个参数 c_1，…，c_{n-r}的通解.

（2）齐次线性方程组求解步骤。

1）利用初等行变换把它的系数矩阵 $\boldsymbol{A}$ 化成行最简形矩阵，从中可以看出 $R(\boldsymbol{A})$.

2）设 $R(\boldsymbol{A})=r$，把 A 的行最简形矩阵中 r 个非零行的非零首元所对应的未知数取作非自由未知数，其余 $n-r$ 个未知数取作自由未知数，并令自由未知数分别等于 c_1，…，c_{n-r}，

由 **A** 的行最简形矩阵，即可写出含 $n-r$ 个参数 c_1，…，c_{n-r} 的通解.

例 3-9 求解非齐次线性方程组

$$\begin{cases} x_1-3x_2-6x_3+5x_4=0 \\ 2x_1+x_2+4x_3-2x_4=1 \\ 5x_1-x_2+2x_3+x_4=7 \end{cases}$$

解 对增广矩阵 $\bar{\mathbf{A}}$ 施行初等行变换

$$\bar{\mathbf{A}}=\left(\begin{array}{cccc:c} 1 & -3 & -6 & 5 & 0 \\ 2 & 1 & 4 & -2 & 1 \\ 5 & -1 & 2 & 1 & 7 \end{array}\right) \xrightarrow[r_3-2r_2]{\substack{r_2-2r_1 \\ r_3-5r_1}} \left(\begin{array}{cccc:c} 1 & -3 & -6 & 5 & 0 \\ 0 & 7 & 16 & -12 & 1 \\ 0 & 0 & 0 & 0 & 5 \end{array}\right)$$

可见 $R(\mathbf{A})=2$，$R(\bar{\mathbf{A}})=3$，故方程组无解.

例 3-10 求解齐次线性方程组

$$\begin{cases} x_1+x_2-x_3-x_4=0 \\ 2x_1-5x_2+3x_3+2x_4=0 \\ 7x_1-7x_2+3x_3+x_4=0 \end{cases}$$

解 对增广矩阵 $\bar{\mathbf{A}}$ 施行初等行变换

$$\bar{\mathbf{A}}=\begin{pmatrix} 1 & 1 & -1 & -1 \\ 2 & -5 & 3 & 2 \\ 7 & -7 & 3 & 1 \end{pmatrix} \xrightarrow[r_3-2r_2]{\substack{r_2-2r_1 \\ r_3-7r_1}} \begin{pmatrix} 1 & 1 & -1 & -1 \\ 0 & -7 & 5 & 4 \\ 0 & 0 & 0 & 0 \end{pmatrix} \xrightarrow[r_1-r_2]{r_2\div(-7)} \begin{pmatrix} 1 & 0 & -2/7 & -3/7 \\ 0 & 1 & -5/7 & -4/7 \\ 0 & 0 & 0 & 0 \end{pmatrix},$$

即得
$$\begin{cases} x_1=\dfrac{2}{7}x_3+\dfrac{3}{7}x_4 \\ x_2=\dfrac{5}{7}x_3+\dfrac{4}{7}x_4 \end{cases}$$

其中 x_3、x_4 为自由未知数，令 $x_3=c_1$、$x_4=c_2$，则方程组的通解为

$$\begin{pmatrix} x_1 \\ x_2 \\ x_3 \\ x_4 \end{pmatrix}=c_1\begin{pmatrix} 2/7 \\ 5/7 \\ 1 \\ 0 \end{pmatrix}+c_2\begin{pmatrix} 3/7 \\ 4/7 \\ 0 \\ 1 \end{pmatrix}(c_1,c_2\in R).$$

例 3-11 求解非齐次方程组

$$\begin{cases} x_1+2x_2+3x_3+x_4=5 \\ 2x_1+4x_2+3x_3-4x_4=1 \\ x_1+2x_2-5x_4=-4 \\ x_1+2x_2-3x_3-11x_4=-13 \end{cases}$$

解 对增广矩阵 $\bar{\mathbf{A}}$ 施行初等行变换

$$\bar{\mathbf{A}}=\left(\begin{array}{cccc:c} 1 & 2 & 3 & 1 & 5 \\ 2 & 4 & 3 & -4 & 1 \\ 1 & 2 & 0 & -5 & -4 \\ 1 & 2 & -3 & -11 & -13 \end{array}\right) \xrightarrow[r_4-r_1]{\substack{r_2-2r_1 \\ r_3-r_1}} \left(\begin{array}{cccc:c} 1 & 2 & 3 & 1 & 5 \\ 0 & 0 & -3 & -6 & -9 \\ 0 & 0 & -3 & -6 & -9 \\ 0 & 0 & -6 & -12 & -18 \end{array}\right) \xrightarrow[\substack{r_2\div(-3) \\ r_1-3r_3}]{\substack{r_3-r_2 \\ r_4-2r_2}} \left(\begin{array}{cccc:c} 1 & 2 & 0 & -5 & -4 \\ 0 & 0 & 1 & 2 & 3 \\ 0 & 0 & 0 & 0 & 0 \\ 0 & 0 & 0 & 0 & 0 \end{array}\right),$$

即得　$\begin{cases} x_1=-2x_2+5x_4-4 \\ x_3=-2x_4+3 \end{cases}$

其中，x_2、x_4 为自由未知数，令 $x_2=c_1$，$x_4=c_2$，则方程组的通解为

$$\begin{pmatrix} x_1 \\ x_2 \\ x_3 \\ x_4 \end{pmatrix} = c_1 \begin{pmatrix} -2 \\ 1 \\ 0 \\ 0 \end{pmatrix} + c_2 \begin{pmatrix} 5 \\ 0 \\ -2 \\ 1 \end{pmatrix} + \begin{pmatrix} -4 \\ 0 \\ 3 \\ 0 \end{pmatrix} (c_1, c_2 \in R).$$

例 3-12　设有线性方程组

$$\begin{cases} \lambda x_1 + x_2 + x_3 = 1 \\ x_1 + \lambda x_2 + x_3 = \lambda \\ x_1 + x_2 + \lambda x_3 = \lambda^2 \end{cases}$$

当 λ 取何值时，此方程组：(1) 有唯一解；(2) 无解；(3) 有无限多解，并求其通解.

解　对增广矩阵 $\bar{\mathbf{A}}=(\mathbf{A}, \boldsymbol{b})$ 施行初等行变换

$$\bar{\mathbf{A}} = \left(\begin{array}{ccc:c} \lambda & 1 & 1 & 1 \\ 1 & \lambda & 1 & \lambda \\ 1 & 1 & \lambda & \lambda^2 \end{array}\right) \xrightarrow[r_3-\lambda r_1]{\substack{r_1 \leftrightarrow r_3 \\ r_2 - r_1}} \left(\begin{array}{ccc:c} 1 & 1 & \lambda & \lambda^2 \\ 0 & \lambda-1 & 1-\lambda & \lambda-\lambda^2 \\ 0 & 1-\lambda & 1-\lambda^2 & 1-\lambda^3 \end{array}\right)$$

$$\xrightarrow{r_3+r_2} \left(\begin{array}{ccc:c} 1 & 1 & \lambda & \lambda^2 \\ 0 & \lambda-1 & 1-\lambda & \lambda-\lambda^2 \\ 0 & 0 & (1-\lambda)(2+\lambda) & (1-\lambda)(1+\lambda)^2 \end{array}\right),$$

(1) 当 $\lambda \neq 1$ 且 $\lambda \neq -2$ 时，$R(\mathbf{A})=R(\bar{\mathbf{A}})=3$，方程组有唯一解.

(2) 当 $\lambda=-2$ 时，$R(\mathbf{A})=2$，$R(\bar{\mathbf{A}})=3$，方程组无解.

(3) 当 $\lambda=1$ 时，$R(\mathbf{A})=R(\bar{\mathbf{A}})=1$，方程组有无限多解，此时

$$\bar{\mathbf{A}} \overset{r}{\sim} \left(\begin{array}{ccc:c} 1 & 1 & 1 & 1 \\ 0 & 0 & 0 & 0 \\ 0 & 0 & 0 & 0 \end{array}\right),$$

即得　　$x_1=-x_2-x_3+1$

令 $x_2=c_1$，$x_3=c_2$，则方程组的通解为

$$\begin{pmatrix} x_1 \\ x_2 \\ x_3 \end{pmatrix} = c_1 \begin{pmatrix} -1 \\ 1 \\ 0 \end{pmatrix} + c_2 \begin{pmatrix} -1 \\ 0 \\ 1 \end{pmatrix} + \begin{pmatrix} 1 \\ 0 \\ 0 \end{pmatrix} (c_1, c_2 \in R).$$

另外，注意到这个线性方程组的系数矩阵是方阵，因此也可用克拉默法则来解，这种方法也比较简洁.

另解　因系数矩阵 $\mathbf{A}$ 为方阵，所以有唯一解的充分必要条件是 $|\mathbf{A}| \neq 0$，而

$$|\mathbf{A}| = \begin{vmatrix} \lambda & 1 & 1 \\ 1 & \lambda & 1 \\ 1 & 1 & \lambda \end{vmatrix} = (\lambda+2) \begin{vmatrix} 1 & 1 & 1 \\ 1 & \lambda & 1 \\ 1 & 1 & \lambda \end{vmatrix} = (\lambda+2) \begin{vmatrix} 1 & 1 & 1 \\ 0 & \lambda-1 & 0 \\ 0 & 0 & \lambda-1 \end{vmatrix} = (\lambda+2)(\lambda-1)^2,$$

因此当 $\lambda \neq 1$ 且 $\lambda \neq -2$ 时，方程组有唯一解.

当 $\lambda=-2$ 时，

$$\bar{\boldsymbol{A}}=\left(\begin{array}{ccc:c}-2 & 1 & 1 & 1\\ 1 & -2 & 1 & -2\\ 1 & 1 & -2 & 4\end{array}\right)\overset{r}{\sim}\left(\begin{array}{ccc:c}1 & 1 & -2 & 4\\ 0 & 1 & -1 & 2\\ 0 & 0 & 0 & 3\end{array}\right),$$

可知 $R(\boldsymbol{A})=2$，$R(\bar{\boldsymbol{A}})=3$，故方程组无解.

当 $\lambda=1$ 时，

$$\bar{\boldsymbol{A}}=\left(\begin{array}{ccc:c}1 & 1 & 1 & 1\\ 1 & 1 & 1 & 1\\ 1 & 1 & 1 & 1\end{array}\right)\overset{r}{\sim}\left(\begin{array}{ccc:c}1 & 1 & 1 & 1\\ 0 & 0 & 0 & 0\\ 0 & 0 & 0 & 0\end{array}\right),$$

可知 $R(\boldsymbol{A})=R(\bar{\boldsymbol{A}})=1$，故方程组有无限多解，且通解为

$$\begin{pmatrix}x_1\\ x_2\\ x_3\end{pmatrix}=c_1\begin{pmatrix}-1\\ 1\\ 0\end{pmatrix}+c_2\begin{pmatrix}-1\\ 0\\ 1\end{pmatrix}+\begin{pmatrix}1\\ 0\\ 0\end{pmatrix}(c_1,c_2\in\boldsymbol{R}).$$

对含参数的矩阵作初等变换时，例如本例中对矩阵 $\bar{\boldsymbol{A}}$ 作初等变换时，因为 λ，$\lambda-1$ 等因式可以等于 0，所以不宜做 $r_2-\frac{1}{\lambda}r_1$，$r_2\times\lambda$，$r_2\div(\lambda-1)$ 这类变换，如果做了这种变换，则需要对 $\lambda=0$（或 $\lambda-1=0$）的情况另作讨论. 因此，含参数的矩阵作初等变换时较为不便.

下面介绍线性方程组的几个结论，这些结论对于下一章向量组的学习很有帮助.

定理 3-4　n 元齐次线性方程组 $\boldsymbol{Ax}=\boldsymbol{0}$ 有非零解的充分必要条件是 $R(\boldsymbol{A})<n$.

定理 3-5　线性方程组 $\boldsymbol{Ax}=\boldsymbol{b}$ 有解的充分必要条件是 $R(\boldsymbol{A})=R(\boldsymbol{A},\ \boldsymbol{b})$.

根据定理 3-3 很容易得到定理 3-4 和定理 3-5，这里不再证明. 如果将定理 3-5 的右端换成矩阵，即将定理 3-5 推广到矩阵方程，其结论仍有类似结果，也就是

定理 3-6　矩阵方程 $\boldsymbol{A}_{m\times n}\boldsymbol{X}_{n\times l}=\boldsymbol{B}_{m\times l}$ 有解的充分必要条件是 $R(\boldsymbol{A})=R(\boldsymbol{A},\ \boldsymbol{B})$.

证明　为利用定理 3-5，故先将 $\boldsymbol{X}_{n\times l}$ 与 $\boldsymbol{B}_{m\times l}$ 按列分块，分别记为

$$\boldsymbol{X}_{n\times l}=(\boldsymbol{x}_1,\boldsymbol{x}_2,\cdots,\boldsymbol{x}_l),\quad \boldsymbol{B}_{m\times l}=(\boldsymbol{b}_1,\boldsymbol{b}_2,\cdots,\boldsymbol{b}_l),$$

设 $R(\boldsymbol{A})=r$，对 $(\boldsymbol{A},\ \boldsymbol{B})$ 施行初等行变换，将 $\boldsymbol{A}$ 化为行最简形矩阵 $\widetilde{\boldsymbol{A}}$，即

$(\boldsymbol{A},\ \boldsymbol{B})=(\boldsymbol{A},\ \boldsymbol{b}_1,\ \boldsymbol{b}_2,\cdots,\ \boldsymbol{b}_l)\rightarrow(\widetilde{\boldsymbol{A}},\ \widetilde{\boldsymbol{b}}_1,\ \widetilde{\boldsymbol{b}}_2,\ \cdots,\ \widetilde{\boldsymbol{b}}_l)$，其中 $\widetilde{\boldsymbol{A}}$ 的前 m 行为非零行，后 $m-r$ 行为零行.

那么 $\boldsymbol{A}\overset{r}{\cong}\widetilde{\boldsymbol{A}}$，$(\boldsymbol{A},\ \boldsymbol{b}_i)\overset{r}{\cong}(\widetilde{\boldsymbol{A}},\ \widetilde{\boldsymbol{b}}_i)$，$(\boldsymbol{A},\ \boldsymbol{b}_1,\ \boldsymbol{b}_2,\ \cdots,\ \boldsymbol{b}_l)\overset{r}{\cong}(\widetilde{\boldsymbol{A}},\ \widetilde{\boldsymbol{b}}_1,\ \widetilde{\boldsymbol{b}}_2,\ \cdots,\ \widetilde{\boldsymbol{b}}_l)$，这里 $i=1,\ 2,\ \cdots,\ l$.

则 $R(\boldsymbol{A})=R(\widetilde{\boldsymbol{A}})$，$R(\boldsymbol{A},\boldsymbol{b}_i)=R(\widetilde{\boldsymbol{A}},\ \widetilde{\boldsymbol{b}}_i)$，$R(\boldsymbol{A},\ \boldsymbol{b}_1,\ \boldsymbol{b}_2,\ \cdots,\ \boldsymbol{b}_l)=R(\widetilde{\boldsymbol{A}},\ \widetilde{\boldsymbol{b}}_1,\ \widetilde{\boldsymbol{b}}_2,\ \cdots,\ \widetilde{\boldsymbol{b}}_l)$，这里 $i=1,\ 2,\ \cdots,\ l$.

依据上述讨论与定理 3-5，有

$\boldsymbol{AX}=\boldsymbol{B}$ 有解 $\Leftrightarrow\boldsymbol{Ax}_i=\boldsymbol{b}_i$ 有解 $(i=1,2,\cdots,l)$

$\Leftrightarrow R(\boldsymbol{A},\boldsymbol{b}_i)=R(\boldsymbol{A})=r(i=1,2,\cdots,l)$

$\Leftrightarrow R(\widetilde{\boldsymbol{A}},\widetilde{\boldsymbol{b}}_i)=R(\widetilde{\boldsymbol{A}})=r(i=1,2,\cdots,l)$

$\Leftrightarrow$ 列向量 $\widetilde{\boldsymbol{b}}_i$ 的后 $m-r$ 个元素为零 $(i=1,2,\cdots,l)$

$\Leftrightarrow(\widetilde{\boldsymbol{A}},\widetilde{\boldsymbol{b}}_1,\widetilde{\boldsymbol{b}}_2,\cdots,\widetilde{\boldsymbol{b}}_l)$的后 $m-r$ 行为零行

$\Leftrightarrow R(\widetilde{\boldsymbol{A}},\widetilde{\boldsymbol{b}}_1,\widetilde{\boldsymbol{b}}_2,\cdots,\widetilde{\boldsymbol{b}}_l)=r\Leftrightarrow R(\boldsymbol{A},\boldsymbol{b}_1,\boldsymbol{b}_2,\cdots,\boldsymbol{b}_l)=r\Leftrightarrow R(\boldsymbol{A})=R(\boldsymbol{A},\boldsymbol{B})$.

定理 3-7　(矩阵性质 7)设 $\boldsymbol{AB}=\boldsymbol{C}$，则 $R(\boldsymbol{C})\leqslant\min\{R(\boldsymbol{A}),R(\boldsymbol{B})\}$.

证明　因 $\boldsymbol{AB}=\boldsymbol{C}$，故方程 $\boldsymbol{AX}=\boldsymbol{C}$ 有解 $\boldsymbol{X}=\boldsymbol{B}$，据定理 6，$R(\boldsymbol{A})=R(\boldsymbol{A},\boldsymbol{C})$，而 $R(\boldsymbol{C})\leqslant R(\boldsymbol{A},\boldsymbol{C})$，所以 $R(\boldsymbol{C})\leqslant R(\boldsymbol{A})$；

另一方面，由 $\boldsymbol{B}^{\mathrm{T}}\boldsymbol{A}^{\mathrm{T}}=\boldsymbol{C}^{\mathrm{T}}$，由上讨论得 $\mathrm{R}(\boldsymbol{C}^{\mathrm{T}})\leqslant R(\boldsymbol{B}^{\mathrm{T}})$，即 $R(\boldsymbol{C})\leqslant R(\boldsymbol{B})$.

综上所述，得 $R(\boldsymbol{C})\leqslant\min\{R(\boldsymbol{A}),R(\boldsymbol{B})\}$.

A 组

1. 用初等变换把下列矩阵化为行最简形矩阵：

(1) $\begin{pmatrix}1&2&1&-1\\3&6&-1&-3\\5&10&1&-5\end{pmatrix}$.　　(2) $\begin{pmatrix}0&2&4&-2\\0&3&4&3\\0&4&7&-1\end{pmatrix}$.

(3) $\begin{pmatrix}2&1&8&3&7\\2&-3&0&7&-5\\3&-2&5&8&0\\1&0&3&2&0\end{pmatrix}$.　　(4) $\begin{pmatrix}5&1&9&0&-7\\1&-6&8&7&8\\2&-4&8&5&4\\4&0&8&1&-4\end{pmatrix}$.

2. 设 $\boldsymbol{A}=\begin{pmatrix}4&9&-1&3\\1&2&-2&1\\3&7&1&2\end{pmatrix}$，求：一个可逆矩阵 $\boldsymbol{P}$，使 $\boldsymbol{PA}$ 为行最简形.

3. 设 $\boldsymbol{A}=\begin{pmatrix}1&3&2\\3&8&3\end{pmatrix}$，求：一个可逆矩阵 $\boldsymbol{Q}$，使 $\boldsymbol{QA}^{\mathrm{T}}$ 为行最简形.

4. 利用矩阵的初等变换，求下列方阵的逆阵：

(1) $\begin{pmatrix}1&2&3\\2&2&1\\3&4&3\end{pmatrix}$.　　(2) $\begin{pmatrix}-1&1&1&1\\2&-1&0&0\\2&3&4&3\\0&0&1&1\end{pmatrix}$.

5. 求解下列矩阵方程：

(1) 设 $\boldsymbol{A}=\begin{pmatrix}1&-2&0\\4&-2&-1\\-3&1&2\end{pmatrix}$，$\boldsymbol{B}=\begin{pmatrix}1&-2\\5&1\\2&2\end{pmatrix}$，求：$\boldsymbol{X}$ 使 $\boldsymbol{AX}=\boldsymbol{B}$.

(2) 设 $\boldsymbol{A}=\begin{pmatrix}1&7&-1\\4&2&3\\2&0&1\end{pmatrix}$，$\boldsymbol{B}=\begin{pmatrix}0&14&-3\\17&13&10\end{pmatrix}$，求：$\boldsymbol{X}$ 使 $\boldsymbol{XA}=\boldsymbol{B}$.

(3) 设$\boldsymbol{A}=\begin{pmatrix}1&1&1\\1&1&1\\-3&2&1\end{pmatrix}$，$\boldsymbol{B}=\begin{pmatrix}1&3&1\\2&-1&1\\-3&1&-1\end{pmatrix}$，$\boldsymbol{AX}=\boldsymbol{B}+\boldsymbol{X}$，求：$\boldsymbol{X}$.

6. 求下列矩阵的秩，并求一个最高阶非零子式：

(1) $\begin{pmatrix}3&5&8&1\\2&1&3&0\\1&-3&-2&-1\end{pmatrix}$. (2) $\begin{pmatrix}2&1&1&5&3\\1&0&1&-2&4\\3&1&2&3&1\end{pmatrix}$.

(3) $\begin{pmatrix}1&2&7&5&3\\3&-2&-3&-1&1\\3&1&5&4&3\\1&0&0&2&5\end{pmatrix}$.

7. 设 $\mathbf{A}=\begin{pmatrix}2a&3a-1&a+1\\a+1&a+1&3a-1\\2&2a&a+1\end{pmatrix}$，问当 a 为何值时，可使 (1) $R(\mathbf{A})=1$；(2) $R(\mathbf{A})=2$；(3) $R(\mathbf{A})=3$.

8. 求解下列齐次线性方程组：

(1) $\begin{cases}4x_1+x_2-3x_3-x_4=0\\2x_1+3x_2+x_3-5x_4=0\\x_1-2x_2-2x_3+3x_4=0\end{cases}$. (2) $\begin{cases}2x_1-4x_2+5x_3+3x_4=0\\3x_1-6x_2+4x_3+2x_4=0\\4x_1-8x_2+17x_3+11x_4=0\end{cases}$.

(3) $\begin{cases}x_1+3x_2-4x_3+2x_4=0\\3x_1-x_2+2x_3-x_4=0\\2x_1-4x_2+x_3-3x_4=0\\3x_1+9x_2-7x_3+6x_4=0\end{cases}$. (4) $\begin{cases}x_1-x_2+5x_3-x_4=0\\x_1+x_2-2x_3+3x_4=0\\3x_1-x_2+8x_3+x_4=0\\x_1+3x_2-9x_3+7x_4=0\end{cases}$.

9. 求解下列非齐次线性方程组：

(1) $\begin{cases}4x_1+2x_2-x_3=2\\3x_1-x_2+2x_3=10\\11x_1+3x_2=8\end{cases}$. (2) $\begin{cases}2x+3y+z=4\\x-2y+4z=-5\\3x+8y-2z=13\\4x-y+9z=-6\end{cases}$.

(3) $\begin{cases}2x+y-z+w=1\\4x+2y-2z+w=2\\2x+y-z-w=1\end{cases}$. (4) $\begin{cases}2x+y-z+w=1\\3x-2y+z-3w=4\\x+4y-3z+5w=-2\end{cases}$.

10. 设非齐次线性方程组为$\begin{cases}\lambda x_1+x_2+x_3=1\\x_1+\lambda x_2+x_3=\lambda\\x_1+x_2+\lambda x_3=\lambda^2\end{cases}$，问 λ 取何值时，(1) 有唯一解. (2) 无解. (3) 有无穷多个解?

11. 非齐次线性方程组$\begin{cases}2x_1-x_2-x_3=2\\x_1-2x_2+x_3=\lambda\\x_1+x_2-2x_3=\lambda^2\end{cases}$，当 λ 取何值时有解？并求出它的解.

B 组

1. （2005 年）设 $\boldsymbol{A}$ 为 $n(n\geqslant 2)$ 阶可逆矩阵，交换 $\boldsymbol{A}$ 的第 1 行与第 2 行的矩阵 $\boldsymbol{B}$，$\boldsymbol{A}^*$、$\boldsymbol{B}^*$ 分别为 $\boldsymbol{A}$、$\boldsymbol{B}$ 的伴随矩阵，则（　）.

A. 交换 $\boldsymbol{A}^*$ 的第 1 列与第 2 列得 $\boldsymbol{B}^*$　　B. 交换 $\boldsymbol{A}^*$ 的第 1 行与第 2 行得 $\boldsymbol{B}^*$

C. 交换 $\boldsymbol{A}^*$ 的第 1 列与第 2 列得 $-\boldsymbol{B}^*$　　D. 交换 $\boldsymbol{A}^*$ 的第 1 行与第 2 行得 $-\boldsymbol{B}^*$

2. （2010 年）设 $\boldsymbol{A}$ 为 $m\times n$ 矩阵，$\boldsymbol{B}$ 为 $n\times m$ 矩阵，$\boldsymbol{E}$ 为 m 阶单位矩阵，若 $\boldsymbol{AB}=\boldsymbol{E}$，则（　）.

A. $R(\boldsymbol{A})=m$，$R(\boldsymbol{B})=m$　　B. $R(\boldsymbol{A})=m$，$R(\boldsymbol{B})=n$

C. $R(\boldsymbol{A})=n$，$R(\boldsymbol{B})=m$　　D. $R(\boldsymbol{A})=n$，$R(\boldsymbol{B})=n$

3. （2005 年）设 $\boldsymbol{A}$，$\boldsymbol{B}$，$\boldsymbol{C}$ 均为 n 阶矩阵，$\boldsymbol{E}$ 为 n 阶单位矩阵，若 $\boldsymbol{B}=\boldsymbol{E}+\boldsymbol{AB}$，$\boldsymbol{C}=\boldsymbol{A}+\boldsymbol{CA}$，则 $\boldsymbol{B}-\boldsymbol{C}=$（　）.

A. E　　B. $-E$　　C. A　　D. $-A$

4. （2007 年）设矩阵 $\boldsymbol{A}=\begin{pmatrix}0&1&0&0\\0&0&1&0\\0&0&0&1\\0&0&0&0\end{pmatrix}$，则 $\boldsymbol{A}^3$ 的秩为________.

5. （1996 年）设 $\boldsymbol{A}$ 为 4×3 矩阵，且 $R(\boldsymbol{A})=2$，而 $\boldsymbol{B}=\begin{pmatrix}1&0&2\\0&2&0\\-1&0&3\end{pmatrix}$，则 $R(\boldsymbol{AB})=$________.

6. $\boldsymbol{A}$、$\boldsymbol{B}$ 均为 $m\times n$ 矩阵，证明：$\boldsymbol{A}\cong\boldsymbol{B}\Leftrightarrow R(\boldsymbol{A})=R(\boldsymbol{B})$.

7. 设 $\boldsymbol{A}$ 为 $m\times n$ 矩阵，$\boldsymbol{E}$ 为 m 阶单位矩阵，证明：方程 $\boldsymbol{AX}=\boldsymbol{E}$ 有解 $\Leftrightarrow R(\boldsymbol{A})=m$.

8. 设 $\boldsymbol{A}$ 为列满秩矩阵，$\boldsymbol{AB}=\boldsymbol{C}$，证明：$\boldsymbol{Bx}=\boldsymbol{0}$ 与 $\boldsymbol{Cx}=0$.

9. （2010 年）设 $\boldsymbol{A}=\begin{pmatrix}\lambda&1&1\\0&\lambda-1&0\\1&1&\lambda\end{pmatrix}$，$\boldsymbol{b}=\begin{pmatrix}a\\1\\1\end{pmatrix}$，已知线性方程组 $\boldsymbol{Ax}=\boldsymbol{b}$ 存在 2 个不同解，求：

（1）λ，a 的值；（2）方程组 $\boldsymbol{Ax}=\boldsymbol{b}$ 的通解.

第四章 向量组与向量空间

第一节 向量组的线性组合

一、n 维向量的概念与运算

我们已经学习过空间中的向量，并且知道它既有大小，又有方向，可以用有向线段来表示它．在建立了坐标系之后，就有了向量的坐标表示式，即向量可以用有序的数组来表示．将这一表示方法推广，就是

定义 4-1 n 个数 $a_1, a_2, \cdots, a_n$ 所组成的有序数组称为 n **维向量**．这 n 个数称为该向量的 n 个分量或坐标，第 i 个数 a_i 称为第 i 个分量或坐标．

分量全为实数的向量称为**实向量**，分量为复数的向量称为**复向量**．本书只讨论实向量．

对于向量的表示方法，可将它写成一行，也可写成一列，根据第二章，向量写成一列即列向量 $\boldsymbol{\alpha}=\begin{pmatrix}a_1\\a_2\\\vdots\\a_n\end{pmatrix}$，写成一行即行向量 $\boldsymbol{\alpha}^{\mathrm{T}}=(a_1, a_2, \cdots, a_n)$，这样向量的运算都可按矩阵的运算规则进行，并且此时 $\boldsymbol{\alpha}$ 与 $\boldsymbol{\alpha}^{\mathrm{T}}$ 是两个不同的向量（按定义 4-1，$\boldsymbol{\alpha}$ 与 $\boldsymbol{\alpha}^{\mathrm{T}}$ 应是同一向量）．

本书中，列向量用黑体小写字母 $\boldsymbol{\alpha}$、$\boldsymbol{\beta}$、$\boldsymbol{a}$、$\boldsymbol{b}$ 等表示，行向量则用 $\boldsymbol{\alpha}^{\mathrm{T}}$、$\boldsymbol{\beta}^{\mathrm{T}}$、$\boldsymbol{a}^{\mathrm{T}}$、$\boldsymbol{b}^{\mathrm{T}}$ 等表示．所讨论的向量在没指明是行向量还是列向量时，默认是列向量．

二、向量组及其线性组合

定义 4-2 若干个同维数的列向量（或同维数的行向量）所组成的集合称为**向量组**．

之前已经学习过一些向量组，例如一个 $m\times n$ 的矩阵，它的全体列向量是一个含有 n 个 m 维列向量的向量组，全体行向量是一个含 m 个 n 维行向量的向量组．又如 $\boldsymbol{A}_{m\times n}\boldsymbol{x}=\boldsymbol{0}$ 的全体解当 $R(\boldsymbol{A})<n$ 时是一个含有无限多个 n 维列向量的向量组．

下面先讨论只含有限多个 n 维列向量的向量组，以后再把讨论的结果推广到含无限多个向量的向量组．

矩阵的列向量组和行向量组都是只含有限个向量的向量组；反之，由有限个向量所组成的向量组总可以构成一个矩阵．例如 m 个 n 维列向量所组成的向量组 $\boldsymbol{\alpha}_1, \boldsymbol{\alpha}_2, \cdots, \boldsymbol{\alpha}_m$，可构成一个 $n\times m$ 矩阵 $\boldsymbol{A}=(\boldsymbol{\alpha}_1, \boldsymbol{\alpha}_2, \cdots, \boldsymbol{\alpha}_m)$；$m$ 个 n 维行向量所组成的向量组 $\boldsymbol{\beta}_1^{\mathrm{T}}, \boldsymbol{\beta}_2^{\mathrm{T}}, \cdots, \boldsymbol{\beta}_m^{\mathrm{T}}$，可构成一个 $m\times n$ 矩阵 $\boldsymbol{B}=\begin{pmatrix}\boldsymbol{\beta}_1^{\mathrm{T}}\\\boldsymbol{\beta}_2^{\mathrm{T}}\\\vdots\\\boldsymbol{\beta}_m^{\mathrm{T}}\end{pmatrix}$．

这说明，含有有限个向量的有序向量组和矩阵一一对应．

定义 4-3 给定向量组 $\boldsymbol{\alpha}_1, \boldsymbol{\alpha}_2, \cdots, \boldsymbol{\alpha}_m$，对于任何一组实数 $k_1, k_2, \cdots, k_m$，称

$$k_1\boldsymbol{\alpha}_1+k_2\boldsymbol{\alpha}_2+\cdots+k_m\boldsymbol{\alpha}_m$$

为向量组 $\boldsymbol{\alpha}_1$，$\boldsymbol{\alpha}_2$，…，$\boldsymbol{\alpha}_m$ 的一个**线性组合**，k_1，k_2，…，k_m 称为这个线性组合的系数．

给定向量组 $\boldsymbol{\alpha}_1$，$\boldsymbol{\alpha}_2$，…，$\boldsymbol{\alpha}_m$ 和向量 $\boldsymbol{\beta}$，若存在一组数 λ_1，λ_2，…，λ_m，使得

$$\boldsymbol{\beta}=\lambda_1\boldsymbol{\alpha}_1+\lambda_2\boldsymbol{\alpha}_2+\cdots+\lambda_m\boldsymbol{\alpha}_m$$

则 $\boldsymbol{\beta}$ 是向量组 $\boldsymbol{\alpha}_1$，$\boldsymbol{\alpha}_2$，…，$\boldsymbol{\alpha}_m$ 的线性组合，此时称 **$\boldsymbol{\beta}$ 可由向量组 $\boldsymbol{\alpha}_1$，$\boldsymbol{\alpha}_2$，…，$\boldsymbol{\alpha}_m$ 线性表示（或线性表出）**．

向量 $\boldsymbol{b}$ 能由向量组 $\boldsymbol{\alpha}_1$，$\boldsymbol{\alpha}_2$，…，$\boldsymbol{\alpha}_m$ 线性表示，也就是方程组 $x_1\boldsymbol{\alpha}_1+x_2\boldsymbol{\alpha}_2+\cdots+x_m\boldsymbol{\alpha}_m=\boldsymbol{b}$ 有解．据定理 3 - 4，可得

定理 4 - 1　向量 $\boldsymbol{b}$ 能由向量组 $\boldsymbol{\alpha}_1$，$\boldsymbol{\alpha}_2$，…，$\boldsymbol{\alpha}_m$ 线性表示⇔非齐次线性方程组 $\boldsymbol{Ax}=\boldsymbol{b}$ 有解⇔$R(\boldsymbol{A})=R(\boldsymbol{A},\ \boldsymbol{b})$．其中，矩阵 $\boldsymbol{A}=(\boldsymbol{\alpha}_1,\ \boldsymbol{\alpha}_2,\ \cdots,\ \boldsymbol{\alpha}_m)$．

定义 4 - 4　设有两个向量组（Ⅰ）：$\boldsymbol{\alpha}_1$，$\boldsymbol{\alpha}_2$，…，$\boldsymbol{\alpha}_m$ 与向量组（Ⅱ）：$\boldsymbol{\beta}_1$，$\boldsymbol{\beta}_2$，…，$\boldsymbol{\beta}_l$，若向量组（Ⅱ）中的每个向量都能由向量组（Ⅰ）线性表示，则称**向量组（Ⅱ）能由向量组（Ⅰ）线性表示**．

若向量组（Ⅰ）与向量组（Ⅱ）能相互线性表示，则称这两个**向量组等价**．

若向量组 $\boldsymbol{\beta}_1$，$\boldsymbol{\beta}_2$，…，$\boldsymbol{\beta}_l$ 能由向量组 $\boldsymbol{\alpha}_1$，$\boldsymbol{\alpha}_2$，…，$\boldsymbol{\alpha}_m$ 线性表示，则对每个向量 $\boldsymbol{\beta}_j(j=1，2，\cdots，l)$ 存在 k_1，k_2，…，k_m，使得

$$\boldsymbol{\beta}_j=k_{1j}\boldsymbol{\alpha}_1+k_{2j}\boldsymbol{\alpha}_2+\cdots+k_{mj}\boldsymbol{\alpha}_m=(\boldsymbol{\alpha}_1,\boldsymbol{\alpha}_2,\cdots,\boldsymbol{\alpha}_m)\begin{pmatrix}k_{1j}\\k_{2j}\\\vdots\\k_{mj}\end{pmatrix},$$

因此

$$(\boldsymbol{\beta}_1,\boldsymbol{\beta}_2,\cdots,\boldsymbol{\beta}_l)=(\boldsymbol{\alpha}_1,\boldsymbol{\alpha}_2,\cdots,\boldsymbol{\alpha}_m)\begin{pmatrix}k_{11}&k_{12}&\cdots&k_{1l}\\k_{12}&k_{22}&\cdots&k_{2l}\\\vdots&\vdots&&\vdots\\k_{m1}&k_{m2}&\cdots&k_{ml}\end{pmatrix}.$$

这里矩阵 $\boldsymbol{K}_{m\times l}=(k_{ij})$ 称为这一线性表示的系数矩阵．

由此可知，若 $\boldsymbol{C}_{m\times n}=\boldsymbol{A}_{m\times l}\boldsymbol{B}_{l\times n}$，则矩阵 $\boldsymbol{C}$ 的列向量组能由 $\boldsymbol{A}$ 的列向量组线性表示，即

$$(\boldsymbol{c}_1,\boldsymbol{c}_2,\cdots,\boldsymbol{c}_n)=(\boldsymbol{\alpha}_1,\boldsymbol{\alpha}_2,\cdots,\boldsymbol{\alpha}_l)\begin{pmatrix}b_{11}&b_{12}&\cdots&b_{1n}\\b_{12}&b_{22}&\cdots&b_{2n}\\\vdots&\vdots&&\vdots\\b_{l1}&b_{l2}&\cdots&b_{ln}\end{pmatrix};$$

同时，$\boldsymbol{C}$ 的行向量组能由 $\boldsymbol{B}$ 的行向量组线性表示，即

$$\begin{pmatrix}\boldsymbol{\gamma}_1^{\mathrm{T}}\\\boldsymbol{\gamma}_2^{\mathrm{T}}\\\vdots\\\boldsymbol{\gamma}_m^{\mathrm{T}}\end{pmatrix}=\begin{pmatrix}a_{11}&a_{12}&\cdots&a_{1l}\\a_{12}&a_{22}&\cdots&a_{2l}\\\vdots&\vdots&&\vdots\\a_{m1}&a_{l2}&\cdots&a_{ml}\end{pmatrix}\begin{pmatrix}\boldsymbol{\beta}_1^{\mathrm{T}}\\\boldsymbol{\beta}_2^{\mathrm{T}}\\\vdots\\\boldsymbol{\beta}_l^{\mathrm{T}}\end{pmatrix}.$$

若矩阵 $\boldsymbol{A}$ 与 $\boldsymbol{B}$ 行等价，即矩阵 $\boldsymbol{A}$ 经初等行变换变为矩阵 $\boldsymbol{B}$，则 $\boldsymbol{B}$ 的每个行向量都是 $\boldsymbol{A}$ 的行向量组的线性组合，即 $\boldsymbol{B}$ 的行向量组能由 $\boldsymbol{A}$ 的行向量组的组线性表示；由于初等变换可逆，所以 $\boldsymbol{B}$ 也可经过初等行变换变为 $\boldsymbol{A}$，从而 $\boldsymbol{A}$ 的行向量组也能由 $\boldsymbol{B}$ 的行向量组线性表示，于

是$\boldsymbol{A}$的行向量组与$\boldsymbol{B}$的行向量组等价.

类似可得，若矩阵$\boldsymbol{A}$与$\boldsymbol{B}$列等价，则$\boldsymbol{A}$的列向量组与$\boldsymbol{B}$的列向量组等价.

向量组的线性组合、线性表示、等价也可移用于线性方程组：对线性方程组A的各个方程作线性运算所得到的一个方程就称为方程组A的一个线性组合；若方程组B的每个方程都是方程组A的线性组合，就称方程组B能由方程组A线性表示，这时方程组A的解一定是方程组B的解；若方程组A与方程组B能相互线性表示，就称这两个方程组可互推，可互推的线性方程组一定同解.

当向量组$\boldsymbol{\beta}_1$，$\boldsymbol{\beta}_2$，…，$\boldsymbol{\beta}_l$能由向量组$\boldsymbol{\alpha}_1$，$\boldsymbol{\alpha}_2$，…，$\boldsymbol{\alpha}_m$线性表示时，其含义是存在矩阵$\boldsymbol{K}_{m\times l}=(k_{ij})$，使$(\boldsymbol{\beta}_1, \boldsymbol{\beta}_2, \cdots, \boldsymbol{\beta}_l)=(\boldsymbol{\alpha}_1, \boldsymbol{\alpha}_2, \cdots, \boldsymbol{\alpha}_m)\boldsymbol{K}$，换句话来说，就是矩阵方程$(\boldsymbol{\alpha}_1, \boldsymbol{\alpha}_2, \cdots, \boldsymbol{\alpha}_m)\boldsymbol{X}=(\boldsymbol{\beta}_1, \boldsymbol{\beta}_2, \cdots, \boldsymbol{\beta}_l)$有解，据定理3-5可得

定理4-2 **向量组$\boldsymbol{\beta}_1$，$\boldsymbol{\beta}_2$，…，$\boldsymbol{\beta}_l$能由向量组$\boldsymbol{\alpha}_1$，$\boldsymbol{\alpha}_2$，…，$\boldsymbol{\alpha}_m$线性表示⇔矩阵方程组$\boldsymbol{AX}=\boldsymbol{B}$有解⇔$R(\boldsymbol{A})=R(\boldsymbol{A}, \boldsymbol{B})$．其中矩阵$\boldsymbol{A}=(\boldsymbol{\alpha}_1, \boldsymbol{\alpha}_2, \cdots, \boldsymbol{\alpha}_m)$，矩阵$\boldsymbol{B}=(\boldsymbol{\beta}_1, \boldsymbol{\beta}_2, \cdots, \boldsymbol{\beta}_l)$.**

在定理4-2中，若两个向量组等价，显然有$R(\boldsymbol{A})=R(\boldsymbol{A}, \boldsymbol{B})$，$R(\boldsymbol{B})=R(\boldsymbol{A}, \boldsymbol{B})$，且反之成立，因此可得

推论4-1 向量组$\boldsymbol{\beta}_1$，$\boldsymbol{\beta}_2$，…，$\boldsymbol{\beta}_l$与向量组$\boldsymbol{\alpha}_1$，$\boldsymbol{\alpha}_2$，…，$\boldsymbol{\alpha}_m$等价⇔$R(\boldsymbol{A})=R(\boldsymbol{B})=R(\boldsymbol{A}, \boldsymbol{B})$．其中矩阵$A=(\boldsymbol{\alpha}_1, \boldsymbol{\alpha}_2, \cdots, \boldsymbol{\alpha}_m)$，矩阵$\boldsymbol{B}=(\boldsymbol{\beta}_1, \boldsymbol{\beta}_2, \cdots, \boldsymbol{\beta}_l)$.

定理4-3 **若向量组$\boldsymbol{\beta}_1$，$\boldsymbol{\beta}_2$，…，$\boldsymbol{\beta}_m$能由向量组$\boldsymbol{\alpha}_1$，$\boldsymbol{\alpha}_2$，…，$\boldsymbol{\alpha}_m$线性表示，则$R(\boldsymbol{B})\leqslant R(\boldsymbol{A})$．其中矩阵$\boldsymbol{A}=(\boldsymbol{\alpha}_1, \boldsymbol{\alpha}_2, \cdots, \boldsymbol{\alpha}_m)$，矩阵$\boldsymbol{B}=(\boldsymbol{\beta}_1, \boldsymbol{\beta}_2, \cdots, \boldsymbol{\beta}_m)$.**

证明 因为向量组$\boldsymbol{\beta}_1$，$\boldsymbol{\beta}_2$，…，$\boldsymbol{\beta}_m$能由向量组$\boldsymbol{\alpha}_1$，$\boldsymbol{\alpha}_2$，…，$\boldsymbol{\alpha}_m$线性表示，根据定理4-2可知，$R(\boldsymbol{A})=R(\boldsymbol{A}, \boldsymbol{B})$，而$R(\boldsymbol{B})\leqslant R(\boldsymbol{A}, \boldsymbol{B})$，所以$R(\boldsymbol{B})\leqslant R(\boldsymbol{A})$.

例4-1 设$\boldsymbol{\alpha}_1=\begin{pmatrix}1\\1\\1\\1\end{pmatrix}$，$\boldsymbol{\alpha}_2=\begin{pmatrix}1\\1\\-1\\-1\end{pmatrix}$，$\boldsymbol{\alpha}_3=\begin{pmatrix}1\\-1\\1\\-1\end{pmatrix}$，$\boldsymbol{\alpha}_4=\begin{pmatrix}1\\-1\\-1\\1\end{pmatrix}$，$\boldsymbol{\beta}=\begin{pmatrix}1\\2\\1\\1\end{pmatrix}$，

证明：向量$\boldsymbol{\beta}$能由向量组$\boldsymbol{\alpha}_1$、$\boldsymbol{\alpha}_2$、$\boldsymbol{\alpha}_3$、$\boldsymbol{\alpha}_4$线性表示，并求出其表示式.

解 设矩阵$(\boldsymbol{A}, \boldsymbol{\beta})=(\boldsymbol{\alpha}_1, \boldsymbol{\alpha}_2, \boldsymbol{\alpha}_3, \boldsymbol{\alpha}_4 \mid \boldsymbol{\beta})$，对$(\boldsymbol{A}, \boldsymbol{\beta})$施行初等行变换，将其化为行最简形矩阵

$$(\boldsymbol{A}, \boldsymbol{\beta})=\left(\begin{array}{cccc:c}1 & 1 & 1 & 1 & 1\\1 & 1 & -1 & -1 & 2\\1 & -1 & 1 & -1 & 1\\1 & -1 & -1 & 1 & 1\end{array}\right)\rightarrow\left(\begin{array}{cccc:c}1 & 0 & 0 & 0 & 5/4\\0 & 1 & 0 & 0 & 1/4\\0 & 0 & 1 & 0 & -1/4\\0 & 0 & 0 & 1 & -1/4\end{array}\right),$$

可见$R(\boldsymbol{A})=R(\boldsymbol{A}, \boldsymbol{\beta})$，由定理4-1可知，向量$\boldsymbol{\beta}$能由向量组$\boldsymbol{\alpha}_1$、$\boldsymbol{\alpha}_2$、$\boldsymbol{\alpha}_3$、$\boldsymbol{\alpha}_4$线性表示.

根据上述行最简形矩阵，可知方程组$\boldsymbol{Ax}=\boldsymbol{\beta}$的解为$\boldsymbol{x}=\begin{pmatrix}5/4\\1/4\\-1/4\\-1/4\end{pmatrix}$，从而可得表示式

$$\boldsymbol{\beta}=\boldsymbol{Ax}=(\boldsymbol{\alpha}_1, \boldsymbol{\alpha}_2, \boldsymbol{\alpha}_3, \boldsymbol{\alpha}_4)\ \boldsymbol{x}=\frac{5}{4}\boldsymbol{\alpha}_1+\frac{1}{4}\boldsymbol{\alpha}_2-\frac{1}{4}\boldsymbol{\alpha}_3-\frac{1}{4}\boldsymbol{\alpha}_4.$$

例 4 - 2 已知 $\boldsymbol{\alpha}_1=\begin{pmatrix}0\\1\\1\end{pmatrix}$，$\boldsymbol{\alpha}_2=\begin{pmatrix}1\\1\\0\end{pmatrix}$，$\boldsymbol{\beta}_1=\begin{pmatrix}-1\\0\\1\end{pmatrix}$，$\boldsymbol{\beta}_2=\begin{pmatrix}1\\2\\1\end{pmatrix}$，$\boldsymbol{\beta}_3=\begin{pmatrix}3\\2\\-1\end{pmatrix}$，

证明：向量组 $\boldsymbol{\alpha}_1$、$\boldsymbol{\alpha}_2$ 与向量组 $\boldsymbol{\beta}_1$、$\boldsymbol{\beta}_2$、$\boldsymbol{\beta}_3$ 等价．

解 设矩阵 $\boldsymbol{A}=(\boldsymbol{\alpha}_1, \boldsymbol{\alpha}_2)$，矩阵 $\boldsymbol{B}=(\boldsymbol{\beta}_1, \boldsymbol{\beta}_2, \boldsymbol{\beta}_3)$，对 $(\boldsymbol{A}, \boldsymbol{B})$ 施行初等行变换，将其化为行最简形矩阵

$$(\boldsymbol{A}, \boldsymbol{B})=\left(\begin{array}{cc:ccc}0&1&-1&1&3\\1&1&0&2&2\\1&0&1&1&-1\end{array}\right)\rightarrow\left(\begin{array}{cc:ccc}1&0&1&1&-1\\0&1&-1&1&3\\0&0&0&0&0\end{array}\right),$$

可见 $R(\boldsymbol{A})=R(\boldsymbol{A}, \boldsymbol{B})=2$. 容易看出矩阵 $\boldsymbol{B}$ 中有一个不等于 0 的 2 阶子式，因此 $R(\boldsymbol{B})\geqslant 2$，又 $R(\boldsymbol{B})\leqslant R(\boldsymbol{A}, \boldsymbol{B})=2$，所以 $R(\boldsymbol{B})=2$. 因此 $R(\boldsymbol{A})=R(\boldsymbol{B})=R(\boldsymbol{A}, \boldsymbol{B})$，由定理 4 - 2 推论可知，向量组 $\boldsymbol{\alpha}_1$、$\boldsymbol{\alpha}_2$ 与向量组 $\boldsymbol{\beta}_1$、$\boldsymbol{\beta}_2$、$\boldsymbol{\beta}_3$ 等价．

例 4 - 3 n 阶单位矩阵 $\boldsymbol{E}=(\boldsymbol{e}_1, \boldsymbol{e}_2, \cdots, \boldsymbol{e}_n)$ 的列向量 $\boldsymbol{e}_1, \boldsymbol{e}_2, \cdots, \boldsymbol{e}_n$ 称为 **n 维单位坐标向量组**，$\boldsymbol{e}_i$ $(i=1, 2, \cdots, n)$ 称为 **n 维单位坐标向量**．现有 n 维向量组 $\boldsymbol{\alpha}_1, \boldsymbol{\alpha}_2, \cdots, \boldsymbol{\alpha}_m$ 构成一个 $n\times m$ 阶矩阵 $\boldsymbol{A}=(\boldsymbol{\alpha}_1, \boldsymbol{\alpha}_2, \cdots, \boldsymbol{\alpha}_m)$，证明：$n$ 阶单位坐标向量组 $\boldsymbol{e}_1, \boldsymbol{e}_2, \cdots, \boldsymbol{e}_n$ 能由向量组 $\boldsymbol{\alpha}_1, \boldsymbol{\alpha}_2, \cdots, \boldsymbol{\alpha}_m$ 线性表示的充分必要条件是 $R(\boldsymbol{A})=n$.

证明 根据定理 4 - 2，向量组 $\boldsymbol{e}_1, \boldsymbol{e}_2, \cdots, \boldsymbol{e}_n$ 能由向量组 $\boldsymbol{\alpha}_1, \boldsymbol{\alpha}_2, \cdots, \boldsymbol{\alpha}_m$ 线性表示的充分必要条件是 $R(\boldsymbol{A})=R(\boldsymbol{A}, \boldsymbol{E})$．

而 $R(\boldsymbol{A}, \boldsymbol{E})\geqslant R(\boldsymbol{E})=n$，又因为 $(\boldsymbol{A}, \boldsymbol{E})$ 含 n 行，所以 $R(A, E)\leqslant n$，因此 $R(\boldsymbol{A}, \boldsymbol{E})=n$，所以条件 $R(\boldsymbol{A})=R(\boldsymbol{A}, \boldsymbol{E})$ 就是 $R(\boldsymbol{A})=n$.

本节中的定理 4 - 1、定理 4 - 2、定理 4 - 3 其实就是定理 4 - 5～定理 4 - 7，只不过在说法上使用了几何语言. 下面以定理 4 - 2 为例来对比一下它们的表述方法：

向量组 $\boldsymbol{\beta}_1, \boldsymbol{\beta}_2, \cdots, \boldsymbol{\beta}_l$ 能由向量组 $\boldsymbol{\alpha}_1, \boldsymbol{\alpha}_2, \cdots, \boldsymbol{\alpha}_m$ 线性表示（几何语言表述）

$\Leftrightarrow$ 存在矩阵 $\boldsymbol{K}$，使得 $\boldsymbol{B}=\boldsymbol{AK}$ 成立（矩阵语言表述）

$\Leftrightarrow$ 矩阵方程组 $\boldsymbol{AX}=\boldsymbol{B}$ 有解（矩阵语言表述）

$\Leftrightarrow R(\boldsymbol{A})=R(\boldsymbol{A}, \boldsymbol{B})$．（结论，矩阵语言表述）

这里矩阵 $\boldsymbol{A}=(\boldsymbol{\alpha}_1, \boldsymbol{\alpha}_2, \cdots, \boldsymbol{\alpha}_m)$，矩阵 $\boldsymbol{B}=(\boldsymbol{\beta}_1, \boldsymbol{\beta}_2, \cdots, \boldsymbol{\beta}_l)$．

上述是几何语言和矩阵语言的对应，不仅要掌握用矩阵语言表述几何问题，而且还要会用几何语言解释矩阵语言表述的结论. 本章在解决向量组问题时，通常转化为用矩阵来表述问题，然后通过矩阵的运算解决问题，这种方法称为矩阵方法，这一方法其实在第三章已经接触过，在解线性方程组时，把线性方程组写成矩阵，通过对矩阵的运算，求得线性方程组的解，并且还用矩阵语言给出了线性方程组有解、无解的充分必要条件．矩阵方法是线性代数的基本方法，应有意识地去加强这一方法的练习．

第二节 向量组的线性相关性

一、基本概念

定义 4 - 5 给定向量组 $\boldsymbol{\alpha}_1, \boldsymbol{\alpha}_2, \cdots, \boldsymbol{\alpha}_m$，若存在不全为零的数 $k_1, k_2, \cdots, k_m$，使

$$k_1\boldsymbol{\alpha}_1+k_2\boldsymbol{\alpha}_2+\cdots+k_m\boldsymbol{\alpha}_m=\mathbf{0},$$

则称向量组 $\boldsymbol{\alpha}_1$，$\boldsymbol{\alpha}_2$，…，$\boldsymbol{\alpha}_m$ **线性相关**．否则，称向量组 $\boldsymbol{\alpha}_1$，$\boldsymbol{\alpha}_2$，…，$\boldsymbol{\alpha}_m$ 线性无关（也就是说，当且仅当 $k_1=k_2=\cdots=k_m=0$ 时，$k_1\boldsymbol{\alpha}_1+k_2\boldsymbol{\alpha}_2+\cdots+k_m\boldsymbol{\alpha}_m=\mathbf{0}$ 才能成立）．

若向量组 $\boldsymbol{\alpha}_1$，$\boldsymbol{\alpha}_2$，…，$\boldsymbol{\alpha}_m$ 线性相关，按定义 **4 - 5**，当 $m=1$ 时，向量组只含一个向量，对于只含一个向量 $\boldsymbol{\alpha}$ 的向量组，当 $\boldsymbol{\alpha}=\mathbf{0}$ 时是线性相关的，当 $\boldsymbol{\alpha}\neq\mathbf{0}$ 时是线性无关的．但一般所讨论的线性相关通常是由两个或两个以上的向量构成的向量组，即 $m\geqslant 2$，这时，向量组的线性相关还有另外一种等价定义：

定义 4 - 5′　如果向量组 $\boldsymbol{\alpha}_1$，$\boldsymbol{\alpha}_2$，…，$\boldsymbol{\alpha}_m$（$m\geqslant 2$）中有一个向量能由其余 $m-1$ 个向量线性表示，那么称向量组 $\boldsymbol{\alpha}_1$，$\boldsymbol{\alpha}_2$，…，$\boldsymbol{\alpha}_m$ **线性相关**．

下面来说明这两个定义当 $m\geqslant 2$ 时是等价的．

不妨设 $\boldsymbol{\alpha}_m$ 可由其余 $m-1$ 个向量线性表示，即 $\boldsymbol{\alpha}_m=k_1\boldsymbol{\alpha}_1+k_2\boldsymbol{\alpha}_2+\cdots+k_{m-1}\boldsymbol{\alpha}_{m-1}$，改写此式，就有

$$k_1\boldsymbol{\alpha}_1+k_2\boldsymbol{\alpha}_2+\cdots+k_{m-1}\boldsymbol{\alpha}_{m-1}+(-1)\boldsymbol{\alpha}_m=\mathbf{0},$$

因为 k_1，k_2，…，k_{m-1}，-1 不全为零，所以按定义 4 - 5，这个向量组线性相关．

反之，若向量组 $\boldsymbol{\alpha}_1$，$\boldsymbol{\alpha}_2$，…，$\boldsymbol{\alpha}_m$ 线性相关，按定义 4 - 5，存在不全为零的数 k_1，k_2，…，k_m，使

$$k_1\boldsymbol{\alpha}_1+k_2\boldsymbol{\alpha}_2+\cdots+k_m\boldsymbol{\alpha}_m=\mathbf{0}$$

不妨设 $k_m\neq 0$，于是改写上式，可得

$$\boldsymbol{\alpha}_m=\frac{-1}{k_m}(k_1\boldsymbol{\alpha}_1+k_2\boldsymbol{\alpha}_2+\cdots+k_{m-1}\boldsymbol{\alpha}_{m-1})$$

也就是说，向量 $\boldsymbol{\alpha}_m$ 能由 $\boldsymbol{\alpha}_1$，$\boldsymbol{\alpha}_2$，…，$\boldsymbol{\alpha}_{m-1}$ 线性表示．

对于含两个向量 $\boldsymbol{\alpha}_1$、$\boldsymbol{\alpha}_2$ 的向量组，按定义 4 - 5′，它线性相关的充分必要条件是分量对应成比例，特殊地，两个 3 维向量线性相关的几何意义是两向量共线，三个 3 维向量线性相关的几何意义是三向量共面．

二、向量组线性相关性的判定

我们注意到，向量组 $\boldsymbol{\alpha}_1$，$\boldsymbol{\alpha}_2$，…，$\boldsymbol{\alpha}_m$ 是线性相关还是线性无关的，也就是齐次线性方程组

$$x_1\boldsymbol{\alpha}_1+x_2\boldsymbol{\alpha}_2+\cdots+x_m\boldsymbol{\alpha}_m=\mathbf{0},$$

有非零解还是只有零解，根据第三章定理 3 - 4，有

定理 4 - 4　设有向量组 $\boldsymbol{\alpha}_1$，$\boldsymbol{\alpha}_2$，…，$\boldsymbol{\alpha}_m$，矩阵 $\boldsymbol{A}=(\boldsymbol{\alpha}_1, \boldsymbol{\alpha}_2, \cdots, \boldsymbol{\alpha}_m)$，则

(1) 向量组 $\boldsymbol{\alpha}_1$，$\boldsymbol{\alpha}_2$，…，$\boldsymbol{\alpha}_m$ 线性相关 $\Leftrightarrow m$ 元齐次线性方程组 $\boldsymbol{Ax}=\mathbf{0}$ 有非零解 $\Leftrightarrow R(\boldsymbol{A})<m$.

(2) 向量组 $\boldsymbol{\alpha}_1$，$\boldsymbol{\alpha}_2$，…，$\boldsymbol{\alpha}_m$ 线性无关 $\Leftrightarrow m$ 元齐次线性方程组 $\boldsymbol{Ax}=\mathbf{0}$ 只有零解 $\Leftrightarrow R(\boldsymbol{A})=m$.

当 $\boldsymbol{A}$ 是方阵时，它的秩可以通过计算行列式的值来判断，因此有

推论 4 - 2　设有 n 维向量组 $\boldsymbol{\alpha}_1$，$\boldsymbol{\alpha}_2$，…，$\boldsymbol{\alpha}_n$，方阵 $\boldsymbol{A}=(\boldsymbol{\alpha}_1, \boldsymbol{\alpha}_2, \cdots, \boldsymbol{\alpha}_n)$，则向量组 $\boldsymbol{\alpha}_1$，$\boldsymbol{\alpha}_2$，…，$\boldsymbol{\alpha}_n$ 线性相关 $\Leftrightarrow |\boldsymbol{A}|=0$；向量组 $\boldsymbol{\alpha}_1$，$\boldsymbol{\alpha}_2$，…，$\boldsymbol{\alpha}_n$ 线性无关 $\Leftrightarrow |\boldsymbol{A}|\neq 0$.

例 4-4　已知 $\boldsymbol{\alpha}_1=\begin{pmatrix}1\\0\\-1\end{pmatrix}$，$\boldsymbol{\alpha}_2=\begin{pmatrix}1\\2\\1\end{pmatrix}$，$\boldsymbol{\alpha}_3=\begin{pmatrix}3\\2\\-1\end{pmatrix}$，讨论向量组 $\boldsymbol{\alpha}_1$、$\boldsymbol{\alpha}_2$、$\boldsymbol{\alpha}_3$ 及向量组 $\boldsymbol{\alpha}_1$、$\boldsymbol{\alpha}_2$ 的线性相关性．

解　对矩阵（$\boldsymbol{\alpha}_1$，$\boldsymbol{\alpha}_2$，$\boldsymbol{\alpha}_3$）施行初等行变换，将其化为行阶梯形矩阵

$$(\boldsymbol{\alpha}_1,\boldsymbol{\alpha}_2,\boldsymbol{\alpha}_3)=\begin{pmatrix}1&1&3\\0&2&2\\-1&1&-1\end{pmatrix}\xrightarrow[r_3-r_2]{r_3+r_1}\begin{pmatrix}1&1&3\\0&2&2\\0&0&0\end{pmatrix},$$

可见 $R(\boldsymbol{\alpha}_1,\boldsymbol{\alpha}_2,\boldsymbol{\alpha}_3)=2$，$R(\boldsymbol{\alpha}_1,\boldsymbol{\alpha}_2)=2$，由定理 4-4 可知，向量组 $\boldsymbol{\alpha}_1$、$\boldsymbol{\alpha}_2$、$\boldsymbol{\alpha}_3$ 线性相关，向量组 $\boldsymbol{\alpha}_1$、$\boldsymbol{\alpha}_2$ 线性无关．

例 4-5　已知向量组 $\boldsymbol{\alpha}_1$、$\boldsymbol{\alpha}_2$、$\boldsymbol{\alpha}_3$ 线性无关，$\boldsymbol{\beta}_1=\boldsymbol{\alpha}_1+\boldsymbol{\alpha}_2$，$\boldsymbol{\beta}_2=\boldsymbol{\alpha}_2+\boldsymbol{\alpha}_3$，$\boldsymbol{\beta}_3=\boldsymbol{\alpha}_3+\boldsymbol{\alpha}_1$，证明：向量组 $\boldsymbol{\beta}_1$、$\boldsymbol{\beta}_2$、$\boldsymbol{\beta}_3$ 线性无关．

证法一　由已知条件可得到

$$(\boldsymbol{\beta}_1,\boldsymbol{\beta}_2,\boldsymbol{\beta}_3)=(\boldsymbol{\alpha}_1,\boldsymbol{\alpha}_2,\boldsymbol{\alpha}_3)\begin{pmatrix}1&0&1\\1&1&0\\0&1&1\end{pmatrix},$$

将上式记为 $\boldsymbol{B}=\boldsymbol{AK}$，将它代入齐次线性方程组 $\boldsymbol{Bx}=\boldsymbol{0}$，得到 $(\boldsymbol{AK})\boldsymbol{x}=\boldsymbol{A}(\boldsymbol{Kx})=\boldsymbol{0}$，因向量组 $\boldsymbol{\alpha}_1$、$\boldsymbol{\alpha}_2$、$\boldsymbol{\alpha}_3$ 线性无关，故根据定理 4-4（2），得到 $\boldsymbol{A}(\boldsymbol{Kx})=\boldsymbol{0}$ 只有零解，即 $\boldsymbol{Kx}=\boldsymbol{0}$，而 $|\boldsymbol{K}|=2\neq\boldsymbol{0}$，所以 $\boldsymbol{Kx}=\boldsymbol{0}$ 只有零解 $\boldsymbol{x}=\boldsymbol{0}$，也就是说 $\boldsymbol{Bx}=\boldsymbol{0}$ 只有零解 $\boldsymbol{x}=\boldsymbol{0}$，因此向量组 $\boldsymbol{\beta}_1$、$\boldsymbol{\beta}_2$、$\boldsymbol{\beta}_3$ 线性无关．

证法二　由已知条件可得到

$$(\boldsymbol{\beta}_1,\boldsymbol{\beta}_2,\boldsymbol{\beta}_3)=(\boldsymbol{\alpha}_1,\boldsymbol{\alpha}_2,\boldsymbol{\alpha}_3)\begin{pmatrix}1&0&1\\1&1&0\\0&1&1\end{pmatrix},$$

将上式记为 $(\boldsymbol{\beta}_1,\boldsymbol{\beta}_2,\boldsymbol{\beta}_3)=(\boldsymbol{\alpha}_1,\boldsymbol{\alpha}_2,\boldsymbol{\alpha}_3)\boldsymbol{K}$，因 $|\boldsymbol{K}|=2\neq0$，可知 $\boldsymbol{K}$ 可逆，因此 $(\boldsymbol{\alpha}_1,\boldsymbol{\alpha}_2,\boldsymbol{\alpha}_3)=(\boldsymbol{\beta}_1,\boldsymbol{\beta}_2,\boldsymbol{\beta}_3)\boldsymbol{K}^{-1}$，这说明向量组 $\boldsymbol{\alpha}_1$、$\boldsymbol{\alpha}_2$、$\boldsymbol{\alpha}_3$ 与向量组 $\boldsymbol{\beta}_1$、$\boldsymbol{\beta}_2$、$\boldsymbol{\beta}_3$ 等价，根据定理 4-2的推论可知，$R(\boldsymbol{\beta}_1,\boldsymbol{\beta}_2,\boldsymbol{\beta}_3)=R(\boldsymbol{\alpha}_1,\boldsymbol{\alpha}_2,\boldsymbol{\alpha}_3)$，又因为向量组 $\boldsymbol{\alpha}_1$，$\boldsymbol{\alpha}_2$，$\boldsymbol{\alpha}_3$ 线性无关，由定理 4-4（2）知 $R(\boldsymbol{\alpha}_1,\boldsymbol{\alpha}_2,\boldsymbol{\alpha}_3)=3$，从而 $R(\boldsymbol{\beta}_1,\boldsymbol{\beta}_2,\boldsymbol{\beta}_3)=3$，再由定理 4-4（2）知向量组 $\boldsymbol{\beta}_1$，$\boldsymbol{\beta}_2$，$\boldsymbol{\beta}_3$ 线性无关．

证法三　设 $k_1\boldsymbol{\beta}_1+k_2\boldsymbol{\beta}_2+k_3\boldsymbol{\beta}_3=\boldsymbol{0}$，由题设，得 $k_1(\boldsymbol{\alpha}_1+\boldsymbol{\alpha}_2)+k_2(\boldsymbol{\alpha}_2+\boldsymbol{\alpha}_3)+k_3(\boldsymbol{\alpha}_3+\boldsymbol{\alpha}_1)=\boldsymbol{0}$，整理得

$(k_1+k_3)\boldsymbol{\alpha}_1+(k_1+k_2)\boldsymbol{\alpha}_2+(k_2+k_3)\boldsymbol{\alpha}_3=\boldsymbol{0}$，由于 $\boldsymbol{\alpha}_1,\boldsymbol{\alpha}_2,\boldsymbol{\alpha}_3$ 线性无关，故

$$\begin{cases}k_1+k_3=0\\k_1+k_2=0,\\k_2+k_3=0\end{cases}$$

该方程组的系数行列式 $\begin{vmatrix}1&0&1\\1&1&0\\0&1&1\end{vmatrix}=2\neq0$，从而 $k_1=k_2=k_3=0$，因此向量组 $\boldsymbol{\beta}_1$，$\boldsymbol{\beta}_2$，$\boldsymbol{\beta}_3$ 线性无关．

例 4-6 试说明 n 维单位坐标向量组 $\boldsymbol{e}_1$，$\boldsymbol{e}_2$，…，$\boldsymbol{e}_n$ 是线性无关的．

解 设 n 维单位坐标向量组 $\boldsymbol{e}_1$，$\boldsymbol{e}_2$，…，$\boldsymbol{e}_n$ 构成的矩阵为 $\boldsymbol{E}=(\boldsymbol{e}_1, \boldsymbol{e}_2, \cdots, \boldsymbol{e}_n)$，它是 n 阶单位矩阵，由于 $|\boldsymbol{E}|=1$，根据定理 4-4 的推论可知，向量组 $\boldsymbol{e}_1$，$\boldsymbol{e}_2$，…，$\boldsymbol{e}_n$ 线性无关．

向量组中的任一部分向量称为该向量组的一个部分组，部分与整体之间有如下关系：

定理 4-5 若向量组中有线性相关的部分组，则整个向量组线性相关．

证明 设向量组 $\boldsymbol{\alpha}_1$，$\boldsymbol{\alpha}_2$，…，$\boldsymbol{\alpha}_m$ 中有含 r 个（$r\leqslant m$）向量的部分组线性相关，不妨设部分组 $\boldsymbol{\alpha}_1$，$\boldsymbol{\alpha}_2$，…，$\boldsymbol{\alpha}_r$ 线性相关，由定理 4-4（1）可知，$R(\boldsymbol{\alpha}_1, \boldsymbol{\alpha}_2, \cdots, \boldsymbol{\alpha}_r)<r$，而 $R(\boldsymbol{\alpha}_1, \boldsymbol{\alpha}_2, \cdots, \boldsymbol{\alpha}_m)\leqslant R(\boldsymbol{\alpha}_1, \boldsymbol{\alpha}_2, \cdots, \boldsymbol{\alpha}_r)+m-r$，因此 $R(\boldsymbol{\alpha}_1, \boldsymbol{\alpha}_2, \cdots, \boldsymbol{\alpha}_m)<m$，再根据定理 4-4（1）知向量组 $\boldsymbol{\alpha}_1$，$\boldsymbol{\alpha}_2$，…，$\boldsymbol{\alpha}_m$ 线性相关．

因为零向量是线性相关的，所以**含零向量的向量组必定线性相关**．

定理 4-5 的逆否命题是

推论 4-3 若一个向量组线性无关，则它的任何部分组都线性无关．

定理 4-6 **n 维向量组 $\boldsymbol{\alpha}_1$，$\boldsymbol{\alpha}_2$，…，$\boldsymbol{\alpha}_m$，若 $n<m$，则向量组线性相关．特别地，$n+1$ 个 n 维向量一定线性相关．**

证明 设 $\boldsymbol{A}_{n\times m}=(\boldsymbol{\alpha}_1, \boldsymbol{\alpha}_2, \cdots, \boldsymbol{\alpha}_m)$，根据矩阵秩的性质可知，$R(A)\leqslant n$，当 $n<m$ 时，$R(A)<m$，由定理 4-4（1）知向量组 $\boldsymbol{\alpha}_1$，$\boldsymbol{\alpha}_2$，…，$\boldsymbol{\alpha}_m$ 线性相关．

定理 4-7 **若向量组 $\boldsymbol{\alpha}_1$，$\boldsymbol{\alpha}_2$，…，$\boldsymbol{\alpha}_m$ 线性无关，而向量组 $\boldsymbol{\alpha}_1$，$\boldsymbol{\alpha}_2$，…，$\boldsymbol{\alpha}_m$，$\boldsymbol{\beta}$ 线性相关，则向量 $\boldsymbol{\beta}$ 能由向量组 $\boldsymbol{\alpha}_1$，$\boldsymbol{\alpha}_2$，…，$\boldsymbol{\alpha}_m$ 线性表示，且表达式唯一．**

证明 设矩阵 $\boldsymbol{A}=(\boldsymbol{\alpha}_1, \boldsymbol{\alpha}_2, \cdots, \boldsymbol{\alpha}_m)$，显然 $R(\boldsymbol{A})\leqslant R(\boldsymbol{A}, \boldsymbol{\beta})$，因向量组 $\boldsymbol{\alpha}_1$，$\boldsymbol{\alpha}_2$，…，$\boldsymbol{\alpha}_m$ 线性无关，有 $R(\boldsymbol{A})=m$；因向量组 $\boldsymbol{\alpha}_1$，$\boldsymbol{\alpha}_2$，…，$\boldsymbol{\alpha}_m$，$\boldsymbol{\beta}$ 线性相关，有 $R(\boldsymbol{A}, \boldsymbol{\beta})<m+1$. 所以 $m\leqslant R(\boldsymbol{A}, \boldsymbol{\beta})<m+1$，即 $R(\boldsymbol{A}, \boldsymbol{\beta})=m$.

由 $R(\boldsymbol{A})=R(\boldsymbol{A}, \boldsymbol{\beta})=m$，根据定理 3-3 可知，方程组 $\boldsymbol{Ax}=\boldsymbol{\beta}$ 有唯一解，即向量 $\boldsymbol{\beta}$ 能由向量组 $\boldsymbol{\alpha}_1$，$\boldsymbol{\alpha}_2$，…，$\boldsymbol{\alpha}_m$ 线性表示，且表达式唯一．

例 4-7 设向量组 $\boldsymbol{\alpha}_1$，$\boldsymbol{\alpha}_2$，$\boldsymbol{\alpha}_3$ 线性相关，向量组 $\boldsymbol{\alpha}_2$，$\boldsymbol{\alpha}_3$，$\boldsymbol{\alpha}_4$ 线性无关，证明：

（1）$\boldsymbol{\alpha}_1$ 能由 $\boldsymbol{\alpha}_2$，$\boldsymbol{\alpha}_3$ 线性表示.

（2）$\boldsymbol{\alpha}_4$ 不能由 $\boldsymbol{\alpha}_1$，$\boldsymbol{\alpha}_2$，$\boldsymbol{\alpha}_3$ 线性表示．

证明 （1）因为向量组 $\boldsymbol{\alpha}_2$，$\boldsymbol{\alpha}_3$，$\boldsymbol{\alpha}_4$ 线性无关，根据定理 4-5 的推论，那么它的部分组 $\boldsymbol{\alpha}_2$，$\boldsymbol{\alpha}_3$ 线性无关，又因 $\boldsymbol{\alpha}_1$，$\boldsymbol{\alpha}_2$，$\boldsymbol{\alpha}_3$ 线性相关，根据定理 4-7 知 $\boldsymbol{\alpha}_1$ 能由 $\boldsymbol{\alpha}_2$，$\boldsymbol{\alpha}_3$ 线性表示.

（2）证法一用反证法．假设 $\boldsymbol{\alpha}_4$ 能由 $\boldsymbol{\alpha}_1$，$\boldsymbol{\alpha}_2$，$\boldsymbol{\alpha}_3$ 线性表示，由（1）可知，$\boldsymbol{\alpha}_1$ 能由 $\boldsymbol{\alpha}_2$，$\boldsymbol{\alpha}_3$ 线性表示，所以 $\boldsymbol{\alpha}_4$ 能由 $\boldsymbol{\alpha}_2$，$\boldsymbol{\alpha}_3$ 线性表示，这与 $\boldsymbol{\alpha}_2$，$\boldsymbol{\alpha}_3$，$\boldsymbol{\alpha}_4$ 线性无关矛盾，因此假设不成立，故 $\boldsymbol{\alpha}_4$ 不能由 $\boldsymbol{\alpha}_1$，$\boldsymbol{\alpha}_2$，$\boldsymbol{\alpha}_3$ 线性表示．

证法二考查线性方程组 $x_1\boldsymbol{\alpha}_1+x_2\boldsymbol{\alpha}_2+x_3\boldsymbol{\alpha}_3=\boldsymbol{\alpha}_4$ 的解，因为 $\boldsymbol{\alpha}_1$，$\boldsymbol{\alpha}_2$，$\boldsymbol{\alpha}_3$ 线性相关，所以系数矩阵的秩 $R(\boldsymbol{\alpha}_1, \boldsymbol{\alpha}_2, \boldsymbol{\alpha}_3)<3$. 又 $\boldsymbol{\alpha}_2$，$\boldsymbol{\alpha}_3$，$\boldsymbol{\alpha}_4$ 线性无关，所以增广矩阵的秩 $R(\boldsymbol{\alpha}_1, \boldsymbol{\alpha}_2, \boldsymbol{\alpha}_3, \boldsymbol{\alpha}_4)\geqslant 3$，系数矩阵的秩小于增广矩阵的秩，这说明方程组无解，因此 $\boldsymbol{\alpha}_4$ 不能由 $\boldsymbol{\alpha}_1$，$\boldsymbol{\alpha}_2$，$\boldsymbol{\alpha}_3$ 线性表示．

第三节　向量组的秩

一、极大无关组与向量组的秩

定义 4-6　在向量组 $\boldsymbol{\alpha}_1$，$\boldsymbol{\alpha}_2$，…，$\boldsymbol{\alpha}_m$ 中，如果存在 r 个向量 $\boldsymbol{\alpha}_{i_1}$，$\boldsymbol{\alpha}_{i_2}$，…，$\boldsymbol{\alpha}_{i_r}$ 线性无关，而任意 $r+1$ 个向量都线性相关，则称向量组 $\boldsymbol{\alpha}_{i_1}$，$\boldsymbol{\alpha}_{i_2}$，…，$\boldsymbol{\alpha}_{i_r}$ 是向量组 $\boldsymbol{\alpha}_1$，$\boldsymbol{\alpha}_2$，…，$\boldsymbol{\alpha}_m$ 的一个**极大线性无关向量组**（简称**极大无关组**）.

定义 4-7　向量组 $\boldsymbol{\alpha}_1$，$\boldsymbol{\alpha}_2$，…，$\boldsymbol{\alpha}_m$ 的极大无关组中所含向量的个数，称为这个**向量组的秩**.

只含零向量的向量组没有极大无关组，规定它的秩为 0.

今后向量组（I）：$\boldsymbol{\alpha}_1$，$\boldsymbol{\alpha}_2$，…，$\boldsymbol{\alpha}_m$ 的秩记为 $R(\boldsymbol{\alpha}_1, \boldsymbol{\alpha}_2, \cdots, \boldsymbol{\alpha}_m)$ 或 $R(\mathrm{I})$.

注意：向量组的极大无关组一般情况下不唯一，但向量组的秩唯一，例如例 4-4.

$$(\boldsymbol{\alpha}_1,\boldsymbol{\alpha}_2,\boldsymbol{\alpha}_3)=\begin{pmatrix}1&1&3\\0&2&2\\-1&1&-1\end{pmatrix},$$

$\boldsymbol{\alpha}_1$，$\boldsymbol{\alpha}_2$ 线性无关，而 $\boldsymbol{\alpha}_1$，$\boldsymbol{\alpha}_2$，$\boldsymbol{\alpha}_3$ 线性相关，由定义 4-6，$\boldsymbol{\alpha}_1$，$\boldsymbol{\alpha}_2$ 是 $\boldsymbol{\alpha}_1$，$\boldsymbol{\alpha}_2$，$\boldsymbol{\alpha}_3$ 的一个极大无关组，同理 $\boldsymbol{\alpha}_1$，$\boldsymbol{\alpha}_3$ 与 $\boldsymbol{\alpha}_2$，$\boldsymbol{\alpha}_3$ 都是 $\boldsymbol{\alpha}_1$，$\boldsymbol{\alpha}_2$，$\boldsymbol{\alpha}_3$ 的极大无关组，该向量组的秩是 2.

例 4-8　全体 n 维向量构成的向量组记为 R^n，求 R^n 的一个极大无关组及 R^n 的秩.

解　在例 4-6 中，我们证明了 n 维单位坐标向量构成的向量组 $\boldsymbol{e}_1$，$\boldsymbol{e}_2$，…，$\boldsymbol{e}_n$ 是线性无关的，又根据定理 4-6 知，R^n 中的任意 $n+1$ 个向量都线性相关，因此 $\boldsymbol{e}_1$，$\boldsymbol{e}_2$，…，$\boldsymbol{e}_n$ 是向量组 R^n 的一个极大无关组，且 R^n 的秩等于 n.

向量组（I）和它的极大无关组（I_0）是等价的. 这是因为极大无关组（I_0）是向量组（I）的一个部分组，故极大无关组（I_0）总能由向量组（I）线性表示［理由：向量组（I）中每个向量都能由向量组（I）线性表示］；而由定义 4-6 知，对于向量组（I）中任一向量 $\boldsymbol{\alpha}$，$r+1$ 个向量 $\boldsymbol{\alpha}_1$，$\boldsymbol{\alpha}_2$，…，$\boldsymbol{\alpha}_r$，$\boldsymbol{\alpha}$ 线性相关，而极大无关组（I_0）：$\boldsymbol{\alpha}_1$，$\boldsymbol{\alpha}_2$，…，$\boldsymbol{\alpha}_r$ 线性无关，根据定理 4-7 知，$\boldsymbol{\alpha}$ 能由 $\boldsymbol{\alpha}_1$，$\boldsymbol{\alpha}_2$，…，$\boldsymbol{\alpha}_r$ 线性表示，即向量组（I）能由极大无关组（I_0）线性表示；所以向量组（I）和它的极大无关组（I_0）是等价的.

由上述推导过程想到：如果向量组（I）中的任一向量能被它的一个线性无关的部分组（I_0）线性表示，那么这个部分组（I_0）是不是向量组（I）的极大无关组呢？事实上，可以根据定理 4-3 证明猜想是正确的，下面把它当作定理 4-3 的推论叙述如下.

推论 4-4（极大无关组的等价定义）　设向量组（I_0）：$\boldsymbol{\alpha}_1$，$\boldsymbol{\alpha}_2$，…，$\boldsymbol{\alpha}_r$ 是向量组（I）的一个部分组，且满足：

（1）向量组（I_0）线性无关.

（2）向量组（I）中的任一向量能由向量组（I_0）线性表示，那么向量组（I_0）是向量组（I）的一个极大无关组.

证明　设向量组（I_0）含 r 个向量，则它的秩为 r. 因向量组（I）能由向量组（I_0）线性表示，根据定理 4-3 知，向量组（I）的秩 $R(\mathrm{I})\leqslant r$，从而向量组（I）中任意 $r+1$ 个向量线性相关，所以向量组（I_0）是向量组（I）的一个极大无关组.

二、向量组的秩与矩阵的秩的关系

对于只含有限个向量的向量组$\boldsymbol{\alpha}_1$，$\boldsymbol{\alpha}_2$，…，$\boldsymbol{\alpha}_m$，它可以构成矩阵$\boldsymbol{A}=(\boldsymbol{\alpha}_1, \boldsymbol{\alpha}_2, \cdots, \boldsymbol{\alpha}_m)$，通过比较容易发现矩阵$\boldsymbol{A}$的秩与向量组的秩相等，具体叙述如下.

定理 4-8　矩阵的秩等于它的列向量组的秩，也等于它的行向量组的秩.

证明　设矩阵$\boldsymbol{A}=(\boldsymbol{\alpha}_1, \boldsymbol{\alpha}_2, \cdots, \boldsymbol{\alpha}_m)$，$R(\boldsymbol{A})=r$，$D_r$是它的一个$r$阶非零子式，由于$D_r\neq 0$，根据定理 4-4 推论可知，$D_r$所在的$r$列线性无关，又因为$\boldsymbol{A}$中所有的$r+1$阶子式均为零，再根据定理 4-4 的推论知所有$r+1$个列向量均线性相关，因此$D_r$所在的$r$列是$\boldsymbol{A}$的列向量组的一个极大无关组，所以$\boldsymbol{A}$的列向量组的秩等于$r$. 同理可证，$\boldsymbol{A}$的行向量组的秩也等于$r$.

从上述证明过程可以看出，D_r是$\boldsymbol{A}$的一个最高阶非零子式，则D_r所在列是$\boldsymbol{A}$的列向量组的一个极大无关组；D_r所在行是$\boldsymbol{A}$的行向量组的一个极大无关组.

设向量组$\boldsymbol{\alpha}_1$，$\boldsymbol{\alpha}_2$，…，$\boldsymbol{\alpha}_m$构成矩阵$\boldsymbol{A}=(\boldsymbol{\alpha}_1, \boldsymbol{\alpha}_2, \cdots, \boldsymbol{\alpha}_m)$，根据向量组秩的定义及定理 4-8，有

$$R(\mathrm{I})=R(\boldsymbol{\alpha}_1,\boldsymbol{\alpha}_2,\cdots,\boldsymbol{\alpha}_m)=R(\boldsymbol{A})$$

由此可知，前面介绍的定理 4-1～4-4 及它们的推论中出现的矩阵的秩都可以改为向量组的秩. 例如定理 4-2 可叙述为

定理 4-2′　向量组$\boldsymbol{\beta}_1$，$\boldsymbol{\beta}_2$，…，$\boldsymbol{\beta}_l$能由向量组$\boldsymbol{\alpha}_1$，$\boldsymbol{\alpha}_2$，…，$\boldsymbol{\alpha}_m$线性表示$\Leftrightarrow R(\boldsymbol{\alpha}_1, \boldsymbol{\alpha}_2, \cdots, \boldsymbol{\alpha}_m)=R(\boldsymbol{\alpha}_1, \boldsymbol{\alpha}_2, \cdots, \boldsymbol{\alpha}_m, \boldsymbol{\beta}_1, \boldsymbol{\beta}_2, \cdots, \boldsymbol{\beta}_l)$.

这里$R(\boldsymbol{\alpha}_1, \boldsymbol{\alpha}_2, \cdots, \boldsymbol{\alpha}_m)$既可理解为矩阵的秩，也可理解成向量组的秩.

前面定理 4-1～定理 4-3 中限定向量组只含有限个向量，现在我们要去掉这一限制，即向量组中的向量可以是无限个，把定理 4-1～定理 4-3 推广到一般情形. 推广的方法是利用向量组的极大无关组做过渡. 下面仅推广定理 4-3，定理 4-1、定理 4-2 请读者自行推广.

定理 4-3′　若向量组（Ⅱ）能由向量组（Ⅰ）线性表示，则$R(\mathrm{II})\leqslant R(\mathrm{I})$.

证明　设$R(\mathrm{I})=s$，$R(\mathrm{II})=t$，并设向量组（Ⅰ）和（Ⅱ）的极大无关组分别为

$$\boldsymbol{\alpha}_1,\boldsymbol{\alpha}_2,\cdots,\boldsymbol{\alpha}_s \text{ 和 } \boldsymbol{\beta}_1,\boldsymbol{\beta}_2,\cdots,\boldsymbol{\beta}_t,$$

由于$\boldsymbol{\beta}_1$，$\boldsymbol{\beta}_2$，…，$\boldsymbol{\beta}_t$能由（Ⅱ）表示，（Ⅱ）能由（Ⅰ）表示，（Ⅰ）能由$\boldsymbol{\alpha}_1$，$\boldsymbol{\alpha}_2$，…，$\boldsymbol{\alpha}_s$表示，因此$\boldsymbol{\beta}_1$，$\boldsymbol{\beta}_2$，…，$\boldsymbol{\beta}_t$能由$\boldsymbol{\alpha}_1$，$\boldsymbol{\alpha}_2$，…，$\boldsymbol{\alpha}_s$表示，根据定理 4-3，$R(\boldsymbol{\beta}_1, \boldsymbol{\beta}_2, \cdots, \boldsymbol{\beta}_t)\leqslant R(\boldsymbol{\alpha}_1, \boldsymbol{\alpha}_2, \cdots, \boldsymbol{\alpha}_s)$，即$t\leqslant s$.

以后定理 4-3 与定理 4-3′不进行区别，都称定理 4-3，定理 4-1、定理 4-2 与推广后的定理也不进行区别.

例 4-9　设向量组（Ⅱ）能由向量组（Ⅰ）线性表示，且它们的秩相等，证明：向量组（Ⅰ）与（Ⅱ）等价.

证明　设向量组（Ⅰ）和（Ⅱ）合并为向量组（Ⅲ），因向量组（Ⅱ）能由向量组（Ⅰ）线性表示，根据定理 4-2，$R(\mathrm{I})=R(\mathrm{III})$，又已知$R(\mathrm{I})=R(\mathrm{II})$，所以$R(\mathrm{I})=R(\mathrm{II})=R(\mathrm{III})$，根据定理 4-2 的推论，向量组（Ⅰ）与（Ⅱ）等价.

例 4-10　设矩阵

$$\boldsymbol{A}=\begin{pmatrix}2 & -1 & -1 & 1 & 2\\1 & 1 & -2 & 1 & 4\\4 & -6 & 2 & -2 & 4\\3 & 6 & -9 & 7 & 9\end{pmatrix},$$

求矩阵 $\boldsymbol{A}$ 的列向量组的一个极大无关组，并把不属于极大无关组的列向量用极大无关组线性表示．

解　对 $\boldsymbol{A}$ 施行初等行变换变为行阶梯形矩阵，

$$\boldsymbol{A}=(\boldsymbol{\alpha}_1,\boldsymbol{\alpha}_2,\boldsymbol{\alpha}_3,\boldsymbol{\alpha}_4,\boldsymbol{\alpha}_5)=\begin{pmatrix}2&-1&-1&1&2\\1&1&-2&1&4\\4&-6&2&-2&4\\3&6&-9&7&9\end{pmatrix}\to\begin{pmatrix}1&1&-2&1&4\\0&1&-1&1&0\\0&0&0&1&-3\\0&0&0&0&0\end{pmatrix},$$

知 $R(\boldsymbol{A})=3$，故列向量组的极大无关组含 3 个向量．注意到三个非零行的非零首元在 1、2、4 三列，且

$$(\boldsymbol{\alpha}_1,\boldsymbol{\alpha}_2,\boldsymbol{\alpha}_4)\cong\begin{pmatrix}1&1&1\\0&1&1\\0&0&1\\0&0&0\end{pmatrix}$$

知 $R(\boldsymbol{\alpha}_1,\boldsymbol{\alpha}_2,\boldsymbol{\alpha}_4)=3$，故 $\boldsymbol{\alpha}_1$，$\boldsymbol{\alpha}_2$，$\boldsymbol{\alpha}_4$ 线性无关，所以 $\boldsymbol{\alpha}_1$，$\boldsymbol{\alpha}_2$，$\boldsymbol{\alpha}_4$ 为 $\boldsymbol{A}$ 的列向量组的一个极大无关组．

为把 $\boldsymbol{\alpha}_3$，$\boldsymbol{\alpha}_5$ 用 $\boldsymbol{\alpha}_1$，$\boldsymbol{\alpha}_2$，$\boldsymbol{\alpha}_4$ 线性表示，把 $\boldsymbol{A}$ 再变成行最简形矩阵

$$A\to\begin{pmatrix}1&0&-1&0&4\\0&1&-1&0&3\\0&0&0&1&-3\\0&0&0&0&0\end{pmatrix},$$

将此行最简形矩阵记为 $\boldsymbol{B}=(\boldsymbol{\beta}_1,\boldsymbol{\beta}_2,\boldsymbol{\beta}_3,\boldsymbol{\beta}_4,\boldsymbol{\beta}_5)$，由于线性方程组 $\boldsymbol{Ax}=\boldsymbol{0}$ 与 $\boldsymbol{Bx}=\boldsymbol{0}$ 同解，即

$$x_1\boldsymbol{\alpha}_1+x_2\boldsymbol{\alpha}_2+x_3\boldsymbol{\alpha}_3+x_4\boldsymbol{\alpha}_4+x_5\boldsymbol{\alpha}_5=\boldsymbol{0}$$

与

$$x_1\boldsymbol{\beta}_1+x_2\boldsymbol{\beta}_2+x_3\boldsymbol{\beta}_3+x_4\boldsymbol{\beta}_4+x_5\boldsymbol{\beta}_5=\boldsymbol{0}$$

同解，这说明 $\boldsymbol{\alpha}_1$，$\boldsymbol{\alpha}_2$，$\boldsymbol{\alpha}_3$，$\boldsymbol{\alpha}_4$，$\boldsymbol{\alpha}_5$ 之间的线性关系与 $\boldsymbol{\beta}_1$，$\boldsymbol{\beta}_2$，$\boldsymbol{\beta}_3$，$\boldsymbol{\beta}_4$，$\boldsymbol{\beta}_5$ 之间的线性关系是相同的，而

$$\boldsymbol{\beta}_3=-\boldsymbol{\beta}_1-\boldsymbol{\beta}_2,$$
$$\boldsymbol{\beta}_5=4\boldsymbol{\beta}_1+3\boldsymbol{\beta}_2-3\boldsymbol{\beta}_4,$$

所以

$$\boldsymbol{\alpha}_3=-\boldsymbol{\alpha}_1-\boldsymbol{\alpha}_2,$$
$$\boldsymbol{\alpha}_5=4\boldsymbol{\alpha}_1+3\boldsymbol{\alpha}_2-3\boldsymbol{\alpha}_4.$$

本例表明：如果矩阵 $\boldsymbol{A}_{m\times n}$ 与 $\boldsymbol{B}_{l\times n}$ 的行向量组等价（这时 $\boldsymbol{Ax}=\boldsymbol{0}$ 与 $\boldsymbol{Bx}=\boldsymbol{0}$ 可互推），则方程组 $\boldsymbol{Ax}=\boldsymbol{0}$ 与 $\boldsymbol{Bx}=\boldsymbol{0}$ 同解，从而 $\boldsymbol{A}$ 的列向量组各向量之间与 $\boldsymbol{B}$ 的列向量组各向量之间有相同的线性关系．如果 $\boldsymbol{B}$ 是行最简形矩阵，则容易看出 $\boldsymbol{B}$ 的列向量组各向量之间的线性关系，从而也就得到 $\boldsymbol{A}$ 的列向量组各向量之间的线性关系（一个向量组的这种线性关系一般很多，但只要求出这个向量组的极大无关组以及不属于极大无关组的向量用极大无关组线性表示的表达式，就能推知其余的线性关系）．

第四节 线性方程组的解的结构

在第三章第四节我们建立了定理 4 - 2，知道了线性方程组有解、无解的条件，并介绍了用矩阵的初等变换求解线性方程组的方法，本节我们用向量组线性相关性来讨论线性方程组的解的结构．

一、齐次线性方程组的解的结构

设有齐次线性方程组

$$\begin{cases} a_{11}x_1 + a_{12}x_2 + \cdots + a_{1n}x_n = 0 \\ a_{21}x_1 + a_{22}x_2 + \cdots + a_{2n}x_n = 0 \\ \cdots \\ a_{m1}x_1 + a_{m2}x_2 + \cdots + a_{mn}x_n = 0 \end{cases} \tag{4 - 1}$$

记
$$\boldsymbol{A} = \begin{pmatrix} a_{11} & a_{12} & \cdots & a_{1n} \\ a_{21} & a_{22} & \cdots & a_{2n} \\ \cdots & \cdots & \cdots & \cdots \\ a_{m1} & a_{m2} & \cdots & a_{mn} \end{pmatrix}, \boldsymbol{x} = \begin{pmatrix} x_1 \\ x_2 \\ \vdots \\ x_n \end{pmatrix},$$

则方程组（4 - 1）可写成向量方程形式

$$\boldsymbol{Ax} = \boldsymbol{0} \tag{4 - 2}$$

若 $x_1=\xi_{11}$，$x_1=\xi_{21}$，…，$x_n=\xi_{n1}$ 为齐次线性方程组（4 - 1）的解，则

$$\boldsymbol{x} = \boldsymbol{\xi}_1 = \begin{pmatrix} \xi_{11} \\ \xi_{21} \\ \vdots \\ \xi_{n1} \end{pmatrix}$$

称为齐次线性方程组（4 - 1）的**解向量**，它也就是向量方程（4 - 2）的解．

下面根据向量方程 $\boldsymbol{Ax}=\boldsymbol{0}$ 来讨论解向量的性质．

性质 4 - 1　若 $\boldsymbol{x}=\boldsymbol{\xi}_1$，$\boldsymbol{x}=\boldsymbol{\xi}_2$ 为 $\boldsymbol{Ax}=\boldsymbol{0}$ 的解，则 $\boldsymbol{x}=\boldsymbol{\xi}_1+\boldsymbol{\xi}_2$ 也是 $\boldsymbol{Ax}=\boldsymbol{0}$ 的解．

证明　因 $\boldsymbol{A}(\boldsymbol{\xi}_1+\boldsymbol{\xi}_2)=\boldsymbol{A\xi}_1+\boldsymbol{A\xi}_2=\boldsymbol{0}+\boldsymbol{0}=\boldsymbol{0}$，故 $\boldsymbol{x}=\boldsymbol{\xi}_1+\boldsymbol{\xi}_2$ 是 $\boldsymbol{Ax}=\boldsymbol{0}$ 的解．

性质 4 - 2　若 $\boldsymbol{x}=\boldsymbol{\xi}_1$ 为 $\boldsymbol{Ax}=\boldsymbol{0}$ 的解，k 为实数，则 $\boldsymbol{x}=k\boldsymbol{\xi}_1$ 也是 $\boldsymbol{Ax}=\boldsymbol{0}$ 的解．

证明　由于 $\boldsymbol{A}(k\boldsymbol{\xi}_1)=k\boldsymbol{A\xi}_1=k\boldsymbol{0}=\boldsymbol{0}$，所以 $\boldsymbol{x}=k\boldsymbol{\xi}_1$ 是 $\boldsymbol{Ax}=\boldsymbol{0}$ 的解．证毕．

把向量方程 $\boldsymbol{Ax}=\boldsymbol{0}$ 的全体解所组成的集合记为 S，它是一个向量组，若能求得解集 S 的一个极大无关组 S_0：$\boldsymbol{\xi}_1$，$\boldsymbol{\xi}_2$，…，$\boldsymbol{\xi}_t$，那么方程 $\boldsymbol{Ax}=\boldsymbol{0}$ 的任一解都可由极大无关组 S_0 线性表示；另外根据性质 4 - 1、4 - 2 可知，对于极大无关组 S_0 的任何线性组合

$$\boldsymbol{x} = k_1\boldsymbol{\xi}_1 + k_2\boldsymbol{\xi}_2 + \cdots + k_t\boldsymbol{\xi}_t$$

都是 $\boldsymbol{Ax}=\boldsymbol{0}$ 的解，因此上式便是通解．

定义 4 - 8　齐次线性方程组的解集的极大无关组称为该齐次线性方程组的**基础解系**．

因此要求齐次线性方程组的通解，只需求出它的基础解系即可．下面介绍两种基础解系的求法．

基础解系求法（一）　设齐次线性方程组（4 - 1）的系数矩阵 $\boldsymbol{A}$ 的秩为 r，并不妨设 $\boldsymbol{A}$ 的前 r 个列向量线性无关，那么 $\boldsymbol{A}$ 的行最简形矩阵为

$$\begin{pmatrix} 1 & \cdots & 0 & b_{11} & \cdots & b_{1,n-r} \\ \vdots & & \vdots & \vdots & & \vdots \\ 0 & \cdots & 1 & b_{r1} & \cdots & b_{r,n-r} \\ 0 & & & \cdots & & 0 \\ \vdots & & & & & \vdots \\ 0 & & & \cdots & & 0 \end{pmatrix},$$

与之对应的方程组为

$$\begin{cases} x_1 = -b_{11}x_{r+1} - \cdots - b_{1,n-r}x_n \\ \cdots\cdots \\ x_r = -b_{r1}x_{r+1} - \cdots - b_{r,n-r}x_n \end{cases} \tag{4-3}$$

把 x_{r+1}，…，x_n 作为自由未知数，并令它们分别等于 c_1，…，c_{n-r}，可得方程组（4-1）的通解为

$$\begin{pmatrix} x_1 \\ \vdots \\ x_r \\ x_{r+1} \\ x_{r+2} \\ \vdots \\ x_n \end{pmatrix} = c_1\begin{pmatrix} -b_{11} \\ \vdots \\ -b_{r1} \\ 1 \\ 0 \\ \vdots \\ 0 \end{pmatrix} + c_2\begin{pmatrix} -b_{12} \\ \vdots \\ -b_{r2} \\ 0 \\ 1 \\ \vdots \\ 0 \end{pmatrix} + \cdots + c_{n-r}\begin{pmatrix} -b_{1,n-r} \\ \vdots \\ -b_{r,n-r} \\ 0 \\ 0 \\ \vdots \\ 1 \end{pmatrix}.$$

将上式记为

$$\boldsymbol{x} = c_1\boldsymbol{\xi}_1 + c_2\boldsymbol{\xi}_2 + \cdots + c_{n-r}\boldsymbol{\xi}_{n-r},$$

此式表明解集 S 中的任一向量 $\boldsymbol{x}$ 都能由 $\boldsymbol{\xi}_1$，$\boldsymbol{\xi}_2$，…，$\boldsymbol{\xi}_{n-r}$线性表示，又因为矩阵（$\boldsymbol{\xi}_1$，$\boldsymbol{\xi}_2$，…，$\boldsymbol{\xi}_{n-r}$）中有 $n-r$ 阶子式 $|\boldsymbol{E}_{n-r}|\neq 0$，故 $R(\boldsymbol{\xi}_1, \boldsymbol{\xi}_2, \cdots, \boldsymbol{\xi}_{n-r})=n-r$，根据定理 4-4（2）可知 $\boldsymbol{\xi}_1$，$\boldsymbol{\xi}_2$，…，$\boldsymbol{\xi}_{n-r}$线性无关，根据极大无关组的等价定义，知 $\boldsymbol{\xi}_1$，$\boldsymbol{\xi}_2$，…，$\boldsymbol{\xi}_{n-r}$是解集 S 的极大无关组，所以 $\boldsymbol{\xi}_1$，$\boldsymbol{\xi}_2$，…，$\boldsymbol{\xi}_{n-r}$是方程组（4-1）的基础解系．

在上面的讨论中，我们采用的是上一章求齐次线性方程组通解的方法是先求通解，再从通解中求得基础解系．其实我们可以先求基础解系，再写出通解．

基础解系求法（二）　在得到式（4-3）后，令自由未知数 x_{r+1}，x_{r+2}，…，x_n 取下列 $n-r$组数

$$\begin{pmatrix} x_{r+1} \\ x_{r+2} \\ \vdots \\ x_n \end{pmatrix} = \begin{pmatrix} 1 \\ 0 \\ \vdots \\ 0 \end{pmatrix}, \begin{pmatrix} 0 \\ 1 \\ \vdots \\ 0 \end{pmatrix}, \cdots, \begin{pmatrix} 0 \\ 0 \\ \vdots \\ 1 \end{pmatrix},$$

依次代入式（4-3）后可得

$$\begin{pmatrix} x_1 \\ \vdots \\ x_r \end{pmatrix} = \begin{pmatrix} -b_{11} \\ \vdots \\ -b_{r1} \end{pmatrix}, \begin{pmatrix} -b_{12} \\ \vdots \\ -b_{r2} \end{pmatrix}, \cdots, \begin{pmatrix} -b_{1,n-r} \\ \vdots \\ -b_{r,n-r} \end{pmatrix},$$

将以上合起来可得基础解系

$$\boldsymbol{\xi}_1=\begin{pmatrix}-b_{11}\\ \vdots\\ -b_{r1}\\ 1\\ 0\\ \vdots\\ 0\end{pmatrix},\boldsymbol{\xi}_2=\begin{pmatrix}-b_{12}\\ \vdots\\ -b_{r2}\\ 0\\ 1\\ \vdots\\ 0\end{pmatrix},\cdots,\boldsymbol{\xi}_{n-r}=\begin{pmatrix}-b_{1,n-r}\\ \vdots\\ -b_{r,n-r}\\ 0\\ 0\\ \vdots\\ 1\end{pmatrix}.$$

根据基础解系求法（一）中 $\boldsymbol{\xi}_1$，$\boldsymbol{\xi}_2$，…，$\boldsymbol{\xi}_{n-r}$是极大无关组的讨论，可以得到

定理 4-9　设 $m\times n$ 矩阵 $\boldsymbol{A}$ 的秩 $R(\boldsymbol{A})=r$，则 n 元齐次线性方程组 $\boldsymbol{Ax}=\boldsymbol{0}$ 的解集 $\boldsymbol{S}$ 的秩 $R(\boldsymbol{S})=n-r$.

当 $R(\mathbf{A})=n$ 时，齐次线性方程组（4-1）只有零解，即解集 S 中只含一个零向量，方程组没有基础解系；当 $R(\mathbf{A})=r<n$ 时，由定理 4-9 可知，齐次线性方程组（4-1）的基础解系含 $n-r$ 个向量，所以齐次线性方程组（4-1）的任何 $n-r$ 个线性无关的解都可构成它的基础解系．由此可知齐次线性方程组的基础解系不唯一，它的通解形式也不唯一．

例 4-11　求齐次线性方程组$\begin{cases}x_1+x_2-x_3-x_4=0\\ 2x_1-5x_2+3x_3+2x_4=0\\ 7x_1-7x_2+3x_3+x_4=0\end{cases}$的基础解系与通解．

解　对系数矩阵 $\boldsymbol{A}$ 作初等行变换，变为行最简形矩阵，有

$$A=\begin{pmatrix}1&1&-1&-1\\ 2&-5&3&2\\ 7&-7&3&1\end{pmatrix}\rightarrow\begin{pmatrix}1&0&-2/7&-3/7\\ 0&1&-5/7&-4/7\\ 0&0&0&0\end{pmatrix},$$

得

$$\begin{cases}x_1=\dfrac{2}{7}x_3+\dfrac{3}{7}x_4\\ x_2=\dfrac{5}{7}x_3+\dfrac{4}{7}x_4\end{cases},\tag{4-4}$$

令$\begin{pmatrix}x_3\\ x_4\end{pmatrix}=\begin{pmatrix}1\\ 0\end{pmatrix}$及$\begin{pmatrix}0\\ 1\end{pmatrix}$，则对应有$\begin{pmatrix}x_1\\ x_2\end{pmatrix}=\begin{pmatrix}2/7\\ 5/7\end{pmatrix}$及$\begin{pmatrix}3/7\\ 4/7\end{pmatrix}$，即得基础解系

$$\boldsymbol{\xi}_1=\begin{pmatrix}2/7\\ 5/7\\ 1\\ 0\end{pmatrix},\boldsymbol{\xi}_2=\begin{pmatrix}3/7\\ 4/7\\ 0\\ 1\end{pmatrix},$$

并由此写出通解

$$\begin{pmatrix}x_1\\ x_2\\ x_3\\ x_4\end{pmatrix}=c_1\begin{pmatrix}2/7\\ 5/7\\ 1\\ 0\end{pmatrix}+c_2\begin{pmatrix}3/7\\ 4/7\\ 0\\ 1\end{pmatrix},(c_1,c_2\in\mathbf{R}).$$

以上采用的是基础解系求法（二），先求的基础解系，再写出通解；当然也可以采用第三章的方法，即基础解系求法（一），先求出通解，再根据通解写出基础解系，两种解法其实没有多少差别．

为了说明基础解系是不唯一的，在例 4 - 11 中式（4 - 4）后，取

$$\begin{pmatrix} x_3 \\ x_4 \end{pmatrix} = \begin{pmatrix} 1 \\ 1 \end{pmatrix} \text{及} \begin{pmatrix} 1 \\ -1 \end{pmatrix}, \text{对应有} \begin{pmatrix} x_1 \\ x_2 \end{pmatrix} = \begin{pmatrix} 5/7 \\ 9/7 \end{pmatrix}, \begin{pmatrix} -1/7 \\ 1/7 \end{pmatrix},$$

即得不同的基础解系

$$\boldsymbol{\eta}_1 = \begin{pmatrix} 5/7 \\ 9/7 \\ 1 \\ 1 \end{pmatrix}, \boldsymbol{\eta}_2 = \begin{pmatrix} -1/7 \\ 1/7 \\ 1 \\ -1 \end{pmatrix},$$

从而得通解

$$\begin{pmatrix} x_1 \\ x_2 \\ x_3 \\ x_4 \end{pmatrix} = k_1 \begin{pmatrix} 5/7 \\ 9/7 \\ 1 \\ 1 \end{pmatrix} + k_2 \begin{pmatrix} -1/7 \\ 1/7 \\ 1 \\ -1 \end{pmatrix}, (k_1, k_2 \in \mathbf{R}).$$

显然 $\boldsymbol{\xi}_1$，$\boldsymbol{\xi}_2$ 与 $\boldsymbol{\eta}_1$，$\boldsymbol{\eta}_2$ 是等价的，两个通解虽然形式不一样，但都含两个任意常数，且都可表示方程组的任一解．

上述解法中，由于行最简形矩阵的结构，总是选 x_1 为非自由未知数．对于解方程来说，x_1 当然也可选为自由未知数．如果要选 x_1 为自由未知数，那么就不能采用上述化系数矩阵为行最简形矩阵的"标准程序"，而要稍作变化，对系数矩阵 A 作初等行变换时，先把其中某一列（不一定是第一列）化为$(1, 0, 0)^{\mathrm{T}}$．如本例中第四列数值较简，容易化出两个 0：

$$\boldsymbol{A} = \begin{pmatrix} 1 & 1 & -1 & -1 \\ 2 & -5 & 3 & 2 \\ 7 & -7 & 3 & 1 \end{pmatrix} \to \begin{pmatrix} -5 & 2 & 0 & 1 \\ 4 & -3 & 1 & 0 \\ 0 & 0 & 0 & 0 \end{pmatrix}$$

上式最后一个矩阵虽不是行最简形矩阵，但也具备行最简形矩阵的功能，按照这个矩阵，取 x_1、x_2 为自由未知数，便可写出通解

$$\begin{cases} x_3 = -4x_1 + 3x_2 \\ x_4 = 5x_1 - 2x_2 \end{cases},$$

$$\begin{pmatrix} x_1 \\ x_2 \\ x_3 \\ x_4 \end{pmatrix} = c_1 \begin{pmatrix} 1 \\ 0 \\ -4 \\ 5 \end{pmatrix} + c_2 \begin{pmatrix} 0 \\ 1 \\ 3 \\ -2 \end{pmatrix}, (c_1, c_2 \in \mathbf{R}).$$

对应的基础解系为

$$\begin{pmatrix} 1 \\ 0 \\ -4 \\ 5 \end{pmatrix}, \begin{pmatrix} 0 \\ 1 \\ 3 \\ -2 \end{pmatrix}.$$

下面介绍定理 4 - 9 在向量组线性相关性方面的应用.

例 4 - 12　设 $\boldsymbol{A}_{m\times n}\boldsymbol{B}_{n\times l} = \mathbf{O}$，证明：$\mathrm{R}(\boldsymbol{A}) + R(\boldsymbol{B}) \leqslant n$.

证明　设 $\boldsymbol{B} = (\boldsymbol{\beta}_1, \boldsymbol{\beta}_2, \cdots, \boldsymbol{\beta}_l)$，则题目条件改写为

$$A(\boldsymbol{\beta}_1, \boldsymbol{\beta}_2, \cdots, \boldsymbol{\beta}_l) = (\mathbf{0}, \mathbf{0}, \cdots, \mathbf{0})$$

即 $$A\boldsymbol{\beta}_i=\mathbf{0}(i=1,2,\cdots,l),$$
这说明 $\boldsymbol{B}$ 的 l 个列向量都是齐次线性方程组 $\boldsymbol{Ax}=\mathbf{0}$ 的解. 设 $\boldsymbol{Ax}=\mathbf{0}$ 的解集为 S，由于 $\boldsymbol{\beta}_i\in S$，故 $R(\boldsymbol{\beta}_1,\boldsymbol{\beta}_2,\cdots,\boldsymbol{\beta}_l)\leqslant R(S)$，即 $R(\boldsymbol{B})\leqslant R(S)$，根据定理 4 - 9，$R(\boldsymbol{A})+R(S)=n$，因此 $R(\boldsymbol{A})+R(\boldsymbol{B})\leqslant n$.

例 4 - 13 设 n 元齐次线性方程组 $\boldsymbol{Ax}=\mathbf{0}$ 与 $\boldsymbol{Bx}=\mathbf{0}$ 同解，证明：$R(\boldsymbol{A})=R(\boldsymbol{B})$.

证明 因为 $\boldsymbol{Ax}=\mathbf{0}$ 与 $\boldsymbol{Bx}=\mathbf{0}$ 同解，所以它们有相同的解集，设为 S，根据定理 4 - 9，$R(\boldsymbol{A})=n-R(S)$，$R(\boldsymbol{B})=n-R(S)$，因此 $R(\boldsymbol{A})=R(\boldsymbol{B})$.

本例说明，当矩阵 $\boldsymbol{A}$ 与 $\boldsymbol{B}$ 的列数相等时，要证 $R(\boldsymbol{A})=R(\boldsymbol{B})$，只需证明齐次线性方程组 $\boldsymbol{Ax}=\mathbf{0}$ 与 $\boldsymbol{Bx}=\mathbf{0}$ 同解即可 .

例 4 - 14 设 $\boldsymbol{A}$ 为 $m\times n$ 矩阵，证明：$R(\boldsymbol{A}^{\mathrm{T}}\boldsymbol{A})=R(\boldsymbol{A})$.

证明 只需证明 $\boldsymbol{Ax}=\mathbf{0}$ 与 $(\boldsymbol{A}^{\mathrm{T}}\boldsymbol{A})\boldsymbol{x}=\mathbf{0}$ 同解，然后根据例 4 - 13 就可得到 $R(\boldsymbol{A}^{\mathrm{T}}\boldsymbol{A})=R(\boldsymbol{A})$.

若 $\boldsymbol{x}$ 满足 $\boldsymbol{Ax}=\mathbf{0}$，则有 $\boldsymbol{A}^{\mathrm{T}}(\boldsymbol{Ax})=\mathbf{0}$，即 $(\boldsymbol{A}^{\mathrm{T}}\boldsymbol{A})\boldsymbol{x}=\mathbf{0}$；

若 $\boldsymbol{x}$ 满足 $(\boldsymbol{A}^{\mathrm{T}}\boldsymbol{A})\boldsymbol{x}=\mathbf{0}$，则 $\boldsymbol{x}^{\mathrm{T}}(\boldsymbol{A}^{\mathrm{T}}\boldsymbol{A})\boldsymbol{x}=0$，即$(\boldsymbol{Ax})^{\mathrm{T}}(\boldsymbol{Ax})=0$，下面证明 $\boldsymbol{Ax}=\mathbf{0}$.

设 $\boldsymbol{Ax}=\begin{pmatrix}a_1\\a_2\\\vdots\\a_m\end{pmatrix}$，则 $0=(\boldsymbol{Ax})^{\mathrm{T}}(\boldsymbol{Ax})=(a_1,a_2,\cdots,a_m)\begin{pmatrix}a_1\\a_2\\\vdots\\a_m\end{pmatrix}=a_1^2+a_2^2+\cdots+a_m^2$，得 $a_1=a_2=\cdots a_m=0$，所以 $\boldsymbol{Ax}=\mathbf{0}$.

综上讨论可得 $\boldsymbol{Ax}=\mathbf{0}$ 与 $(\boldsymbol{A}^{\mathrm{T}}\boldsymbol{A})\boldsymbol{x}=\mathbf{0}$ 同解，因此 $R(\boldsymbol{A}^{\mathrm{T}}\boldsymbol{A})=R(\boldsymbol{A})$.

本例同时也证明了一个结论：列向量 $\boldsymbol{\alpha}=\mathbf{0}\Leftrightarrow\boldsymbol{\alpha}^{\mathrm{T}}\boldsymbol{\alpha}=0$.

二、非齐次线性方程组的解的结构

设有非齐次线性方程组

$$\begin{cases}a_{11}x_1+a_{12}x_2+\cdots+a_{1n}x_n=b_1\\a_{21}x_1+a_{22}x_2+\cdots+a_{2n}x_n=b_2\\\cdots\\a_{m1}x_1+a_{m2}x_2+\cdots+a_{mn}x_n=b_m\end{cases}\tag{4 - 5}$$

它可写成向量方程

$$\boldsymbol{Ax}=\boldsymbol{b}\tag{4 - 6}$$

它对应的齐次线性方程组为

$$\boldsymbol{Ax}=\mathbf{0}\tag{4 - 7}$$

向量方程（4 - 6）的解具有如下性质：

性质 4 - 3 设 $\boldsymbol{x}=\boldsymbol{\eta}_1$ 及 $\boldsymbol{x}=\boldsymbol{\eta}_2$ 都是 $\boldsymbol{Ax}=\boldsymbol{b}$ 的解，则 $\boldsymbol{\eta}_1-\boldsymbol{\eta}_2$ 为对应的齐次线性方程组 $\boldsymbol{Ax}=\mathbf{0}$ 的解 .

证明 $\boldsymbol{A}(\boldsymbol{\eta}_1-\boldsymbol{\eta}_2)=\boldsymbol{A\eta}_1-\boldsymbol{A\eta}_2=\boldsymbol{b}-\boldsymbol{b}=\mathbf{0}$，即 $\boldsymbol{\eta}_1-\boldsymbol{\eta}_2$ 是 $\boldsymbol{Ax}=\mathbf{0}$ 的解 .

性质 4 - 4 设 $\boldsymbol{x}=\boldsymbol{\eta}$ 是方程 $\boldsymbol{Ax}=\boldsymbol{b}$ 的解，$\boldsymbol{x}=\boldsymbol{\xi}$ 是方程 $\boldsymbol{Ax}=\mathbf{0}$ 的解，则 $\boldsymbol{x}=\boldsymbol{\xi}+\boldsymbol{\eta}$ 仍是方程 $\boldsymbol{Ax}=\boldsymbol{b}$ 的解 .

证明 $\boldsymbol{A}(\boldsymbol{\xi}+\boldsymbol{\eta})=\boldsymbol{A\xi}+\boldsymbol{A\eta}=\mathbf{0}+\boldsymbol{b}=\boldsymbol{b}$，即 $\boldsymbol{x}=\boldsymbol{\xi}+\boldsymbol{\eta}$ 是 $\boldsymbol{Ax}=\mathbf{0}$ 的解 .

由性质 4 - 3 可知 . 若求得 $\boldsymbol{Ax}=\boldsymbol{b}$ 的一个解 $\boldsymbol{\eta}^*$，则 $\boldsymbol{Ax}=\boldsymbol{b}$ 的任一解总可表示为

$$x = \xi + \eta^*$$

其中，$x=\xi$ 为方程 $Ax=0$ 的解，又若方程 $Ax=0$ 的通解为 $x=k_1\xi_1+k_2\xi_2+\cdots+k_{n-r}\xi_{n-r}$，则 $Ax=b$ 的任一解总可表示为

$$x = k_1\xi_1 + k_2\xi_2 + \cdots + k_{n-r}\xi_{n-r} + \eta^*$$

而由性质 4-4 可知．对任何实数 k_1，k_2，…，k_{n-r}，上式总是方程 $Ax=b$ 的解，于是方程 $Ax=b$ 的通解为

$$x = k_1\xi_1 + k_2\xi_2 + \cdots + k_{n-r}\xi_{n-r} + \eta^* \text{（其中，} k_1, k_2, \cdots, k_{n-r} \text{ 为任意实数）}$$

其中，ξ_1，ξ_2，…，ξ_{n-r}是方程 $Ax=0$ 的基础解系．

例 4-15　求解方程组

$$\begin{cases} x_1 - x_2 - x_3 + 2x_4 = 0 \\ x_1 - x_2 + 3x_3 - 10x_4 = 1 \\ x_1 - x_2 - 2x_3 + 5x_4 = -1/4 \end{cases}$$

解　对增广矩阵 $\overline{A}$ 作初等行变换，变为行最简形矩阵，有

$$\overline{A} = \left(\begin{array}{cccc:c} 1 & -1 & -1 & 2 & 0 \\ 1 & -1 & 3 & -10 & 1 \\ 1 & -1 & -2 & 5 & -1/4 \end{array}\right) \to \left(\begin{array}{cccc:c} 1 & -1 & 0 & -1 & 1/4 \\ 0 & 0 & 1 & -3 & 1/4 \\ 0 & 0 & 0 & 0 & 0 \end{array}\right)$$

可得 $R(A)=R(\overline{A})=2$，故方程组有解，并有

$$\begin{cases} x_1 = x_2 + x_4 + 1/4 \\ x_3 = 3x_4 + 1/4 \end{cases}$$

取 $x_2=x_4=0$，则 $x_1=x_3=\dfrac{1}{4}$，即得方程组的一个解

$$\eta^* = \begin{pmatrix} 1/4 \\ 0 \\ 1/4 \\ 0 \end{pmatrix}$$

在对应的齐次线性方程组$\begin{cases} x_1=x_2+x_4 \\ x_3=3x_4 \end{cases}$中，取

$$\begin{pmatrix} x_2 \\ x_4 \end{pmatrix} = \begin{pmatrix} 1 \\ 0 \end{pmatrix} \text{及} \begin{pmatrix} 0 \\ 1 \end{pmatrix}, \text{则} \begin{pmatrix} x_1 \\ x_3 \end{pmatrix} = \begin{pmatrix} 1 \\ 0 \end{pmatrix} \text{及} \begin{pmatrix} 1 \\ 3 \end{pmatrix}$$

即得对应的齐次线性方程组的基础解系

$$\xi_1 = \begin{pmatrix} 1 \\ 1 \\ 0 \\ 0 \end{pmatrix}, \xi_2 = \begin{pmatrix} 1 \\ 0 \\ 3 \\ 1 \end{pmatrix}$$

于是所求通解为

$$\begin{pmatrix} x_1 \\ x_2 \\ x_3 \\ x_4 \end{pmatrix} = c_1 \begin{pmatrix} 1 \\ 1 \\ 0 \\ 0 \end{pmatrix} + c_2 \begin{pmatrix} 1 \\ 0 \\ 3 \\ 1 \end{pmatrix} + \begin{pmatrix} 1/4 \\ 0 \\ 1/4 \\ 0 \end{pmatrix}, (c_1, c_2 \in \mathbf{R}).$$

第五节 向 量 空 间

一、向量空间的概念与举例

定义 4-9 设 V 为 n 维向量的集合，如果集合 V 非空，且集合 V 对于加法及数乘两种运算封闭，即

(1) 若 $\boldsymbol{\alpha}\in V$，$\boldsymbol{\beta}\in V$，则 $\boldsymbol{\alpha}+\boldsymbol{\beta}\in V$；

(2) 若 $\boldsymbol{\alpha}\in V$，$\lambda\in\mathbf{R}$，则 $\lambda\boldsymbol{\alpha}\in V$.

那么就称集合 V 为**向量空间**.

例 4-16 3 维向量的全体 $\mathbf{R}^3$，就是一个向量空间．因为任意两个 3 维向量之和仍然是 3 维向量，数 λ 乘 3 维向量也仍然是 3 维向量，它们都属于 $\mathbf{R}^3$．可以用有向线段形象地表示 3 维向量，从而向量空间 $\mathbf{R}^3$ 可形象地看作以坐标原点为起点的有向线段的全体．

类似地，n 维向量的全体 $\mathbf{R}^n$，也是一个向量空间．不过当 $n>3$ 时，它没有直观的几何形象．

例 4-17 集合 $V_1=\{\boldsymbol{x}=(0,x_2,\cdots,x_n)^{\mathrm{T}}x_2,\cdots,x_n\in\mathbf{R}\}$ 是一个向量空间．因为若 $\boldsymbol{\alpha}=(0,a_2,\cdots,a_n)^{\mathrm{T}}$，$\boldsymbol{\beta}=(0,b_2,\cdots,b_n)^{\mathrm{T}}$，则 $\boldsymbol{\alpha}+\boldsymbol{\beta}=(0,a_2+b_2,\cdots,a_n+b_n)^{\mathrm{T}}\in V_1$，$\lambda\boldsymbol{\alpha}=(0,\lambda a_2,\cdots,\lambda a_n)^{\mathrm{T}}\in V_1$.

例 4-18 齐次线性方程组的解集

$$S=\{\boldsymbol{x}\mid \boldsymbol{A}\boldsymbol{x}=\boldsymbol{0}\}$$

是一个向量空间（称为**齐次线性方程组的解空间**）．因为由齐次线性方程组的解的性质 1、2 可知满足向量空间的定义．

例 4-19 非齐次线性方程组的解集

$$S=\{\boldsymbol{x}\mid \boldsymbol{A}\boldsymbol{x}=\boldsymbol{b}\}$$

不是向量空间．因为当 S 为空集时，S 不是向量空间；当 S 为非空时，若 $\boldsymbol{\alpha}\in S$，则 $A(3\boldsymbol{\alpha})=3\boldsymbol{b}\neq\boldsymbol{b}$，知 $3\boldsymbol{\alpha}\notin S$.

例 4-20 设 $\boldsymbol{\alpha}$，$\boldsymbol{\beta}$ 为两个已知的 n 维向量，集合

$$L=\{\boldsymbol{x}=\lambda\boldsymbol{\alpha}+\mu\boldsymbol{\beta}\mid\lambda,\mu\in\mathbf{R}\}$$

是一个向量空间．因为若 $\boldsymbol{x}_1=\lambda_1\boldsymbol{\alpha}+\mu_1\boldsymbol{\beta}$，$\boldsymbol{x}_2=\lambda_2\boldsymbol{\alpha}+\mu_2\boldsymbol{\beta}$，则有

$$\boldsymbol{x}_1+\boldsymbol{x}_2=(\lambda_1+\lambda_2)\boldsymbol{\alpha}+(\mu_1+\mu_2)\boldsymbol{\beta}\in L$$

$$k\boldsymbol{x}_1=(k\lambda_1)\boldsymbol{\alpha}+(k\mu_1)\boldsymbol{\beta}\in L$$

这个向量空间称为由向量 $\boldsymbol{\alpha}$，$\boldsymbol{\beta}$ 所生成的向量空间．

一般地，由向量组 $\boldsymbol{\alpha}_1$，$\boldsymbol{\alpha}_2$，…，$\boldsymbol{\alpha}_m$ 所生成的向量空间为

$$L=\{x=\lambda_1\boldsymbol{\alpha}_1+\lambda_2\boldsymbol{\alpha}_2+\cdots+\lambda_m\boldsymbol{\alpha}_m\mid\lambda_1,\lambda_2,\cdots,\lambda_m\in\mathbf{R}\}$$

二、向量空间的基与维数

定义 4-10 设 V 为向量空间，如果 r 个向量 $\boldsymbol{\alpha}_1$，$\boldsymbol{\alpha}_2$，…，$\boldsymbol{\alpha}_r\in V$ 且满足：

(1) $\boldsymbol{\alpha}_1$，$\boldsymbol{\alpha}_2$，…，$\boldsymbol{\alpha}_r$ 线性无关.

(2) V 中任一向量都可由 $\boldsymbol{\alpha}_1$，$\boldsymbol{\alpha}_2$，…，$\boldsymbol{\alpha}_r$ 线性表示，向量组 $\boldsymbol{\alpha}_1$，$\boldsymbol{\alpha}_2$，…，$\boldsymbol{\alpha}_r$ 就称为**向量空间 V 的一个基**．r 称为向量空间 V 的**维数**，并称 V 为 **r 维向量空间**．

如果向量空间 V 没有基，那么 V 的维数为 0. 0 维向量空间只含一个零向量．

若把向量空间 V 看作向量组，由极大无关组的等价定义可知，V 的基就是向量组的极大无关组，V 的维数就是向量组的秩．

例 4-8 中的向量组 $\mathbf{R}^n$ 显然是一个向量空间，任何 n 个线性无关的 n 维向量都可以是向量变间 $\mathbf{R}^n$ 的一个基，且由此可知 $\mathbf{R}^n$ 的维数为 n. 所以把 $\mathbf{R}^n$ 称为 n 维向量空间．

又如，向量空间 $V_1=\{x=(0,x_2,\cdots,x_n)^{\mathrm{T}}x_2,\cdots,x_n\in\mathbf{R}\}$ 的一个基可取为

$$\boldsymbol{e}_2=(0,1,0,\cdots,0)^{\mathrm{T}},\boldsymbol{e}_3=(0,0,1,\cdots,0)^{\mathrm{T}},\cdots,\boldsymbol{e}_n=(0,0,\cdots,1)^{\mathrm{T}},$$

并由此可知它是 $n-1$ 维向量空间．

由向量组 $\boldsymbol{\alpha}_1$，$\boldsymbol{\alpha}_2$，…，$\boldsymbol{\alpha}_m$ 生成向量空间

$$L=\{\boldsymbol{x}=\lambda_1\boldsymbol{\alpha}_1+\lambda_2\boldsymbol{\alpha}_2+\cdots+\lambda_m\boldsymbol{\alpha}_m\,|\,\lambda_1,\lambda_2,\cdots,\lambda_m\in\mathbf{R}\},$$

显然向量空间 L 与向量组 $\boldsymbol{\alpha}_1$，$\boldsymbol{\alpha}_2$，…，$\boldsymbol{\alpha}_m$ 等价，所以向量组 $\boldsymbol{\alpha}_1$，$\boldsymbol{\alpha}_2$，…，$\boldsymbol{\alpha}_m$ 的极大无关组就是 L 的一个基，向量组 $\boldsymbol{\alpha}_1$，$\boldsymbol{\alpha}_2$，…，$\boldsymbol{\alpha}_m$ 的秩就是 L 的维数．

若向量组 $\boldsymbol{\alpha}_1$，$\boldsymbol{\alpha}_2$，…，$\boldsymbol{\alpha}_r$ 是向量空间 V 的一个基，则 V 可表示为

$$V=\{\boldsymbol{x}=\lambda_1\boldsymbol{\alpha}_1+\cdots+\lambda_r\boldsymbol{\alpha}_r\,|\,\lambda_1,\cdots,\lambda_r\in\mathbf{R}\}$$

即 V 是基所生成的向量空间，这就较清楚地显示出向量空间 V 的构造．

例如齐次线性方程组的解空间 $S=\{\boldsymbol{x}\mid\boldsymbol{A}\boldsymbol{x}=\mathbf{0}\}$，若能找到解空间的一个基 $\boldsymbol{\xi}_1$，$\boldsymbol{\xi}_2$，…，$\boldsymbol{\xi}_{n-r}$，则解空间可表示为

$$S=\{\boldsymbol{x}=c_1\boldsymbol{\xi}_1+c_2\boldsymbol{\xi}_2+\cdots+c_{n-r}\boldsymbol{\xi}_{n-r}\mid c_1,c_2,\cdots,c_{n-r}\in\mathbf{R}\}.$$

定义 4-11　如果在向量空间 V 中取定一个基 $\boldsymbol{\alpha}_1$，$\boldsymbol{\alpha}_2$，…，$\boldsymbol{\alpha}_r$，那么 V 中任一向量 $\boldsymbol{x}$ 可唯一表示为

$$\boldsymbol{x}=\lambda_1\boldsymbol{\alpha}_1+\lambda_2\boldsymbol{\alpha}_2+\cdots+\lambda_r\boldsymbol{\alpha}_r$$

数组 λ_1，λ_2，…，λ_r 称为向量 $\boldsymbol{x}$ 在基 $\boldsymbol{\alpha}_1$，$\boldsymbol{\alpha}_2$，…，$\boldsymbol{\alpha}_r$ 中的**坐标**．

特别地，在 n 维向量空间 $\mathbf{R}^n$ 中取单位坐标向量组 $\boldsymbol{e}_1$，$\boldsymbol{e}_2$，…，$\boldsymbol{e}_n$ 为基，则以 x_1，x_2，…，x_n 为分量的向量 $\boldsymbol{x}$ 可表示为

$$\boldsymbol{x}=x_1\boldsymbol{e}_1+x_2\boldsymbol{e}_2+\cdots+x_n\boldsymbol{e}_n$$

可见，向量在基 $\boldsymbol{e}_1$，$\boldsymbol{e}_2$，…，$\boldsymbol{e}_n$ 中的坐标就是该向量的分量．因此 $\boldsymbol{e}_1$，$\boldsymbol{e}_2$，…，$\boldsymbol{e}_n$ 称为 $\mathbf{R}^n$ 中的**自然基**．

例 4-21　设 $\boldsymbol{A}=(\boldsymbol{\alpha}_1,\boldsymbol{\alpha}_2,\boldsymbol{\alpha}_3)=\begin{pmatrix}2&2&-3\\2&-3&2\\-1&4&4\end{pmatrix},\boldsymbol{B}=(\boldsymbol{\beta}_1,\boldsymbol{\beta}_2)=\begin{pmatrix}4&1\\1&0\\-2&2\end{pmatrix},$

验证 $\boldsymbol{\alpha}_1$，$\boldsymbol{\alpha}_2$，$\boldsymbol{\alpha}_3$ 是 $\mathbf{R}^3$ 的一个基，并求 $\boldsymbol{\beta}_1$，$\boldsymbol{\beta}_2$ 在这个基中的坐标．

解　要证 $\boldsymbol{\alpha}_1$，$\boldsymbol{\alpha}_2$，$\boldsymbol{\alpha}_3$ 是 $\mathbf{R}^3$ 的一个基，只要说明 $\boldsymbol{\alpha}_1$，$\boldsymbol{\alpha}_2$，$\boldsymbol{\alpha}_3$ 线性无关即可，也就是证明 $\boldsymbol{A}\overset{r}{\sim}\boldsymbol{E}$.

设 $\boldsymbol{\beta}_1=x_{11}\boldsymbol{\alpha}_1+x_{21}\boldsymbol{\alpha}_2+x_{31}\boldsymbol{\alpha}_3$，$\boldsymbol{\beta}_2=x_{12}\boldsymbol{\alpha}_1+x_{22}\boldsymbol{\alpha}_2+x_{32}\boldsymbol{\alpha}_3$，即

$$(\boldsymbol{\beta}_1,\boldsymbol{\beta}_2)=(\boldsymbol{\alpha}_1,\boldsymbol{\alpha}_2,\boldsymbol{\alpha}_3)\begin{pmatrix}x_{11}&x_{12}\\x_{21}&x_{22}\\x_{31}&x_{32}\end{pmatrix},\text{记为 }\boldsymbol{B}=\boldsymbol{A}\boldsymbol{X},$$

对矩阵（$\boldsymbol{A}$，$\boldsymbol{B}$）施行初等行变换，若 $\boldsymbol{A}$ 能变为 $\boldsymbol{E}$，则说明 $\boldsymbol{\alpha}_1$，$\boldsymbol{\alpha}_2$，$\boldsymbol{\alpha}_3$ 是 $\mathbf{R}^3$ 的一个基，且当 $\boldsymbol{A}$ 变为 $\boldsymbol{E}$ 时，$\boldsymbol{B}$ 变为 $\boldsymbol{X}=\boldsymbol{A}^{-1}\boldsymbol{B}$，从而能求得坐标．

$$(\boldsymbol{A},\boldsymbol{B})=\begin{pmatrix}2&2&-3&4&1\\2&-3&2&1&0\\-1&4&4&-2&2\end{pmatrix}\rightarrow\begin{pmatrix}1&0&0&6/5&2/5\\0&1&0&1/5&2/5\\0&0&1&-2/5&1/5\end{pmatrix},$$

可得 $\boldsymbol{A}\overset{r}{\cong}\boldsymbol{E}$，所以 $\boldsymbol{\alpha}_1$，$\boldsymbol{\alpha}_2$，$\boldsymbol{\alpha}_3$ 是 $\mathbf{R}^3$ 的一个基.

$$(\boldsymbol{\beta}_1,\boldsymbol{\beta}_2)=(\boldsymbol{\alpha}_1,\boldsymbol{\alpha}_2,\boldsymbol{\alpha}_3)\begin{pmatrix}6/5&2/5\\1/5&2/5\\-2/5&1/5\end{pmatrix},$$

即 $\boldsymbol{\beta}_1$，$\boldsymbol{\beta}_2$ 在基 $\boldsymbol{\alpha}_1$，$\boldsymbol{\alpha}_2$，$\boldsymbol{\alpha}_3$ 中的坐标依次为

$$\frac{5}{6},\frac{1}{5},-\frac{2}{5}\text{ 和 }\frac{2}{5},\frac{2}{5},\frac{1}{5}.$$

例 4-22 在 $\mathbf{R}^3$ 中取定一个基 $\boldsymbol{\alpha}_1$，$\boldsymbol{\alpha}_2$，$\boldsymbol{\alpha}_3$，再取定一个新基 $\boldsymbol{\beta}_1$，$\boldsymbol{\beta}_2$，$\boldsymbol{\beta}_3$，设 $\boldsymbol{A}=(\boldsymbol{\alpha}_1,\boldsymbol{\alpha}_2,\boldsymbol{\alpha}_3)$，$\boldsymbol{B}=(\boldsymbol{\beta}_1,\boldsymbol{\beta}_2,\boldsymbol{\beta}_3)$. 求用 $\boldsymbol{\alpha}_1$，$\boldsymbol{\alpha}_2$，$\boldsymbol{\alpha}_3$ 表示 $\boldsymbol{\beta}_1$，$\boldsymbol{\beta}_2$，$\boldsymbol{\beta}_3$ 的表达式（**基变换公式**），并求向量在两个基中的坐标之间的关系式（**坐标变换公式**）.

解 $(\boldsymbol{\alpha}_1,\boldsymbol{\alpha}_2,\boldsymbol{\alpha}_3)=(e_1,e_2,e_3)\boldsymbol{A}\Rightarrow(e_1,e_2,e_3)=(\boldsymbol{\alpha}_1,\boldsymbol{\alpha}_2,\boldsymbol{\alpha}_3)\boldsymbol{A}^{-1}$，可得

$$(\boldsymbol{\beta}_1,\boldsymbol{\beta}_2,\boldsymbol{\beta}_3)=(e_1,e_2,e_3)\boldsymbol{B}=(\boldsymbol{\alpha}_1,\boldsymbol{\alpha}_2,\boldsymbol{\alpha}_3)\boldsymbol{A}^{-1}\boldsymbol{B},$$

即基变换公式为

$$(\boldsymbol{\beta}_1,\boldsymbol{\beta}_2,\boldsymbol{\beta}_3)=(\boldsymbol{\alpha}_1,\boldsymbol{\alpha}_2,\boldsymbol{\alpha}_3)\boldsymbol{P}$$

其中，表达式的系数矩阵 $\boldsymbol{P}=\boldsymbol{A}^{-1}\boldsymbol{B}$ 称为从旧基到新基的**过渡矩阵**.

设向量 $\boldsymbol{x}$ 在旧基和新基中的坐标分别为 y_1，y_2，y_3 和 z_1，z_2，z_3，即

$$x=(\boldsymbol{\alpha}_1,\boldsymbol{\alpha}_2,\boldsymbol{\alpha}_3)\begin{pmatrix}y_1\\y_2\\y_3\end{pmatrix},x=(\boldsymbol{\beta}_1,\boldsymbol{\beta}_2,\boldsymbol{\beta}_3)\begin{pmatrix}z_1\\z_2\\z_3\end{pmatrix},$$

因此

$$\boldsymbol{A}\begin{pmatrix}y_1\\y_2\\y_3\end{pmatrix}=\boldsymbol{B}\begin{pmatrix}z_1\\z_2\\z_3\end{pmatrix},\text{可得}\begin{pmatrix}z_1\\z_2\\z_3\end{pmatrix}=\boldsymbol{B}^{-1}\boldsymbol{A}\begin{pmatrix}y_1\\y_2\\y_3\end{pmatrix},$$

即

$$\begin{pmatrix}z_1\\z_2\\z_3\end{pmatrix}=P^{-1}\begin{pmatrix}y_1\\y_2\\y_3\end{pmatrix},$$

这就是从旧坐标到新坐标的坐标变换公式.

习题四

A 组

1. 已知 $\boldsymbol{\alpha}_1=\begin{pmatrix}0\\1\\1\end{pmatrix}$，$\boldsymbol{\alpha}_2=\begin{pmatrix}3\\2\\-1\end{pmatrix}$；$\boldsymbol{\beta}_1=\begin{pmatrix}1\\1\\0\end{pmatrix}$，$\boldsymbol{\beta}_2=\begin{pmatrix}-1\\2\\3\end{pmatrix}$，$\boldsymbol{\beta}_3=\begin{pmatrix}3\\3\\0\end{pmatrix}$，

证明：向量组 $\boldsymbol{\alpha}_1$，$\boldsymbol{\alpha}_2$ 与向量组 $\boldsymbol{\beta}_1$，$\boldsymbol{\beta}_2$，$\boldsymbol{\beta}_3$ 等价.

2. 已知向量组

$$(\text{I}):\boldsymbol{\alpha}_1=\begin{pmatrix}1\\1\\1\\2\end{pmatrix},\ \boldsymbol{\alpha}_2=\begin{pmatrix}2\\3\\1\\1\end{pmatrix},\ \boldsymbol{\alpha}_3=\begin{pmatrix}3\\1\\1\\4\end{pmatrix};\ (\text{II}):\boldsymbol{\beta}_1=\begin{pmatrix}2\\2\\1\\2\end{pmatrix},\ \boldsymbol{\beta}_2=\begin{pmatrix}-1\\1\\0\\-2\end{pmatrix},\ \boldsymbol{\beta}_3=\begin{pmatrix}5\\3\\2\\6\end{pmatrix},$$

证明：向量组（Ⅱ）能由向量组（Ⅰ）线性表示，但向量组（Ⅰ）不能由向量组（Ⅱ）线性表示.

3. 设 $\boldsymbol{\alpha}_1$，$\boldsymbol{\alpha}_2$ 线性无关，$\boldsymbol{\alpha}_1+\boldsymbol{\beta}$，$\boldsymbol{\alpha}_2+\boldsymbol{\beta}$ 线性相关，求向量 $\boldsymbol{\beta}$ 用 $\boldsymbol{\alpha}_1$，$\boldsymbol{\alpha}_2$ 线性表示的表达式.

4. 判定下列向量组的线性相关性.

(1) $\begin{pmatrix}2\\-1\\2\end{pmatrix}$，$\begin{pmatrix}1\\2\\-3\end{pmatrix}$，$\begin{pmatrix}5\\0\\1\end{pmatrix}$.　　(2) $\begin{pmatrix}3\\2\\1\end{pmatrix}$，$\begin{pmatrix}1\\2\\2\end{pmatrix}$，$\begin{pmatrix}1\\1\\3\end{pmatrix}$.

5. 当 a 为何值时，下列向量线性相关?

$$\boldsymbol{\alpha}_1=\begin{pmatrix}a\\1\\1\end{pmatrix},\boldsymbol{\alpha}_2=\begin{pmatrix}4\\a\\-2\end{pmatrix},\boldsymbol{\alpha}_3=\begin{pmatrix}4\\-2\\a\end{pmatrix}.$$

6. 已知向量组 $\boldsymbol{\alpha}_1$，$\boldsymbol{\alpha}_2$，$\boldsymbol{\alpha}_3$ 线性无关，$\boldsymbol{\beta}_1=\boldsymbol{\alpha}_1$，$\boldsymbol{\beta}_2=\boldsymbol{\alpha}_1+\boldsymbol{\alpha}_2$，$\boldsymbol{\beta}_3=\boldsymbol{\alpha}_1+\boldsymbol{\alpha}_2+\boldsymbol{\alpha}_3$，试证：向量组 $\boldsymbol{\beta}_1$，$\boldsymbol{\beta}_2$，$\boldsymbol{\beta}_3$ 线性无关.

7. 设 $\boldsymbol{\beta}_1=\boldsymbol{\alpha}_1+\boldsymbol{\alpha}_2$，$\boldsymbol{\beta}_2=\boldsymbol{\alpha}_1-2\boldsymbol{\alpha}_2$，$\boldsymbol{\beta}_3=3\boldsymbol{\alpha}_1+2\boldsymbol{\alpha}_2$，证明：向量组 $\boldsymbol{\beta}_1$，$\boldsymbol{\beta}_2$，$\boldsymbol{\beta}_3$ 线性相关.

8. 若 $\boldsymbol{\alpha}_1$，$\boldsymbol{\alpha}_2$ 线性相关，$\boldsymbol{\beta}_1$，$\boldsymbol{\beta}_2$ 也线性相关，那么 $\boldsymbol{\alpha}_1+\boldsymbol{\beta}_1$，$\boldsymbol{\alpha}_2+\boldsymbol{\beta}_2$ 是否一定线性相关?请举例说明.

9. 举例说明下列各命题是错误的：

(1) 若向量组 $\boldsymbol{\alpha}_1$，$\boldsymbol{\alpha}_2$，…，$\boldsymbol{\alpha}_m$ 是线性相关的，则 $\boldsymbol{\alpha}_1$ 可由 $\boldsymbol{\alpha}_2$，…，$\boldsymbol{\alpha}_m$ 线性表示.

(2) 若有不全为 0 的数 λ_1，λ_2，…，λ_m 使 $\lambda_1\boldsymbol{\alpha}_1+\cdots+\lambda_m\boldsymbol{\alpha}_m+\lambda_1\boldsymbol{\beta}_1+\cdots+\lambda_m\boldsymbol{\beta}_m=0$ 成立，则 $\boldsymbol{\alpha}_1$，$\boldsymbol{\alpha}_2$，…，$\boldsymbol{\alpha}_m$ 线性相关，$\boldsymbol{\beta}_1$，$\boldsymbol{\beta}_2$，…，$\boldsymbol{\beta}_m$ 也线性相关.

(3) 若只有当 λ_1，λ_2，…，λ_m 全为 0 时，等式 $\lambda_1\boldsymbol{\alpha}_1+\cdots+\lambda_m\boldsymbol{\alpha}_m+\lambda_1\boldsymbol{\beta}_1+\cdots+\lambda_m\boldsymbol{\beta}_m=\mathbf{0}$ 才能成立，则 $\boldsymbol{\alpha}_1$，$\boldsymbol{\alpha}_2$，…，$\boldsymbol{\alpha}_m$ 线性无关，$\boldsymbol{\beta}_1$，$\boldsymbol{\beta}_2$，…，$\boldsymbol{\beta}_m$ 也线性无关.

(4) 若 $\boldsymbol{\alpha}_1$，$\boldsymbol{\alpha}_2$，…，$\boldsymbol{\alpha}_m$ 线性相关，$\boldsymbol{\beta}_1$，$\boldsymbol{\beta}_2$，…，$\boldsymbol{\beta}_m$ 也线性相关，则有不全为 0 的数，λ_1，λ_2，…，λ_m 使 $\lambda_1\boldsymbol{\alpha}_1+\cdots+\lambda_m\boldsymbol{\alpha}_m=\mathbf{0}$；$\lambda_1\boldsymbol{\beta}_1+\cdots+\lambda_m\boldsymbol{\beta}_m=\mathbf{0}$ 同时成立.

10. 利用初等行变换求下列矩阵的列向量组的一个极大无关组，并把其余列向量用极大无关组线性表示.

(1) $\begin{pmatrix}21&28&15&20\\63&85&49&67\\63&85&50&69\\21&29&20&29\end{pmatrix}$.　　(2) $\begin{pmatrix}3&1&1&1&4\\1&0&3&13&0\\5&2&-1&-11&8\\1&1&1&5&1\end{pmatrix}$.

11. 已知向量组 $\begin{pmatrix}a\\4\\2\end{pmatrix}$，$\begin{pmatrix}5\\b\\4\end{pmatrix}$，$\begin{pmatrix}1\\1\\1\end{pmatrix}$，$\begin{pmatrix}2\\2\\1\end{pmatrix}$ 的秩为 2，求 a，b.

12. 求下列齐次线性方程组的基础解系：

(1) $\begin{cases} x_1-2x_2+3x_3-2x_4=0 \\ 3x_1+2x_2+5x_3+6x_4=0 \\ 2x_1+2x_2+3x_3+5x_4=0 \end{cases}$. (2) $\begin{cases} 7x_1-3x_2+5x_3+x_4=0 \\ x_1+5x_2-2x_3-2x_4=0 \\ 9x_1+7x_2+x_3-3x_4=0 \end{cases}$.

13. 求下列非齐次线性方程组的一个解及对应的齐次线性方程组的基础解系：

(1) $\begin{cases} x_1+2x_2-3x_3-x_4=-2 \\ 3x_1-2x_2+7x_3+7x_4=4 \\ 7x_1+2x_2+3x_3+7x_4=-8 \end{cases}$. (2) $\begin{cases} x_1-7x_2-2x_3+3x_4=15 \\ 3x_1+3x_2+\qquad x_4=-3 \\ 2x_1-2x_2-x_3+2x_4=6 \end{cases}$.

14. 已知 $\boldsymbol{\eta}_1$，…，$\boldsymbol{\eta}_t$ 是非齐次线性方程组 $\boldsymbol{Ax}=\boldsymbol{b}$ 的 t 个解，k_1，…，k_t 是实数，满足 $k_1+k_2+\cdots+k_t=1$，证明：$x=k_1\boldsymbol{\eta}_1+k_2\boldsymbol{\eta}_2+\cdots+k_t\boldsymbol{\eta}_t$ 也是它的解．

15. 设 $\boldsymbol{A}$ 为 n 阶矩阵（$n\geqslant 2$），$\boldsymbol{A}^*$ 为 $\boldsymbol{A}$ 的伴随矩阵，证明：

$$R(\boldsymbol{A}^*)=\begin{cases} n, 当\ R(\boldsymbol{A})=n, \\ 1, 当\ R(\boldsymbol{A})=n-1, \\ 0, 当\ R(\boldsymbol{A})\leqslant n-2. \end{cases}$$

16. 判断以下两个向量组是否为向量空间，并说明理由：

$V_1=\{\boldsymbol{x}=(x_1,x_2,\cdots,x_n)^{\mathrm{T}} \mid x_1+x_2+\cdots+x_n=0, x_1,x_2,\cdots,x_n\in \mathbf{R}\}$;

$V_2=\{\boldsymbol{x}=(x_1,x_2,\cdots,x_n)^{\mathrm{T}} \mid x_1+x_2+\cdots+x_n=1, x_1,x_2,\cdots,x_n\in \mathbf{R}\}$.

17. 设 $\boldsymbol{A}=(\boldsymbol{\alpha}_1, \boldsymbol{\alpha}_2, \boldsymbol{\alpha}_3)=\begin{pmatrix} 2 & 1 & 3 \\ 3 & 2 & 1 \\ 1 & 5 & 2 \end{pmatrix}$，$\boldsymbol{B}=(\boldsymbol{\beta}_1, \boldsymbol{\beta}_2)=\begin{pmatrix} 2 & 18 \\ 7 & 13 \\ 5 & 11 \end{pmatrix}$，

验证：$\boldsymbol{\alpha}_1$，$\boldsymbol{\alpha}_2$，$\boldsymbol{\alpha}_3$ 是 $\mathbf{R}^3$ 的一个基，并求 $\boldsymbol{\beta}_1$，$\boldsymbol{\beta}_2$ 在这个基中的坐标．

18. 已知 $\mathbf{R}^3$ 的两个基为

$$\boldsymbol{\alpha}_1=\begin{pmatrix} -1 \\ 0 \\ 1 \end{pmatrix}, \boldsymbol{\alpha}_2=\begin{pmatrix} 1 \\ 0 \\ 1 \end{pmatrix}, \boldsymbol{\alpha}_3=\begin{pmatrix} 1 \\ 1 \\ 1 \end{pmatrix} 和\ \boldsymbol{\beta}_1=\begin{pmatrix} 1 \\ 2 \\ 3 \end{pmatrix}, \boldsymbol{\beta}_2=\begin{pmatrix} 3 \\ 1 \\ 7 \end{pmatrix}, \boldsymbol{\beta}_3=\begin{pmatrix} 5 \\ 2 \\ 1 \end{pmatrix},$$

(1) 求由基 $\boldsymbol{\alpha}_1$，$\boldsymbol{\alpha}_2$，$\boldsymbol{\alpha}_3$ 到基 $\boldsymbol{\beta}_1$，$\boldsymbol{\beta}_2$，$\boldsymbol{\beta}_3$ 的过渡矩阵 $\boldsymbol{P}$.

(2) 设向量 $\boldsymbol{x}$ 在前一个基中的坐标为$(1, 1, 8)^{\mathrm{T}}$，求它在后一个基中的坐标．

B组

1. （2013年）设 $\boldsymbol{A}$，$\boldsymbol{B}$，$\boldsymbol{C}$ 均为 n 阶矩阵，若 $\boldsymbol{AB}=\boldsymbol{C}$，且 $\boldsymbol{B}$ 可逆，则（　　）.

A. 矩阵 $\boldsymbol{C}$ 的行向量组与矩阵 $\boldsymbol{A}$ 的行向量组等价

B. 矩阵 $\boldsymbol{C}$ 的列向量组与矩阵 $\boldsymbol{A}$ 的列向量组等价

C. 矩阵 $\boldsymbol{C}$ 的行向量组与矩阵 $\boldsymbol{B}$ 的行向量组等价

D. 矩阵 $\boldsymbol{C}$ 的列向量组与矩阵 $\boldsymbol{B}$ 的列向量组等价

2. （1998年）若向量组 $\boldsymbol{\alpha}$，$\boldsymbol{\beta}$，$\boldsymbol{\gamma}$ 线性无关；$\boldsymbol{\alpha}$，$\boldsymbol{\beta}$，$\boldsymbol{\delta}$ 线性相关，则（　　）.

A. $\boldsymbol{\alpha}$ 必可由 $\boldsymbol{\beta}$，$\boldsymbol{\gamma}$，$\boldsymbol{\delta}$ 线性表示　　B. $\boldsymbol{\beta}$ 必不可由 $\boldsymbol{\alpha}$，$\boldsymbol{\gamma}$，$\boldsymbol{\delta}$ 线性表示

C. $\boldsymbol{\delta}$ 必可由 $\boldsymbol{\alpha}$，$\boldsymbol{\beta}$，$\boldsymbol{\gamma}$ 线性表示　　D. $\boldsymbol{\delta}$ 必不可由 $\boldsymbol{\alpha}$，$\boldsymbol{\beta}$，$\boldsymbol{\gamma}$ 线性表示

3. （1999年）设向量 $\boldsymbol{\beta}$ 可由向量组 $\boldsymbol{\alpha}_1$，$\boldsymbol{\alpha}_2$，…，$\boldsymbol{\alpha}_m$ 线性表示，但不能由向量组（Ⅰ）：$\boldsymbol{\alpha}_1$，$\boldsymbol{\alpha}_2$，…，$\boldsymbol{\alpha}_{m-1}$ 线性表示，记向量组（Ⅱ）：$\boldsymbol{\alpha}_1$，$\boldsymbol{\alpha}_2$，…，$\boldsymbol{\alpha}_{m-1}$，$\boldsymbol{\beta}$，则（　　）.

A. $\boldsymbol{\alpha}_m$ 不能由（Ⅰ）线性表示，也不能由（Ⅱ）线性表示

B. $\boldsymbol{\alpha}_m$ 不能由（Ⅰ）线性表示，但可由（Ⅱ）线性表示

C. $\boldsymbol{\alpha}_m$ 可由（Ⅰ）线性表示，也可由（Ⅱ）线性表示

D. $\boldsymbol{\alpha}_m$ 可由（Ⅰ）线性表示，但不可由（Ⅱ）线性表示

4. （2006 年）设 $\boldsymbol{\alpha}_1$，$\boldsymbol{\alpha}_2$，…，$\boldsymbol{\alpha}_s$ 均为 n 维列向量，$\boldsymbol{A}$ 是 $m\times n$ 的矩阵，下列选项正确的是（　　）.

A. 若 $\boldsymbol{\alpha}_1$，$\boldsymbol{\alpha}_2$，…，$\boldsymbol{\alpha}_s$ 线性相关，则 $\boldsymbol{A\alpha}_1$，$\boldsymbol{A\alpha}_2$，…，$\boldsymbol{A\alpha}_s$ 线性相关

B. 若 $\boldsymbol{\alpha}_1$，$\boldsymbol{\alpha}_2$，…，$\boldsymbol{\alpha}_s$ 线性相关，则 $\boldsymbol{A\alpha}_1$，$\boldsymbol{A\alpha}_2$，…，$\boldsymbol{A\alpha}_s$ 线性无关

C. 若 $\boldsymbol{\alpha}_1$，$\boldsymbol{\alpha}_2$，…，$\boldsymbol{\alpha}_s$ 线性无关，则 $\boldsymbol{A\alpha}_1$，$\boldsymbol{A\alpha}_2$，…，$\boldsymbol{A\alpha}_s$ 线性相关

D. 若 $\boldsymbol{\alpha}_1$，$\boldsymbol{\alpha}_2$，…，$\boldsymbol{\alpha}_s$ 线性无关，则 $\boldsymbol{A\alpha}_1$，$\boldsymbol{A\alpha}_2$，…，$\boldsymbol{A\alpha}_s$ 线性无关

5. （2007 年）设向量组 $\boldsymbol{\alpha}_1$，$\boldsymbol{\alpha}_2$，$\boldsymbol{\alpha}_3$ 线性无关，则下列向量线性相关的是（　　）.

A. $\boldsymbol{\alpha}_1-\boldsymbol{\alpha}_2$，$\boldsymbol{\alpha}_2-\boldsymbol{\alpha}_3$，$\boldsymbol{\alpha}_3-\boldsymbol{\alpha}_1$　　B. $\boldsymbol{\alpha}_1+\boldsymbol{\alpha}_2$，$\boldsymbol{\alpha}_2+\boldsymbol{\alpha}_3$，$\boldsymbol{\alpha}_3+\boldsymbol{\alpha}_1$

C. $\boldsymbol{\alpha}_1-2\boldsymbol{\alpha}_2$，$\boldsymbol{\alpha}_2-2\boldsymbol{\alpha}_3$，$\boldsymbol{\alpha}_3-2\boldsymbol{\alpha}_1$　　D. $\boldsymbol{\alpha}_1+2\boldsymbol{\alpha}_2$，$\boldsymbol{\alpha}_2+2\boldsymbol{\alpha}_3$，$\boldsymbol{\alpha}_3+\boldsymbol{\alpha}_1$

6. （2011 年）设 $\boldsymbol{A}=(\boldsymbol{\alpha}_1,\boldsymbol{\alpha}_2,\boldsymbol{\alpha}_3,\boldsymbol{\alpha}_4)$ 是 4 阶矩阵，$\boldsymbol{A}^*$ 为 $\boldsymbol{A}$ 的伴随矩阵．若 $(1,0,1,0)^{\mathrm{T}}$ 是方程组 $\boldsymbol{Ax}=\boldsymbol{0}$ 的一个基础解系，则 $\boldsymbol{A}^*\boldsymbol{x}=\boldsymbol{0}$ 的基础解系为（　　）.

A. $\boldsymbol{\alpha}_2$，$\boldsymbol{\alpha}_3$　　B. $\boldsymbol{\alpha}_1$，$\boldsymbol{\alpha}_2$　　C. $\boldsymbol{\alpha}_1$，$\boldsymbol{\alpha}_2$，$\boldsymbol{\alpha}_3$　　D. $\boldsymbol{\alpha}_2$，$\boldsymbol{\alpha}_3$，$\boldsymbol{\alpha}_4$

7. 已知向量组 $\boldsymbol{\alpha}_1$，$\boldsymbol{\alpha}_2$ 与 $\boldsymbol{\alpha}_1$，$\boldsymbol{\alpha}_2$，$\boldsymbol{\alpha}_3$ 的秩均为 2，向量组 $\boldsymbol{\alpha}_1$，$\boldsymbol{\alpha}_2$，$\boldsymbol{\alpha}_4$ 的秩为 3，则向量组 $\boldsymbol{\alpha}_1$，$\boldsymbol{\alpha}_2$，$2\boldsymbol{\alpha}_3-3\boldsymbol{\alpha}_4$ 的秩为________.

8. （2009 年）设 $\boldsymbol{\alpha}_1$，$\boldsymbol{\alpha}_2$，$\boldsymbol{\alpha}_3$ 是 3 维向量空间 $\mathbf{R}^3$ 的一组基，则由基 $\boldsymbol{\alpha}_1$，$\frac{1}{2}\boldsymbol{\alpha}_2$，$\frac{1}{3}\boldsymbol{\alpha}_3$ 到基 $\boldsymbol{\alpha}_1+\boldsymbol{\alpha}_2$，$\boldsymbol{\alpha}_2+\boldsymbol{\alpha}_3$，$\boldsymbol{\alpha}_3+\boldsymbol{\alpha}_1$ 的过渡矩阵为________.

9. （2010 年）设 $\boldsymbol{\alpha}_1=(1,2,-1,0)^{\mathrm{T}}$，$\boldsymbol{\alpha}_2=(1,1,0,2)^{\mathrm{T}}$，$\boldsymbol{\alpha}_3=(2,1,1,a)^{\mathrm{T}}$. 若 $\boldsymbol{\alpha}_1$，$\boldsymbol{\alpha}_2$，$\boldsymbol{\alpha}_3$ 生成的向量空间的维数为 2，则 $a=$________.

10. （2011 年）设向量组 $\boldsymbol{\alpha}_1=(1,0,1)^{\mathrm{T}}$，$\boldsymbol{\alpha}_2=(0,1,1)^{\mathrm{T}}$，$\boldsymbol{\alpha}_3=(1,3,5)^{\mathrm{T}}$ 不能由向量组 $\boldsymbol{\beta}_1=(1,1,1)^{\mathrm{T}}$，$\boldsymbol{\beta}_2=(1,2,3)^{\mathrm{T}}$，$\boldsymbol{\beta}_3=(3,4,a)^{\mathrm{T}}$ 线性表示．

求：(1) a 的值；(2) $\boldsymbol{\beta}_1$，$\boldsymbol{\beta}_2$，$\boldsymbol{\beta}_3$ 用 $\boldsymbol{\alpha}_1$，$\boldsymbol{\alpha}_2$，$\boldsymbol{\alpha}_3$ 线性表示．

11. （1998 年）已知 $\boldsymbol{\alpha}_1=(1,4,0,2)^{\mathrm{T}}$，$\boldsymbol{\alpha}_2=(2,7,1,3)^{\mathrm{T}}$，$\boldsymbol{\alpha}_3=(0,1,-1,a)^{\mathrm{T}}$，$\boldsymbol{\beta}=(3,10,b,4)^{\mathrm{T}}$，问：

(1) a，b 取何值时，$\boldsymbol{\beta}$ 不能由 $\boldsymbol{\alpha}_1$，$\boldsymbol{\alpha}_2$，$\boldsymbol{\alpha}_3$ 线性表示？

(2) a，b 取何值时，$\boldsymbol{\beta}$ 能由 $\boldsymbol{\alpha}_1$，$\boldsymbol{\alpha}_2$，$\boldsymbol{\alpha}_3$ 线性表示？并写出此表达式．

12. 设向量组 $\boldsymbol{\alpha}_1$，$\boldsymbol{\alpha}_2$，…，$\boldsymbol{\alpha}_m$ 线性相关，且 $\boldsymbol{\alpha}_1\neq\boldsymbol{0}$，证明：存在某个向量 $\boldsymbol{\alpha}_k(2\leqslant k\leqslant m)$，使 $\boldsymbol{\alpha}_k$ 能由 $\boldsymbol{\alpha}_1$，$\boldsymbol{\alpha}_2$，…，$\boldsymbol{\alpha}_{k-1}$ 线性表示．

13. 已知 3 阶矩阵 $\boldsymbol{A}$ 与 3 维列向量 $\boldsymbol{x}$ 满足 $\boldsymbol{A}^3\boldsymbol{x}=3\boldsymbol{Ax}-\boldsymbol{A}^2\boldsymbol{x}$，且向量组 $\boldsymbol{x}$，$\boldsymbol{Ax}$，$\boldsymbol{A}^2\boldsymbol{x}$ 线性无关：

(1) 记 $\boldsymbol{y}=\boldsymbol{Ax}$，$\boldsymbol{z}=\boldsymbol{Ay}$，$\boldsymbol{P}=(\boldsymbol{x},\boldsymbol{y},\boldsymbol{z})$，求：3 阶矩阵 $\boldsymbol{B}$，使 $\boldsymbol{AP}=\boldsymbol{PB}$.

(2) 求：$|\boldsymbol{A}|$.

14. 求一个齐次线性方程组，使它的基础解系为

$$\boldsymbol{\xi}_1=(5,-3,2,0),\boldsymbol{\xi}_2=(-3,2,-1,1).$$

15. 设四元齐次线性方程组

Ⅰ：$\begin{cases}x_1+x_2=0\\x_2-x_4=0\end{cases}$，Ⅱ：$\begin{cases}x_1-x_2+x_3=0\\x_2-x_3+x_4=0\end{cases}$，

求：(1) 方程组Ⅰ和Ⅱ的基础解系.(2) 方程组Ⅰ、Ⅱ的公共解.

16. 已知三元非齐次线性方程组的系数矩阵的秩为 2，$\boldsymbol{\eta}_1$，$\boldsymbol{\eta}_2$，$\boldsymbol{\eta}_3$ 是它的三个解向量，且

$$\boldsymbol{\eta}_1=\begin{pmatrix}1\\1\\3\end{pmatrix},\boldsymbol{\eta}_2+2\boldsymbol{\eta}_3=\begin{pmatrix}5\\8\\7\end{pmatrix}$$

求该方程组的通解.

17. 已知矩阵 $\boldsymbol{A}=(\boldsymbol{\alpha}_1,\boldsymbol{\alpha}_2,\boldsymbol{\alpha}_3,\boldsymbol{\alpha}_4)$，其中 $\boldsymbol{\alpha}_2$，$\boldsymbol{\alpha}_3$，$\boldsymbol{\alpha}_4$ 线性无关，$\boldsymbol{\alpha}_1=2\boldsymbol{\alpha}_2-\boldsymbol{\alpha}_3$，向量 $\boldsymbol{\beta}=\boldsymbol{\alpha}_1+\boldsymbol{\alpha}_2+\boldsymbol{\alpha}_3+\boldsymbol{\alpha}_4$，求：方程组 $\boldsymbol{Ax}=\boldsymbol{\beta}$ 的通解.

18. 设 $\boldsymbol{\eta}^*$ 是非齐次线性方程组 $\boldsymbol{Ax}=\boldsymbol{b}$ 的一个解，$\boldsymbol{\xi}_1$，$\boldsymbol{\xi}_2$，…，$\boldsymbol{\xi}_{n-r}$ 是 $\boldsymbol{Ax}=\boldsymbol{0}$ 的一个基础解系.证明：

(1) $\boldsymbol{\eta}^*$，$\boldsymbol{\xi}_1$，$\boldsymbol{\xi}_2$，…，$\boldsymbol{\xi}_{n-r}$ 线性无关.

(2) $\boldsymbol{\eta}^*$，$\boldsymbol{\eta}^*+\boldsymbol{\xi}_1$，$\boldsymbol{\eta}^*+\boldsymbol{\xi}_2$，…，$\boldsymbol{\eta}^*+\boldsymbol{\xi}_{n-r}$ 线性无关.

19. 设非齐次线性方程组 $\boldsymbol{Ax}=\boldsymbol{b}$ 的系数矩阵的秩为 r，$\boldsymbol{\eta}_1$，…，$\boldsymbol{\eta}_{n-r+1}$ 是它的 $n-r+1$ 个线性无关的解.证明：它的任一解可表示为 $\boldsymbol{x}=k_1\boldsymbol{\eta}_1+\cdots+k_{n-r+1}\boldsymbol{\eta}_{n-r+1}$，其中 $k_1+\cdots+k_{n-r+1}=1$.

20. 由 $\boldsymbol{\alpha}_1=(1,0,1,0)^{\mathrm{T}}$，$\boldsymbol{\alpha}_2=(1,1,0,1)^{\mathrm{T}}$ 所生成的向量空间记为 L_1，由 $\boldsymbol{\beta}_1=(3,4,-1,4)^{\mathrm{T}}$，$\boldsymbol{\beta}_2=(-1,-2,1,-2)^{\mathrm{T}}$ 所生成的向量空间记为 L_2，证明：$L_1=L_2$.

第五章　相似矩阵与矩阵相似对角化

通过前面对矩阵的研究可知，对角阵是矩阵中具有良好性质的一种矩阵，任何一个 n 阶方阵都可以通过初等变换化为对角阵，但这种做法除了保持方阵的秩不变外，方阵的一些其他重要特性却失掉了，因此需要研究另外的方法将方阵对角化．本章主要讨论如何由方阵的特征值和特征向量得到相似变换矩阵，使方阵对角化，称为相似对角化．本章主要内容为方阵的特征值和特征向量、一般方阵的相似对角化、实对称阵的对角化等问题．

第一节　方阵的特征值与特征向量

方阵的特征值和特征向量是将方阵相似对角化的基础，在经济管理、工程技术、因子分析、微分方程求解等方面都有重要的应用．

一、特征值与特征向量

1. 特征值与特征向量的概念

定义 5-1　设 $\boldsymbol{A}$ 是 n 阶方阵，如果数 λ 和 n 维非零向量 $\boldsymbol{x}$ 使

$$\boldsymbol{A}\boldsymbol{x}=\lambda\boldsymbol{x}$$

成立，则称数 λ 为方阵 $\boldsymbol{A}$ 的**特征值**，非零向量 $\boldsymbol{x}$ 称为 $\boldsymbol{A}$ 的对应于特征值 λ 的**特征向量**（或称为 $\boldsymbol{A}$ 的属于特征值 λ 的特征向量）．

2. 特征值与特征向量的求法

（1）分析.

设 λ 为 n 阶方阵 $\boldsymbol{A}$ 的特征值，则有非零向量 $\boldsymbol{x}$ 使

$$\boldsymbol{A}\boldsymbol{x}=\lambda\boldsymbol{x}$$

即齐次线性方程组

$$(\boldsymbol{A}-\lambda\boldsymbol{E})\boldsymbol{x}=\boldsymbol{0}$$

有非零解，从而

$$|\boldsymbol{A}-\lambda E|=0$$

反之，如果 λ 使 $|\boldsymbol{A}-\lambda\boldsymbol{E}|=0$，则 $(\boldsymbol{A}-\lambda\boldsymbol{E})\boldsymbol{x}=0$ 有非零解 $\boldsymbol{x}$，从而 $\boldsymbol{A}\boldsymbol{x}=\lambda\boldsymbol{x}$，此时 λ 为 n 阶方阵 $\boldsymbol{A}$ 的特征值，非零向量 $\boldsymbol{x}$ 为 $\boldsymbol{A}$ 的对应于特征值 λ 的特征向量．

可见，解方程 $|\boldsymbol{A}-\lambda E|=0$ 可得 n 阶方阵 $\boldsymbol{A}$ 的全部特征值，对特定的特征值 λ，方程 $(\boldsymbol{A}-\lambda\boldsymbol{E})\boldsymbol{x}=\boldsymbol{0}$ 的所有非零解向量，就是 $\boldsymbol{A}$ 的对应于特征值 λ 的全部特征向量．

由于 $|\boldsymbol{A}-\lambda\boldsymbol{E}|=(-1)^n|\lambda\boldsymbol{E}-\boldsymbol{A}|$，所以 $|\lambda\boldsymbol{E}-\boldsymbol{A}|=0$ 与 $|\boldsymbol{A}-\lambda\boldsymbol{E}|=0$ 同解．

$|\boldsymbol{A}-\lambda\boldsymbol{E}|$ 展开后为关于 λ 的一元 n 次多项式．我们称

$$|\lambda\boldsymbol{E}-\boldsymbol{A}|=0$$

为矩阵 A 的特征方程，称关于 λ 的一元 n 次多项式

$$f(\lambda)=|\lambda\boldsymbol{E}-\boldsymbol{A}|$$

为 n 阶方阵 $\boldsymbol{A}$ 的特征多项式．

（2）n 阶方阵 $\boldsymbol{A}$ 的特征值特征向量的求法：

1）解 $|\lambda\boldsymbol{E}-\boldsymbol{A}|=0$ 或 $|\boldsymbol{A}-\lambda\boldsymbol{E}|=0$ 得 A 的全部特征值，设从小到大为 λ_1，λ_2，$\cdots$，λ_s.

2）对于特征值 $\lambda=\lambda_i(i=1，2，\cdots，m)$，解齐次线性方程组

$$(\boldsymbol{A}-\lambda_i\boldsymbol{E})\boldsymbol{x}=\boldsymbol{0}$$

求得基础解系 $\boldsymbol{\xi}_{i1}$，$\boldsymbol{\xi}_{i2}$，$\cdots$，$\boldsymbol{\xi}_{in_i}$，那么 $p_i=k_{i1}\boldsymbol{\xi}_{i1}+k_{i2}\boldsymbol{\xi}_{i2}+\cdots+k_{in_i}\boldsymbol{\xi}_{in_i}$（$k_{i1}$，$k_{i2}$，$\cdots$，$k_{in_i}$ 不全为 0）就是 $\boldsymbol{A}$ 的对应于特征值 λ_i 的全部特征向量（$i=1，2，\cdots，m$）.

例 5-1 设 $\boldsymbol{A}=\begin{pmatrix}2&-1&1\\0&1&1\\-1&1&1\end{pmatrix}$，求：$\boldsymbol{A}$ 的特征值与特征向量.

解 $$|\boldsymbol{A}-\lambda\boldsymbol{E}|=\begin{vmatrix}2-\lambda&-1&1\\0&1-\lambda&1\\-1&1&1-\lambda\end{vmatrix}\xlongequal{r_1\leftrightarrow r_3}-\begin{vmatrix}-1&1&1-\lambda\\0&1-\lambda&1\\2-\lambda&-1&1\end{vmatrix}$$

$$\xlongequal{r_3+(2-\lambda)r_1}-\begin{vmatrix}-1&1&1-\lambda\\0&1-\lambda&1\\0&1-\lambda&1+(1-\lambda)(2-\lambda)\end{vmatrix}\xlongequal{r_3-r_2}-\begin{vmatrix}-1&1&1-\lambda\\0&1-\lambda&1\\0&0&(1-\lambda)(2-\lambda)\end{vmatrix}$$

$$=(1-\lambda)^2(2-\lambda)$$

所以 A 的特征值为 $\lambda_1=\lambda_2=1$，$\lambda_3=2$.

当 $\lambda=\lambda_1=\lambda_2=1$ 时，解方程组 $(\boldsymbol{A}-\boldsymbol{E})\boldsymbol{x}=\boldsymbol{0}$. 由于其系数矩阵为

$$\boldsymbol{A}-\boldsymbol{E}=\begin{pmatrix}1&-1&1\\0&0&1\\-1&1&0\end{pmatrix}\to\begin{pmatrix}1&-1&0\\0&0&1\\0&0&1\end{pmatrix}\to\begin{pmatrix}1&-1&0\\0&0&1\\0&0&0\end{pmatrix}$$

可得其基础解系

$$\boldsymbol{\xi}_1=\begin{pmatrix}1\\1\\0\end{pmatrix}$$

所以对应于特征值 $\lambda=\lambda_1=\lambda_2=1$ 的全部特征向量为

$$k_1\boldsymbol{\xi}_1\ （k_1\neq 0\ 为任意常数）.$$

当 $\lambda=\lambda_3=2$ 时，解方程组 $(\boldsymbol{A}-2\boldsymbol{E})\boldsymbol{x}=\boldsymbol{0}$. 由于其系数矩阵为

$$A-2E=\begin{pmatrix}0&-1&1\\0&-1&1\\-1&1&-1\end{pmatrix}\to\begin{pmatrix}-1&1&-1\\0&-1&1\\0&-1&1\end{pmatrix}\to\begin{pmatrix}-1&1&-1\\0&-1&1\\0&0&0\end{pmatrix}$$

$$\to\begin{pmatrix}-1&0&0\\0&-1&1\\0&0&0\end{pmatrix}\to\begin{pmatrix}-1&0&0\\0&-1&1\\0&0&0\end{pmatrix}\to\begin{pmatrix}1&0&0\\0&1&-1\\0&0&0\end{pmatrix}$$

可得其基础解系

$$\boldsymbol{\xi}_2=\begin{pmatrix}0\\1\\1\end{pmatrix}$$

所以对应于特征值 $\lambda=\lambda_3=2$ 的全部特征向量为

$$k_2\boldsymbol{\xi}_2\ (k_2\neq 0\ \text{为任意常数})\text{.}$$

例 5 - 2　设 $\boldsymbol{A}=\begin{pmatrix}-2 & 1 & 1\\ 0 & 2 & 0\\ -4 & 1 & 3\end{pmatrix}$，求：$\boldsymbol{A}$ 的特征值与特征向量．

解　$|A-\lambda E|=\begin{vmatrix}-2-\lambda & 1 & 1\\ 0 & 2-\lambda & 0\\ -4 & 1 & 3-\lambda\end{vmatrix}=(2-\lambda)\begin{vmatrix}-2-\lambda & 1\\ -4 & 3-\lambda\end{vmatrix}=-(\lambda-2)^2(\lambda+1)$

所以 $\boldsymbol{A}$ 的特征值为 $\lambda_1=-1$，$\lambda_2=\lambda_3=2$.

当 $\lambda=\lambda_1=-1$ 时，解方程组 $(\boldsymbol{A}+\boldsymbol{E})\boldsymbol{x}=\boldsymbol{0}$. 由于其系数矩阵为

$$\boldsymbol{A}+\boldsymbol{E}=\begin{pmatrix}-1 & 1 & 1\\ 0 & 3 & 0\\ -4 & 1 & 4\end{pmatrix}\to\begin{pmatrix}-1 & 1 & 1\\ 0 & 3 & 0\\ 0 & -3 & 0\end{pmatrix}\to\begin{pmatrix}-1 & 1 & 1\\ 0 & 1 & 0\\ 0 & 0 & 0\end{pmatrix}\to\begin{pmatrix}1 & 0 & -1\\ 0 & 1 & 0\\ 0 & 0 & 0\end{pmatrix}$$

可得其基础解系

$$\boldsymbol{\xi}_1=\begin{pmatrix}1\\ 0\\ 1\end{pmatrix}$$

所以对应于特征值 $\lambda=\lambda_1=-1$ 的全部特征向量为

$$k_1\boldsymbol{\xi}_1(k_1\neq 0\ \text{为任意常数}).$$

当 $\lambda-\lambda_2-\lambda_3-2$ 时，解方程组 $(\boldsymbol{A}-2\boldsymbol{E})\boldsymbol{x}-0$. 由于其系数矩阵为

$$\boldsymbol{A}-2\boldsymbol{E}=\begin{pmatrix}-4 & 1 & 1\\ 0 & 0 & 0\\ -4 & 1 & 1\end{pmatrix}\to\begin{pmatrix}-4 & 1 & 1\\ 0 & 0 & 0\\ 0 & 0 & 0\end{pmatrix}$$

可得其基础解系

$$\boldsymbol{\xi}_2=\begin{pmatrix}0\\ 1\\ -1\end{pmatrix},\boldsymbol{\xi}_3=\begin{pmatrix}1\\ 0\\ 4\end{pmatrix}$$

所以对应于特征值 $\lambda=\lambda_2=\lambda_3=2$ 的全部特征向量为

$$k_2\boldsymbol{\xi}_2+k_3\boldsymbol{\xi}_3,\ k_2,\ k_3\ \text{不同时为 0.}$$

注意：例 5 - 1 与例 5 - 2 中的矩阵都是三阶矩阵，且例 5 - 1 中的特征值 1 和例 5 - 2 中的特征值 2 都是二重特征值，但例 5 - 2 中的二重特征值 2 有两个线性无关的特征向量与之对应，而例 5 - 1 中的却只有一个．一般地，n 阶矩阵必有 n 个特征值（重根按重数计算），非重根的特征值对应一个线性无关的特征向量；r 重根的特征值对应的线性无关的特征向量的个数不大于 r 个，具体多少个由矩阵的结构决定．

二、特征值与特征向量的性质

性质 5 - 1　n 阶矩阵 $\boldsymbol{A}$ 与它的转置矩阵 $\boldsymbol{A}^{\mathrm{T}}$ 有相同的特征值．

证明　设数 λ 为方阵 $\boldsymbol{A}$ 的特征值，即 $|\boldsymbol{A}-\lambda\boldsymbol{E}|=0$，则

$$|\boldsymbol{A}^{\mathrm{T}}-\lambda\boldsymbol{E}|=|(\boldsymbol{A}-\lambda\boldsymbol{E})^{\mathrm{T}}|=|\boldsymbol{A}-\lambda\boldsymbol{E}|=0.$$

所以 λ 为方阵 $\boldsymbol{A}^{\mathrm{T}}$ 的特征值，反之亦然．故 n 阶矩阵 $\boldsymbol{A}$ 与它的转置矩阵 $\boldsymbol{A}^{\mathrm{T}}$ 有相同的特征值．

性质 5-2 设 $\boldsymbol{A}=(a_{ij})$ 是 n 阶方阵，由代数方程的根与系数的关系可得，设 λ_1，λ_2，$\cdots,\lambda_n$ 是 A 的 n 个特征值，则

(1) $\lambda_1+\lambda_2+\cdots+\lambda_n=a_{11}+a_{22}+\cdots+a_{nn}$.

(2) $\lambda_1\lambda_2\cdots\lambda_n=|\boldsymbol{A}|$，由此可得，矩阵可逆$\Leftrightarrow$其特征值全不为 0.

其中，$\boldsymbol{A}$ 的对角线元素的和 $\boldsymbol{a}_{11}+\boldsymbol{a}_{22}+\cdots+\boldsymbol{a}_{nn}$ 称为矩阵 $\boldsymbol{A}$ 的迹，记为 $tr(\boldsymbol{A})$.

性质 5-3 设 λ 是方阵 $\boldsymbol{A}$ 的特征值，$\boldsymbol{x}$ 为 $\boldsymbol{A}$ 的对应于特征值 λ 的特征向量，则

(1) 当 $\boldsymbol{A}$ 可逆时，$\frac{1}{\lambda}$是 $\boldsymbol{A}^{-1}$ 的特征值，$\boldsymbol{x}$ 为 $\boldsymbol{A}^{-1}$ 的对应于特征值$\frac{1}{\lambda}$的特征向量.

(2) λ^2 是 $\boldsymbol{A}^2$ 的特征值，$\boldsymbol{x}$ 为 $\boldsymbol{A}^2$ 的对应于特征值 λ^2 的特征向量.

(3) 设 $\varphi(x)=a_0x^n+a_1x^{n-1}+\cdots+a_{n-1}x+a_n$，则 $\varphi(\lambda)$ 是 $\varphi(\boldsymbol{A})$ 的特征值，$\boldsymbol{x}$ 为 $\varphi(A)$ 的对应于特征值 $\varphi(\lambda)$ 的特征向量．$[\varphi(\boldsymbol{A})=a_0\boldsymbol{A}^n+a_1\boldsymbol{A}^{n-1}+\cdots+a_{n-1}\boldsymbol{A}+a_n\boldsymbol{E}]$

证明 (1) $\boldsymbol{Ax}=\lambda\boldsymbol{x}$，$\boldsymbol{x}=\lambda\boldsymbol{A}^{-1}\boldsymbol{x}$，$\boldsymbol{A}^{-1}\boldsymbol{x}=\frac{1}{\lambda}\boldsymbol{x}$；用定义易证 (2)、(3).

定理 5-1 对于 n 阶矩阵 $\boldsymbol{A}$，互不相等的特征值 λ_1，$\cdots$，λ_m 对应的特征向量 p_1，p_2，$\cdots,p_m$ 线性无关.

证明 设

$$x_1\boldsymbol{p}_1+x_2\boldsymbol{p}_2+\cdots+x_m\boldsymbol{p}_m=\boldsymbol{0}$$

分别用 $\boldsymbol{A}^k(k=1,2,\cdots,m-1)$ 左乘上式两端，得

$$x_1\lambda_1^k\boldsymbol{p}_1+x_2\lambda_2^k\boldsymbol{p}_2+\cdots+x_m\lambda_m^k\boldsymbol{p}_m=\boldsymbol{0},(k=1,2,\cdots,m-1)$$

以上 m 个等式联立所得方程组的矩阵形式为

$$(x_1\boldsymbol{p}_1,x_2\boldsymbol{p}_2,\cdots,x_m\boldsymbol{p}_m)\begin{pmatrix}1 & \lambda_1 & \cdots & \lambda_1^{m-1}\\ 1 & \lambda_2 & \cdots & \lambda_2^{m-1}\\ \vdots & \vdots & \cdots & \vdots\\ 1 & \lambda_m & \cdots & \lambda_m^{m-1}\end{pmatrix}=(0,0,\cdots,0)$$

由于 λ_1，$\cdots$，λ_m 互不相等，所以上式左端第二个矩阵的行列式不等于零（范德蒙行列式），从而该矩阵可逆，于是有

$$(x_1\boldsymbol{p}_1,x_2\boldsymbol{p}_2,\cdots,x_m\boldsymbol{p}_m)=(0,0,\cdots,0)$$

得

$$x_j\boldsymbol{p}_j=\boldsymbol{0}(j=1,2,\cdots,m)$$

由于 $p_j\neq0$，故 $x_j=0$ $(j=1,2,\cdots,m)$，所以 $\boldsymbol{p}_1$，$\boldsymbol{p}_2$，$\cdots$，$\boldsymbol{p}_m$ 线性无关.

定理 5-2 设 λ_1，λ_2 是矩阵 $\boldsymbol{A}$ 的两个不同的特征值，$\boldsymbol{a}_1$，$\boldsymbol{a}_2$，$\cdots$，$\boldsymbol{a}_s$ 是 λ_1 对应的线性无关的特征向量，$\boldsymbol{b}_1$，$\boldsymbol{b}_2$，$\cdots$，$\boldsymbol{b}_t$ 是 λ_2 对应的线性无关的特征向量，则 $\boldsymbol{a}_1$，$\boldsymbol{a}_2$，$\cdots$，$\boldsymbol{a}_s$，$\boldsymbol{b}_1$，$\boldsymbol{b}_2$，$\cdots$，$\boldsymbol{b}_t$ 线性无关.

证明 设

$$k_1\boldsymbol{a}_1+k_2\boldsymbol{a}_2+\cdots+k_s\boldsymbol{a}_s+l_1\boldsymbol{b}_1+l_2\boldsymbol{b}_2+\cdots+l_t\boldsymbol{b}_t=0 \quad (1)$$

先用矩阵 A 左乘式 (1) 两端，得

$$k_1\lambda_1\boldsymbol{a}_1+k_2\lambda_1\boldsymbol{a}_2+\cdots+k_s\lambda_1\boldsymbol{a}_s+l_1\lambda_2\boldsymbol{b}_1+l_2\lambda_2\boldsymbol{b}_2+\cdots+l_t\lambda_2\boldsymbol{b}_t=0 \quad (2)$$

再用矩阵 λ_2 乘以式 (1) 两端，得

$$k_1\lambda_2\boldsymbol{a}_1+k_2\lambda_2\boldsymbol{a}_2+\cdots+k_s\lambda_2\boldsymbol{a}_s+l_1\lambda_2\boldsymbol{b}_1+l_2\lambda_2\boldsymbol{b}_2+\cdots+l_t\lambda_2\boldsymbol{b}_t=0 \quad (3)$$

式（3）－式（2），得

$$k_1(\lambda_2-\lambda_1)\boldsymbol{a}_1+k_2(\lambda_2-\lambda_1)\boldsymbol{a}_2+\cdots+k_s(\lambda_2-\lambda_1)\boldsymbol{a}_s=0$$

由于 $\boldsymbol{a}_1$，$\boldsymbol{a}_2$，…，$\boldsymbol{a}_s$ 线性无关，所以

$$k_1(\lambda_2-\lambda_1)=k_2(\lambda_2-\lambda_1)=\cdots=k_s(\lambda_2-\lambda_1)=0$$

而 $\lambda_2-\lambda_1\neq 0$，从而 $k_1=k_2=\cdots=k_s=0$. 类似可得 $l_1=l_2=\cdots=l_t=0$.

综上所述，$\boldsymbol{a}_1$，$\boldsymbol{a}_2$，…，$\boldsymbol{a}_s$，$\boldsymbol{b}_1$，$\boldsymbol{b}_2$，…，$\boldsymbol{b}_t$ 线性无关．

例 5 - 3　设 3 阶矩阵 $\boldsymbol{A}$ 的特征值分别为 1，－1，2，求：$|\boldsymbol{A}^*+3\boldsymbol{A}-2\boldsymbol{E}|$．

解　由于矩阵 $\boldsymbol{A}$ 的特征值都不为 0，所以矩阵 $\boldsymbol{A}$ 是可逆的，且 $|\boldsymbol{A}|=1\times(-1)\times 2=-2$. 由 $\boldsymbol{AA}^*=|A|E$ 得 $\boldsymbol{A}^*=|\boldsymbol{A}|\boldsymbol{A}^{-1}=-2\boldsymbol{A}^{-1}$，所以矩阵 $\boldsymbol{A}^*+3\boldsymbol{A}-2\boldsymbol{E}=-2\boldsymbol{A}^{-1}+3\boldsymbol{A}-2\boldsymbol{E}$，其特征值为 $\varphi(\lambda)=-2\lambda^{-1}+3\lambda-2$，分别为－1，－3，3，得 $|\boldsymbol{A}^*+3\boldsymbol{A}-2\boldsymbol{E}|=-1\times(-3)\times 3=9$.

例 5 - 4　设 λ_1 和 λ_2 是矩阵 $\boldsymbol{A}$ 的两个不同的特征值，对应的特征向量依次分别为 $\boldsymbol{p}_1$ 和 $\boldsymbol{p}_2$，证明：$\boldsymbol{p}_1+\boldsymbol{p}_2$ 不是 $\boldsymbol{A}$ 的特征向量．

证明　反证．设 $\boldsymbol{p}_1+\boldsymbol{p}_2$ 为 $\boldsymbol{A}$ 的特征向量，设对应特征值 λ，则

$$\boldsymbol{A}(\boldsymbol{p}_1+\boldsymbol{p}_2)=\lambda(\boldsymbol{p}_1+\boldsymbol{p}_2)=\lambda\boldsymbol{p}_1+\lambda\boldsymbol{p}_2 \tag{1}$$

另一方面

$$\boldsymbol{A}(\boldsymbol{p}_1+\boldsymbol{p}_2)=\boldsymbol{Ap}_1+\boldsymbol{Ap}_2=\lambda_1\boldsymbol{p}_1+\lambda_2\boldsymbol{p}_2 \tag{2}$$

式（1）－式（2），得

$$(\lambda-\lambda_1)\boldsymbol{p}_1+(\lambda-\lambda_2)\boldsymbol{p}_2=0$$

而 $\boldsymbol{p}_1$，$\boldsymbol{p}_2$ 为对应矩阵 $\boldsymbol{A}$ 的两个不同特征值的特征向量，故 $\boldsymbol{p}_1$，$\boldsymbol{p}_2$ 线性无关，从而得 $\lambda-\lambda_1=0$，$\lambda-\lambda_2=0$，

$$\lambda=\lambda_1=\lambda_2$$

与题设矛盾，所以 $\boldsymbol{p}_1+\boldsymbol{p}_2$ 不是 $\boldsymbol{A}$ 的特征向量．

第二节　相似矩阵与矩阵对角化

一、相似矩阵的概念

定义 5 - 2　设 $\boldsymbol{A}$，$\boldsymbol{B}$ 都是 n 阶矩阵，若存在可逆矩阵 $\boldsymbol{P}$，使

$$\boldsymbol{P}^{-1}\boldsymbol{AP}=\boldsymbol{B}$$

则称 $\boldsymbol{B}$ 是 $\boldsymbol{A}$ 的相似矩阵，或称矩阵 $\boldsymbol{A}$ 与 $\boldsymbol{B}$ **相似**．

对 $\boldsymbol{A}$ 进行运算 $\boldsymbol{P}^{-1}\boldsymbol{AP}$ 称为对 $\boldsymbol{A}$ 进行**相似变换**，称可逆矩阵 P 为**相似变换矩阵**．

矩阵的相似关系是一种等价关系，满足：

（1）**反身性**：对任意 n 阶矩阵 $\boldsymbol{A}$，由于 $E^{-1}AE=A$，所以 $\boldsymbol{A}$ 与 $\boldsymbol{A}$ 相似；

（2）**对称性**：若 $\boldsymbol{A}$ 与 $\boldsymbol{B}$ 相似，则 B 与 $\boldsymbol{A}$ 相似；

（3）**传递性**：若 $\boldsymbol{A}$ 与 $\boldsymbol{B}$ 相似，$\boldsymbol{B}$ 与 $\boldsymbol{C}$ 相似，则 $\boldsymbol{A}$ 与 $\boldsymbol{C}$ 相似．

两个常用运算表达式：

(1) $(\boldsymbol{P}^{-1}\boldsymbol{AP})(\boldsymbol{P}^{-1}\boldsymbol{BP})=\boldsymbol{P}^{-1}\boldsymbol{ABP}$.

(2) $\boldsymbol{P}^{-1}(k\boldsymbol{A}+l\boldsymbol{B})\boldsymbol{P}=k\boldsymbol{P}^{-1}\boldsymbol{AP}+l\boldsymbol{P}^{-1}\boldsymbol{BP}$，**其中 k，l 为任意实数．**

二、相似矩阵的性质

定理 5-3 **若 n 阶矩阵 A 与 B 相似，则 A 与 B 的特征多项式相同，从而 A 与 B 的特征值也相同.**

证 设可逆矩阵 P 使 $P^{-1}AP=B$，则

$$|B-\lambda E|=|P^{-1}AP-\lambda E|=|P^{-1}AP-P^{-1}(\lambda E)P|=|P^{-1}(A-\lambda E)P|=|A-\lambda E|$$

即 A 与 B 的特征多项式相同，从而 A 与 B 的特征值也相同.

容易证明相似矩阵的其他性质：

(1) 相似矩阵的秩相等.

(2) 相似矩阵的行列式相等.

(3) 相似矩阵具有相同的可逆性，当它们可逆时，则它们的逆矩阵也相似.

三、矩阵与对角矩阵相似的条件

定理 5-4 **n 阶矩阵 A 与对角矩阵 Λ 相似的充分必要条件为矩阵 A 有 n 个线性无关的特征向量.**

证明 (1) 必要性.

设对角阵 $\Lambda=\begin{pmatrix}\lambda_1 & & & \\ & \lambda_2 & & \\ & & \ddots & \\ & & & \lambda_n\end{pmatrix}$，可逆矩阵 $P=(p_1,\ p_2,\ \cdots,\ p_n)$，使 $P^{-1}AP=\Lambda$，则得 $AP=P\Lambda$，即

$$A(p_1,p_2,\cdots,p_n)=(p_1,p_2,\cdots,p_n)\begin{pmatrix}\lambda_1 & & & \\ & \lambda_2 & & \\ & & \ddots & \\ & & & \lambda_n\end{pmatrix}$$

$$(Ap_1,Ap_2,\cdots,Ap_n)=(\lambda_1 p_1,\lambda_2 p_2,\cdots,\lambda_n p_n)$$

$$Ap_i=\lambda_i p_i(i=1,2,\cdots,n)$$

即 λ_1，λ_2，…，λ_n 为 A 的特征值，p_1，p_2，…，p_n 是 A 的 n 个线性无关的特征向量，分别对应于 λ_1，λ_2，…，λ_n.

(2) 将上述证明过程反过来即得充分性.

推论 **若 n 阶矩阵 A 有 n 个相异的特征值 λ_1，λ_2，…，λ_n，则 A 与对角矩阵**

$$\Lambda=\begin{pmatrix}\lambda_1 & & & \\ & \lambda_2 & & \\ & & \ddots & \\ & & & \lambda_n\end{pmatrix}$$

相似.

对于 n 阶方阵 A，若存在可逆矩阵 P，使 $P^{-1}AP=\Lambda$ 为对角阵，则称**方阵 A 可（相似）对角化**.

例 5-5 设有矩阵 $A=\begin{pmatrix}3 & 1\\ 5 & -1\end{pmatrix}$，$B=\begin{pmatrix}4 & 0\\ 0 & -2\end{pmatrix}$，试验证存在可逆矩阵 $P=\begin{pmatrix}1 & 1\\ 1 & -5\end{pmatrix}$，使得 A 与 B 相似.

证明：$\boldsymbol{P}^{-1}=-\frac{1}{6}\begin{pmatrix}-5 & -1\\ -1 & 1\end{pmatrix}$，$\boldsymbol{P}^{-1}\boldsymbol{AP}=\begin{pmatrix}4 & 0\\ 0 & -2\end{pmatrix}=\boldsymbol{B}$.

例 5-6　试对矩阵 $\boldsymbol{A}=\begin{pmatrix}-2 & 1 & 1\\ 0 & 2 & 0\\ -4 & 1 & 3\end{pmatrix}$，验证定理 5-2 的结论．

证明　由例 5-2 知，$\boldsymbol{A}$ 的特征值为 $\lambda_1=-1$，$\lambda_2=\lambda_3=2$. 对应 $\lambda_1=-1$ 的线性无关的特征向量为 $\boldsymbol{\xi}_1=\begin{pmatrix}1\\0\\1\end{pmatrix}$，对应 $\lambda_1=2$ 的线性无关的特征向量为 $\boldsymbol{\xi}_2=\begin{pmatrix}0\\1\\-1\end{pmatrix}$，$\boldsymbol{\xi}_3=\begin{pmatrix}1\\0\\4\end{pmatrix}$，则 $\boldsymbol{\xi}_1$，$\boldsymbol{\xi}_2$，$\boldsymbol{\xi}_3$ 是 $\boldsymbol{A}$ 的 3 个线性无关的特征向量．

令 $\boldsymbol{P}=(\boldsymbol{\xi}_1，\boldsymbol{\xi}_2，\boldsymbol{\xi}_3)$，则 $\boldsymbol{P}$ 可逆，且 $\boldsymbol{P}^{-1}\boldsymbol{AP}=\boldsymbol{\Lambda}=\begin{pmatrix}1 & & \\ & 2 & \\ & & 2\end{pmatrix}$.

例 5-7　判断矩阵 $\boldsymbol{A}=\begin{pmatrix}2 & -1 & 1\\ 0 & 1 & 1\\ -1 & 1 & 1\end{pmatrix}$，能否化为对角阵．

解　由例 5-1 知，矩阵 $\boldsymbol{A}$ 为 3 阶，却只有 2 个线性无关的特征向量，故不可化为对角阵．

第三节　向 量 的 内 积

前面研究了向量的线性运算，并利用它讨论了向量之间的线性关系，但尚未涉及向量的度量性质．

一、内积及其性质

在空间解析几何中，3 维空间中的向量 $\boldsymbol{x}=(x_1，x_2，x_3)$ 和 $\boldsymbol{y}=(y_1，y_2，y_3)$ 的长度与夹角等度量性质可以通过两个向量的数量积

$$\boldsymbol{x}\cdot\boldsymbol{y}=|\boldsymbol{x}||\boldsymbol{y}|\cos\theta(\theta\text{ 为向量 }\boldsymbol{x},\boldsymbol{y}\text{ 的夹角})$$

来表示，且在空间直角坐标系（3 维空间）中，有

$$\boldsymbol{x}\cdot\boldsymbol{y}=x_1y_1+x_2y_2+x_3y_3$$

$$|\boldsymbol{x}|=\sqrt{x_1^2+x_2^2+x_3^2}$$

$$\theta=\arccos\frac{\boldsymbol{x}\cdot\boldsymbol{y}}{|\boldsymbol{x}||\boldsymbol{y}|}(|\boldsymbol{x}||\boldsymbol{y}|\neq 0).$$

本节将向量数量积的概念推广到 n 维向量空间中，引入内积的概念.

1. 定义 5-3　设有 n 维向量

$$\boldsymbol{x}=\begin{pmatrix}x_1\\x_2\\\vdots\\x_n\end{pmatrix},\quad \boldsymbol{y}=\begin{pmatrix}y_1\\y_2\\\vdots\\y_n\end{pmatrix},$$

令 $[\boldsymbol{x},\boldsymbol{y}]=x_1y_1+x_2y_2+\cdots+x_ny_n$，称 $[\boldsymbol{x},\boldsymbol{y}]$ 为向量 x 与 y 的**内积**．

内积是两个向量之间的一种运算，其两个实向量的内积是一个实数，按矩阵的记法可表示为

$$[\boldsymbol{x},\boldsymbol{y}] = \boldsymbol{x}^{\mathrm{T}}\boldsymbol{y} = (x_1,x_2,\cdots,x_n)\begin{pmatrix} y_1 \\ y_2 \\ \vdots \\ y_n \end{pmatrix}.$$

2. 内积具有下列运算性质（其中 x，y，z 为 n 维向量，$\lambda\in\mathbf{R}$）

(1) $[\boldsymbol{x}, \boldsymbol{y}]=[\boldsymbol{y}, \boldsymbol{x}]$.

(2) $[\lambda\boldsymbol{x}, \boldsymbol{y}]=\lambda[\boldsymbol{x}, \boldsymbol{y}]$.

(3) $[\boldsymbol{x}+\boldsymbol{y}, \boldsymbol{z}]=[\boldsymbol{y}, \boldsymbol{z}]+[\boldsymbol{y}, \boldsymbol{z}]$.

(4) $[\boldsymbol{x}, \boldsymbol{x}]\geqslant 0$；当且仅当 $\boldsymbol{x}=0$ 时，$[\boldsymbol{x}, \boldsymbol{x}]=0$.

(5) $[\boldsymbol{x}, \boldsymbol{y}]^2\leqslant[\boldsymbol{x}, \boldsymbol{x}][\boldsymbol{y}, \boldsymbol{y}]$.

例 5 - 8 设有 $\mathbf{R}^3$ 中的基

$$\boldsymbol{e}_1 = (1,0,0)^{\mathrm{T}},\boldsymbol{e}_2 = (0,1,0)^{\mathrm{T}},\boldsymbol{e}_3 = (0,0,1)^{\mathrm{T}}$$

试求：$\boldsymbol{e}_i$ 与 $\boldsymbol{e}_j$（i，$j=1$，2，3）的内积.

解 $[\boldsymbol{e}_i, \boldsymbol{e}_j]=\begin{cases} 1, & i=j \\ 0, & i\neq j \end{cases}$ $(i, j=1, 2, 3)$.

3. 长度与夹角

定义 5 - 4 令

$$\|\boldsymbol{x}\| = \sqrt{[\boldsymbol{x},\boldsymbol{x}]} = \sqrt{x_1^2+x_2^2+\cdots+x_n^2},$$

称 $\|x\|$ 为 n 维向量 $\boldsymbol{x}$ 的**长度（或范数）**.

向量的长度具有下列性质：

(1) 非负性. $\|\boldsymbol{x}\|\geqslant 0$；当且仅当 $\boldsymbol{x}=\mathbf{0}$ 时，$\|\boldsymbol{x}\|=0$.

(2) 齐次性. $\|\lambda\boldsymbol{x}\|=|\boldsymbol{\lambda}|\,|x\|$.

(3) 对任意 n 维向量 $\boldsymbol{x}$，$\boldsymbol{y}$，有 $|[\boldsymbol{x}, \boldsymbol{y}]|\leqslant\|\boldsymbol{x}\|\cdot\|\boldsymbol{y}\|$.

(4) 三角不等式： $\|\boldsymbol{x}+\boldsymbol{y}\|\leqslant\|\boldsymbol{x}\|+\|\boldsymbol{y}\|$.

证明 (3) 对于任意实数 λ，$\|\boldsymbol{x}+\lambda\boldsymbol{y}\|^2=\lambda^2\|\boldsymbol{x}\|^2+2\lambda[\boldsymbol{x}, \boldsymbol{y}]+\|\boldsymbol{y}\|^2\geqslant 0$，所以根的判别式 $\Delta=4[x, y]^2-4\|x\|\cdot\|y\|\leqslant 0$，即 $|[\boldsymbol{x}, \boldsymbol{y}]|\leqslant\|\boldsymbol{x}\|\cdot\|\boldsymbol{y}\|$.

(4) $\|\boldsymbol{x}+\boldsymbol{y}\|^2\leqslant\|\boldsymbol{x}\|^2+2[\boldsymbol{x}, \boldsymbol{y}]+\|\boldsymbol{y}\|^2\leqslant\|\boldsymbol{x}\|^2+2\|\boldsymbol{x}\|\cdot\|\boldsymbol{y}\|+\|\boldsymbol{y}\|^2=(\|\boldsymbol{x}\|+\|\boldsymbol{y}\|)^2$. 所以 $\|\boldsymbol{x}+\boldsymbol{y}\|\leqslant\|\boldsymbol{x}\|+\|\boldsymbol{y}\|$.

当 $\|\boldsymbol{x}\|=1$ 时，称 $\boldsymbol{x}$ 为**单位向量**.

对 $\mathbf{R}^n$ 中的任一非零向量 $\boldsymbol{\alpha}$，向量 $\dfrac{\boldsymbol{\alpha}}{\|\boldsymbol{\alpha}\|}$ 是一个单位向量，用非零向量 α 的长度去除向量，得到一个单位向量，这一过程通常称为把向量 $\boldsymbol{\alpha}$ **单位化**.

定义 5 - 5 当 $\|\boldsymbol{\alpha}\|\neq 0$，$\|\boldsymbol{\beta}\|\neq 0$ 时，

$$\theta = \arccos\frac{[\boldsymbol{\alpha},\boldsymbol{\beta}]}{\|\boldsymbol{\alpha}\|\cdot\|\boldsymbol{\beta}\|}(0\leqslant\theta\leqslant\pi)$$

为 n 维向量 $\boldsymbol{\alpha}$ 与 $\boldsymbol{\beta}$ 的**夹角**. 当 $\boldsymbol{\alpha}$ 与 $\boldsymbol{\beta}$ 中有零向量时，其夹角可取 $[0, \pi]$ 间的任一值.

例 5 - 9 求 R^3 中向量 $\boldsymbol{\alpha}=(4, 0, 3)^{\mathrm{T}}$，$\boldsymbol{\beta}=(-\sqrt{3}, 3, 2)^{\mathrm{T}}$ 之间的夹角 θ.

解　$\theta=\arccos\dfrac{[\boldsymbol{\alpha},\boldsymbol{\beta}]}{\|\boldsymbol{\alpha}\|\cdot\|\boldsymbol{\beta}\|}=\arccos\dfrac{6-4\sqrt{3}}{20}=\arccos\dfrac{3-2\sqrt{3}}{10}$

二、正交向量组

1. 正交向量组的概念与性质

定义 5-6　若两向量 $\boldsymbol{\alpha}$ 与 $\boldsymbol{\beta}$ 的内积等于零，即

$$[\boldsymbol{\alpha},\boldsymbol{\beta}]=0,$$

则称向量 $\boldsymbol{\alpha}$ 与 $\boldsymbol{\beta}$ **正交**，记为 $\boldsymbol{\alpha}\perp\boldsymbol{\beta}$.

显然，若 $\boldsymbol{\alpha}=\boldsymbol{0}$，则 $\boldsymbol{\alpha}$ 与任何向量都正交．

定义 5-7　若 n 维向量 $\boldsymbol{\alpha}_1$，$\boldsymbol{\alpha}_2$，…，$\boldsymbol{\alpha}_r$ 是一个非零向量组，且 $\boldsymbol{\alpha}_1$，$\boldsymbol{\alpha}_2$，…，$\boldsymbol{\alpha}_r$ 中的向量两两正交，则称该向量组为**正交向量组**．

定理 5-5　**若 n 维向量 $\boldsymbol{\alpha}_1$，$\boldsymbol{\alpha}_2$，…，$\boldsymbol{\alpha}_r$ 是一组正交向量组，则 $\boldsymbol{\alpha}_1$，$\boldsymbol{\alpha}_2$，…，a_r 线性无关.**

证明　设

$$x_1\boldsymbol{\alpha}_1+x_2\boldsymbol{\alpha}_2+\cdots+x_r\boldsymbol{\alpha}_r=\boldsymbol{0},$$

等号两边同时与 $\boldsymbol{\alpha}_i$ 作内积，得 $x_i\|\boldsymbol{\alpha}_i\|^2=0$，而 $\|\boldsymbol{\alpha}_i\|^2\neq 0$，故

$$x_i=0, i=1,2,\cdots,r$$

所以 $\boldsymbol{\alpha}_1$，$\boldsymbol{\alpha}_2$，…，$\boldsymbol{\alpha}_r$ 线性无关．

定义 5-8　设 $V\subset\mathbf{R}^n$ 是一个向量空间，

① 若 $\boldsymbol{\alpha}_1$，$\boldsymbol{\alpha}_2$，…，$\boldsymbol{\alpha}_r$ 是向量空间 V 的一个基，且为正交向量组，则称 $\boldsymbol{\alpha}_1$，$\boldsymbol{\alpha}_2$，…，$\boldsymbol{\alpha}_r$ 是向量空间 V 的**正交基**．

② 若 $\boldsymbol{e}_1$，$\boldsymbol{e}_2$，…，$\boldsymbol{e}_r$ 是向量空间 V 的一个正交基，且 $\boldsymbol{e}_1$，$\boldsymbol{e}_2$，…，$\boldsymbol{e}_r$ 都是单位向量，则称 $\boldsymbol{e}_1$，$\boldsymbol{e}_2$，…，$\boldsymbol{e}_r$ 是向量空间 V 的一个**规范正交基**．

若 $\boldsymbol{e}_1$，$\boldsymbol{e}_2$，…，$\boldsymbol{e}_r$ 是 V 的一个规范正交基，则 V 中任一向量 $\boldsymbol{\alpha}$ 能由 $\boldsymbol{e}_1$，$\boldsymbol{e}_2$，…，$\boldsymbol{e}_r$ 线性表示，设表达式为

$$\boldsymbol{\alpha}=\lambda_1\boldsymbol{e}_1+\lambda_2\boldsymbol{e}_2+\cdots+\lambda_r\boldsymbol{e}_r$$

为求其中的系数 λ_i（$i=1$，2，…，r），可用 $\boldsymbol{e}_i^{\mathrm{T}}$ 左乘上式，有

$$\boldsymbol{e}_i^{\mathrm{T}}\alpha=\lambda_i\boldsymbol{e}_i^{\mathrm{T}}\boldsymbol{e}_i=\lambda_i$$

即

$$\lambda_i=\boldsymbol{e}_i^{\mathrm{T}}\alpha=[\boldsymbol{\alpha},\boldsymbol{e}_i](i=1,2,\cdots,r)$$

这就是向量在规范正交基中的坐标的计算公式，利用这个公式能方便地求得向量 $\boldsymbol{\alpha}$ 在规范正交基 $\boldsymbol{e}_1$，$\boldsymbol{e}_2$，…，$\boldsymbol{e}_r$ 下的坐标（λ_1，λ_2，…，λ_r）．因此，在给出向量空间的基时常常取规范正交基．

2. 规范正交基的求法（施密特正交化过程）

设 $\boldsymbol{\alpha}_1$，$\boldsymbol{\alpha}_2$，…，$\boldsymbol{\alpha}_r$ 是向量空间 V 的一个基，要求 V 的一个规范正交基，也就是要找一组两两正交的单位向量 $\boldsymbol{e}_1$，$\boldsymbol{e}_2$，…，$\boldsymbol{e}_r$，使 $\boldsymbol{e}_1$，$\boldsymbol{e}_2$，…，$\boldsymbol{e}_r$ 与 $\boldsymbol{\alpha}_1$，$\boldsymbol{\alpha}_2$，…，$\boldsymbol{\alpha}_r$ 等价．这样一个过程，称为把 $\boldsymbol{\alpha}_1$，$\boldsymbol{\alpha}_2$，…，$\boldsymbol{\alpha}_r$ 这个基规范正交化，可按如下两个步骤进行：

（1）正交化：$\boldsymbol{\beta}_1=\boldsymbol{\alpha}_1$；

$$\boldsymbol{\beta}_2=\boldsymbol{\alpha}_2-\frac{[\boldsymbol{\beta}_1,\boldsymbol{\alpha}_2]}{[\boldsymbol{\beta}_1,\boldsymbol{\beta}_1]}\boldsymbol{\beta}_1;$$

$$\cdots$$

$$\boldsymbol{\beta}_r=\boldsymbol{\alpha}_r-\frac{[\boldsymbol{\beta}_1,\boldsymbol{\alpha}_r]}{[\boldsymbol{\beta}_1,\boldsymbol{\beta}_1]}\boldsymbol{\beta}_1-\frac{[\boldsymbol{\beta}_2,\boldsymbol{\alpha}_r]}{[\boldsymbol{\beta}_2,\boldsymbol{\beta}_2]}\boldsymbol{\beta}_2-\cdots-\frac{[\boldsymbol{\beta}_{r-1},\boldsymbol{\alpha}_r]}{[\boldsymbol{\beta}_{r-1},\boldsymbol{\beta}_{r-1}]}\boldsymbol{\beta}_{r-1}.$$

容易验证 $\boldsymbol{\beta}_1$，$\boldsymbol{\beta}_2$，…，$\boldsymbol{\beta}_r$ 两两正交，且 $\boldsymbol{\beta}_1$，$\boldsymbol{\beta}_2$，…，$\boldsymbol{\beta}_r$ 与 $\boldsymbol{\alpha}_1$，$\boldsymbol{\alpha}_2$，…，$\boldsymbol{\alpha}_r$ 等价.

上述过程称为**施密特（Schmidt）正交化过程**，它不仅满足 $\boldsymbol{\beta}_1$，$\boldsymbol{\beta}_2$，…，$\boldsymbol{\beta}_r$ 与 $\boldsymbol{\alpha}_1$，$\boldsymbol{\alpha}_2$，…，$\boldsymbol{\alpha}_r$ 等价，还满足：对任何 k（$1\leqslant k\leqslant r$），向量组 $\boldsymbol{\beta}_1$，$\boldsymbol{\beta}_2$，…，$\boldsymbol{\beta}_k$ 与 $\boldsymbol{\alpha}_1$，$\boldsymbol{\alpha}_2$，…，$\boldsymbol{\alpha}_k$ 等价.

（2）单位化：取

$$\boldsymbol{e}_1=\frac{\boldsymbol{\beta}_1}{\|\boldsymbol{\beta}_1\|},\boldsymbol{e}_2=\frac{\boldsymbol{\beta}_2}{\|\boldsymbol{\beta}_2\|},\cdots,\boldsymbol{e}_r=\frac{\boldsymbol{\beta}_r}{\|\boldsymbol{\beta}_r\|},$$

则 e_1，e_2，…，e_r 是 V 的一个规范正交基.

施密特（Schmidt）正交化过程可将 $\mathbf{R}^n$ 中的任一组线性无关的向量组 $\boldsymbol{\alpha}_1$，$\boldsymbol{\alpha}_2$，…，$\boldsymbol{\alpha}_k$ 化为与之等价的正交组 $\boldsymbol{\beta}_1$，$\boldsymbol{\beta}_2$，…，$\boldsymbol{\beta}_k$；再经过单位化，得到一组与 $\boldsymbol{\alpha}_1$，$\boldsymbol{\alpha}_2$，…，$\boldsymbol{\alpha}_k$ 等价的正交规范组 $\boldsymbol{e}_1$，$\boldsymbol{e}_2$，…，$\boldsymbol{e}_k$.

例 5-10 已知三维向量空间中两个向量 $\boldsymbol{\alpha}_1=\begin{bmatrix}1\\1\\1\end{bmatrix}$，$\boldsymbol{\alpha}_2=\begin{bmatrix}1\\-2\\1\end{bmatrix}$ 正交，试求：$\boldsymbol{\alpha}_3$，使 $\boldsymbol{\alpha}_1$，$\boldsymbol{\alpha}_2$，$\boldsymbol{\alpha}_3$ 构成三维空间的一个正交基.

解 设 $\boldsymbol{\alpha}_3=(x_1,x_2,x_3)^{\mathrm{T}}$，则 $\boldsymbol{\alpha}_3^{\mathrm{T}}\boldsymbol{\alpha}_1=0$，$\boldsymbol{\alpha}_3^{\mathrm{T}}\boldsymbol{\alpha}_2=0$，即

$$\begin{cases}x_1+x_2+x_3=0\\x_1-2x_2+x_3=0\end{cases}$$

系数矩阵为

$$\begin{pmatrix}1&1&1\\1&-2&1\end{pmatrix}\to\begin{pmatrix}1&1&1\\0&-3&0\end{pmatrix}\to\begin{pmatrix}1&1&1\\0&1&0\end{pmatrix}\to\begin{pmatrix}1&0&1\\0&1&0\end{pmatrix}$$

解得 $\boldsymbol{\alpha}_3=(x_1,x_2,x_3)^{\mathrm{T}}=(1,0,-1)^{\mathrm{T}}$，容易验证 $\boldsymbol{\alpha}_1$，$\boldsymbol{\alpha}_2$，$\boldsymbol{\alpha}_3$ 是三维空间的一个正交基.

3. 正交矩阵与正交变换

定义 5-9 若 n 阶方阵 $\boldsymbol{A}$ 满足：

$$\boldsymbol{A}^{\mathrm{T}}\boldsymbol{A}=\boldsymbol{E}(\text{即 }\boldsymbol{A}^{-1}=\boldsymbol{A}^{\mathrm{T}}),$$

则称 $\boldsymbol{A}$ 为**正交矩阵**，简称**正交阵**.

定理 5-6 $\boldsymbol{A}$ 为正交矩阵的充分必要条件是 $\boldsymbol{A}$ 的列向量都是单位正交向量组.

证：（1）必要性：设 $\boldsymbol{A}=(\boldsymbol{e}_1,\boldsymbol{e}_2,\cdots,\boldsymbol{e}_n)$，由 $\boldsymbol{A}^{\mathrm{T}}\boldsymbol{A}=\boldsymbol{E}$，可得

$$[\boldsymbol{e}_i,\boldsymbol{e}_j]=\begin{cases}1, & i=j\\0, & i\neq j\end{cases}(i,j=1,2,\cdots,n)$$

即 $\boldsymbol{e}_1$，$\boldsymbol{e}_2$，…，$\boldsymbol{e}_n$ 是单位正交向量组.

（2）充分性：设 $\boldsymbol{A}=(\boldsymbol{e}_1,\boldsymbol{e}_2,\cdots,\boldsymbol{e}_n)$，$e_1$，$e_2$，…，$e_n$ 是单位正交向量组，则

$$[\boldsymbol{e}_i,\boldsymbol{e}_j]=\begin{cases}1, & i=j\\0, & i\neq j\end{cases}(i,j=1,2,\cdots,n)$$

从而 $A^{\mathrm{T}}A=E$，A 为正交矩阵．

由于 $A^{\mathrm{T}}A=E$ 与 $AA^{\mathrm{T}}=E$ 等价，定理的结论对行向量也成立，即 A 为正交矩阵的充分必要条件是 A 的行向量都是单位正交向量组．

定义 5－10　若 P 为正交矩阵，则线性变换 $y=Px$ 称为**正交变换**．

容易证明：$\|y\|=\|Px\|=\|x\|$，即正交变换保持向量的长度不变．

第四节　实对称矩阵的对角化

定理 5－7　实对称矩阵的特征值必为实数，从而其特征向量可取实向量．

证明　设复数 λ 为实对称矩阵 A 的特征值，x 为对应的复特征向量，即

$$Ax=\lambda x, x\neq 0,$$

用 $\bar{\lambda}$ 表示 λ 的共轭复数，用 $\bar{x}$ 表示 x 的共轭复向量，则

$$A\bar{x}=\overline{A}\bar{x}=(\overline{Ax})=(\overline{\lambda x})=\bar{\lambda}\bar{x}.$$

于是有

$$(\bar{x})^{\mathrm{T}}(Ax)=(\bar{x})^{\mathrm{T}}\lambda x=\lambda(\bar{x})^{\mathrm{T}}x, \tag{1}$$

及

$$(\bar{x})^{\mathrm{T}}Ax=((\bar{x})^{\mathrm{T}}A^{\mathrm{T}})x=(\overline{Ax})^{\mathrm{T}}x=(\bar{\lambda}\bar{x})^{\mathrm{T}}x=\bar{\lambda}\,\bar{x}^{\mathrm{T}}x. \tag{2}$$

式 (1) 一式 (2)，得 $(\lambda-\bar{\lambda})(\bar{x})^{\mathrm{T}}x=0$，但因 $x\neq 0$，所以 $(\bar{x})^{\mathrm{T}}x=\sum_{i=1}^{n}\bar{x}_i x_i=\sum_{i=1}^{n}|x_i|^2\neq 0$，

故 $\lambda-\bar{\lambda}=0$，即 $\lambda=\bar{\lambda}$，说明 λ 是实数．

定理 5－8　实对称矩阵的不同特征值对应的特征向量两两正交．

证明　设 λ_1，λ_2 是实对称矩阵 A 的不同特征值，对应的特征向量分别是 p_1，p_2，则

$$\lambda_1 p_1=Ap_1, \lambda_2 p_2=Ap_2$$

由 A 为实对称矩阵，得

$$\lambda_1 p_1{}^{\mathrm{T}}=(\lambda_1 p_1)^{\mathrm{T}}=(Ap_1)^{\mathrm{T}}=p_1^{\mathrm{T}}A^{\mathrm{T}}=p_1^{\mathrm{T}}A$$

于是

$$\lambda_1 p_1^{\mathrm{T}}p_2=p_1^{\mathrm{T}}Ap_2=p_1^{\mathrm{T}}\lambda_2 p_2=\lambda_2 p_1^{\mathrm{T}}p_2$$

$$(\lambda_1-\lambda_2)p_1^{\mathrm{T}}p_2=0$$

由于 $\lambda_1\neq\lambda_2$，故 $p_1^{\mathrm{T}}p_2=0$，即 p_1，p_2 正交．

定理 5－9　设 A 为 n 阶实对称阵，λ 是 A 的特征多项式的 k 重根，则 $R(\lambda E-A)=n-k$，从而对应特征值 λ 恰有 k 个线性无关的特征向量．

于是 n 阶实对称矩阵 A 恰有 n 个线性无关的特征向量，可以相似对角化．

定理 5－10　设 A 为实对称矩阵，则必有正交阵 P，使 $P^{-1}AP=P^{\mathrm{T}}AP=\Lambda$，其中 Λ 是以 A 的特征值为对角线元素的对角阵．

证明　（求正交阵 P，使 $P^{-1}AP=P^{\mathrm{T}}AP=\Lambda$ 的步骤）

(1) 求出 A 的全部特征值 λ_1，λ_2，…，λ_s.

(2) 对每一个特征值 λ_i，设其重数为 n_i（$n_1+n_2+\cdots+n_s=n$），则对应齐次方程组

$$(\lambda_i E-A)x=0$$

的基础解系由 n_i 个向量 $\boldsymbol{\xi}_{i1}$，$\boldsymbol{\xi}_{i2}$，…，$\boldsymbol{\xi}_{in_i}$ 构成，即 $\boldsymbol{\xi}_{i1}$，$\boldsymbol{\xi}_{i2}$，…，$\boldsymbol{\xi}_{in_i}$ 为 λ_i 对应的线性无关的特征向量．再将特征向量 $\boldsymbol{\xi}_{i1}$，$\boldsymbol{\xi}_{i2}$，…，$\boldsymbol{\xi}_{in_i}$ 正交规范化，得两两正交的单位向量 $\boldsymbol{p}_{i1}$，$\boldsymbol{p}_{i2}$，…，$\boldsymbol{p}_{in_i}$，$i=1，2，…，n.$

(3) 令 $\boldsymbol{P}=(\boldsymbol{p}_{11}，\boldsymbol{p}_{12}，…，\boldsymbol{p}_{1n_1}，\boldsymbol{p}_{21}，\boldsymbol{p}_{22}，…，\boldsymbol{p}_{2n_2}，…，\boldsymbol{p}_{s1}，\boldsymbol{p}_{s2}，…，\boldsymbol{p}_{sn_s})$，则 $\boldsymbol{P}$ 为正交阵，且

$$\boldsymbol{P}^{-1}\boldsymbol{AP}=\boldsymbol{\Lambda}=\begin{pmatrix}\lambda_1 &&&&&&&& \\ & \ddots &&&&&&& \\ && \lambda_1 &&&&&& \\ &&& \lambda_2 &&&&& \\ &&&& \ddots &&&& \\ &&&&& \lambda_2 &&& \\ &&&&&& \ddots && \\ &&&&&&& \lambda_s & \\ &&&&&&&& \ddots \\ &&&&&&&&& \lambda_s\end{pmatrix}.$$

例 5 - 11 设 $\boldsymbol{A}=\begin{pmatrix}1&1&1\\1&2&0\\1&0&2\end{pmatrix}$，求一正交阵 $\boldsymbol{P}$，使 $\boldsymbol{P}^{-1}\boldsymbol{AP}=\boldsymbol{\Lambda}$ 为对角阵．

解 $$|\boldsymbol{A}-\lambda\boldsymbol{E}|=\begin{vmatrix}1-\lambda&1&1\\1&2-\lambda&0\\1&0&2-\lambda\end{vmatrix}=\begin{vmatrix}1-\lambda&1&1-(2-\lambda)(1-\lambda)\\1&2-\lambda&-(2-\lambda)\\1&0&0\end{vmatrix}$$
$$=\begin{vmatrix}1&1-(2-\lambda)(1-\lambda)\\2-\lambda&-(2-\lambda)\end{vmatrix}=(2-\lambda)\begin{vmatrix}1&1-(2-\lambda)(1-\lambda)\\1&-1\end{vmatrix}$$
$$=(2-\lambda)\lambda(\lambda-3)$$

得 $\boldsymbol{A}$ 的特征值为 $\lambda_1=0$，$\lambda_2=2$，$\lambda_3=3$.

当 $\lambda=\lambda_1=0$ 时，对应的齐次线性方程组 $(\boldsymbol{A}-0\boldsymbol{E})\boldsymbol{x}=\boldsymbol{0}$ 的系数矩阵为

$$\boldsymbol{A}-0\boldsymbol{E}=\begin{pmatrix}1&1&1\\1&2&0\\1&0&2\end{pmatrix}\to\begin{pmatrix}1&1&1\\0&1&-1\\0&-1&1\end{pmatrix}\to\begin{pmatrix}1&1&1\\0&1&-1\\0&0&0\end{pmatrix}\to\begin{pmatrix}1&1&1\\0&1&-1\\0&0&0\end{pmatrix}\to\begin{pmatrix}1&0&2\\0&1&-1\\0&0&0\end{pmatrix}$$

得对应的线性无关特征向量为 $\boldsymbol{a}_1=\begin{pmatrix}2\\-1\\-1\end{pmatrix}$.

类似可得特征值 $\lambda_2=2$，$\lambda_3=3$ 对应的特征向量分别为 $\boldsymbol{a}_2=\begin{pmatrix}0\\1\\-1\end{pmatrix}$，$\boldsymbol{a}_3=\begin{pmatrix}1\\1\\1\end{pmatrix}$.

$\boldsymbol{a}_1$，$\boldsymbol{a}_2$，$\boldsymbol{a}_3$ 是不同特征值对应的特征向量，故两两正交，将它们单位化，得

$$\boldsymbol{p}_1=\frac{1}{\sqrt{6}}\begin{pmatrix}2\\-1\\-1\end{pmatrix},\boldsymbol{p}_2=\frac{1}{\sqrt{2}}\begin{pmatrix}0\\1\\-1\end{pmatrix},\boldsymbol{p}_3=\frac{1}{\sqrt{3}}\begin{pmatrix}1\\1\\1\end{pmatrix},$$

令 $\boldsymbol{P}=(\boldsymbol{p}_1, \boldsymbol{p}_2, \boldsymbol{p}_3)$，则 $\boldsymbol{P}$ 为正交阵，且

$$\boldsymbol{P}^{-1}\boldsymbol{AP}=\begin{pmatrix}0&0&0\\0&2&0\\0&0&3\end{pmatrix}.$$

例 5-12　设 $\boldsymbol{A}=\begin{pmatrix}2&2&-2\\2&5&-4\\-2&-4&5\end{pmatrix}$，求一正交阵 $\boldsymbol{P}$，使 $\boldsymbol{P}^{-1}\boldsymbol{AP}=\boldsymbol{\Lambda}$ 为对角阵．

解　$|\boldsymbol{A}-\lambda\boldsymbol{E}|=\begin{vmatrix}2-\lambda&2&-2\\2&5-\lambda&-4\\-2&-4&5-\lambda\end{vmatrix}=\begin{vmatrix}2-\lambda&2&-2\\2&5-\lambda&-4\\0&1-\lambda&1-\lambda\end{vmatrix}=\begin{vmatrix}2-\lambda&4&-2\\2&9-\lambda&-4\\0&0&1-\lambda\end{vmatrix}=$
$(10-\lambda)(1-\lambda)^2$

得 $\boldsymbol{A}$ 的特征值为 $\lambda_1=\lambda_2=1$，$\lambda_3=10$.

$\lambda=\lambda_1=\lambda_2=1$，对应的齐次线性方程组 $(\boldsymbol{A}-\boldsymbol{E})\boldsymbol{x}=0$ 的系数矩阵为

$$\boldsymbol{A}-\boldsymbol{E}=\begin{pmatrix}1&2&-2\\2&4&-4\\-2&-4&4\end{pmatrix}\rightarrow\begin{pmatrix}1&2&-2\\0&0&0\\0&0&0\end{pmatrix}.$$

得对应的线性无关特征向量为

$$\boldsymbol{a}_1=\begin{pmatrix}2\\0\\1\end{pmatrix},\boldsymbol{a}_2=\begin{pmatrix}-2\\1\\0\end{pmatrix}.$$

先将 $\boldsymbol{a}_1$，$\boldsymbol{a}_2$ 正交化，得

$$\boldsymbol{b}_1=\boldsymbol{a}_1=\begin{pmatrix}2\\0\\1\end{pmatrix},\boldsymbol{b}_2=\boldsymbol{a}_2-\frac{[b_1,a_2]}{[b_1,b_1]}b_1=\begin{pmatrix}-2\\1\\0\end{pmatrix}+\frac{4}{5}\begin{pmatrix}2\\0\\1\end{pmatrix}=\frac{1}{5}\begin{pmatrix}-2\\1\\4\end{pmatrix}$$

再将 $\boldsymbol{b}_1$，$\boldsymbol{b}_2$ 单位化，得

$$\boldsymbol{p}_1=\frac{1}{\sqrt{5}}\begin{pmatrix}2\\0\\1\end{pmatrix},\boldsymbol{p}_2=\frac{5}{\sqrt{21}}\begin{pmatrix}-2\\1\\4\end{pmatrix}.$$

$\lambda=\lambda_3=10$，对应的齐次线性方程组 $(\boldsymbol{A}-10\boldsymbol{E})\boldsymbol{x}=\boldsymbol{0}$ 的系数矩阵为

$$\boldsymbol{A}-10\boldsymbol{E}=\begin{pmatrix}-8&2&-2\\2&-5&-4\\-2&-4&-5\end{pmatrix}\rightarrow\begin{pmatrix}0&-18&-18\\2&-5&-4\\0&-9&-9\end{pmatrix}\rightarrow\begin{pmatrix}2&-5&-4\\0&1&1\\0&0&0\end{pmatrix}$$
$$\rightarrow\begin{pmatrix}2&0&1\\0&1&1\\0&0&0\end{pmatrix}$$

得对应的线性无关特征向量为 $\boldsymbol{a}_3=\begin{pmatrix}1\\2\\-2\end{pmatrix}$，将 $\boldsymbol{a}_3$ 单位化，得 $\boldsymbol{p}_3=\frac{1}{3}\begin{pmatrix}1\\2\\-2\end{pmatrix}$.

令 $\boldsymbol{P}=(\boldsymbol{p}_1, \boldsymbol{p}_2, \boldsymbol{p}_3)$，则 $\boldsymbol{P}$ 为正交阵，且

$$\boldsymbol{P}^{-1}\boldsymbol{A}\boldsymbol{P}=\begin{pmatrix}1&0&0\\0&1&0\\0&0&10\end{pmatrix}.$$

习题五

A组

1. 求下列矩阵的特征值和特征向量：

(1) $\begin{pmatrix}4&3\\2&-1\end{pmatrix}$.　　(2) $\begin{pmatrix}0&0&1\\0&1&0\\1&0&0\end{pmatrix}$.

(3) $\begin{pmatrix}1&2&3\\2&1&3\\3&3&6\end{pmatrix}$.　　(4) $\begin{pmatrix}3&-1&1\\2&0&1\\1&-1&2\end{pmatrix}$.

2. 证明：不可逆方阵至少有一个特征值为零．

3. 已知 3 阶方阵 $\boldsymbol{A}$ 的特征值为 1，2，4，

求：(1) $\boldsymbol{A}^{-1}$，$\boldsymbol{A}^2+2\boldsymbol{A}+4\boldsymbol{E}$，$(\boldsymbol{A}^*)^2$ 的特征值.

(2) 行列式 $|\boldsymbol{A}^2+2\boldsymbol{A}+4\boldsymbol{E}|$ 的值．

4. $\boldsymbol{A}$，$\boldsymbol{B}$ 均为 n 阶方阵，且 $\boldsymbol{A}$ 可逆，证明：$\boldsymbol{AB}$ 与 $\boldsymbol{BA}$ 相似．

5. $\boldsymbol{A}=\begin{pmatrix}1&-1&0\\-4&1&0\\1&1&2\end{pmatrix}$，求：$\boldsymbol{A}^{50}$.

6. 设 3 阶方阵 $\boldsymbol{A}$ 的 3 个特征值为 1，0，-1，对应的特征向量依次为

$$\begin{pmatrix}1\\2\\2\end{pmatrix},\ \begin{pmatrix}2\\-2\\1\end{pmatrix},\ \begin{pmatrix}-2\\-1\\2\end{pmatrix},$$

求：方阵 $\boldsymbol{A}$.

7. 将下列向量组正交规范化：

(1) $\boldsymbol{\alpha}_1=\begin{pmatrix}3\\4\end{pmatrix}$，$\boldsymbol{\alpha}_2=\begin{pmatrix}2\\3\end{pmatrix}$.　(2) $\boldsymbol{\alpha}_1=\begin{pmatrix}2\\0\\0\end{pmatrix}$，$\boldsymbol{\alpha}_2=\begin{pmatrix}0\\1\\-1\end{pmatrix}$，$\boldsymbol{\alpha}_3=\begin{pmatrix}5\\6\\0\end{pmatrix}$.

8. 设 $\boldsymbol{H}=\boldsymbol{E}-2\boldsymbol{x}\boldsymbol{x}^{\mathrm{T}}$，$\boldsymbol{x}$ 为 n 维列向量，$\boldsymbol{x}^{\mathrm{T}}\boldsymbol{x}=1$，证明：

(1) $\boldsymbol{H}$ 为对称矩阵.

(2) $\boldsymbol{H}$ 为正交矩阵．

9. 设 3 阶对称矩阵 $\boldsymbol{A}$ 的 3 个特征值为 6，3，3，与特征值为 6 对应的特征向量为 $\boldsymbol{p}_1=(1, 1, 1)^{\mathrm{T}}$，求：$\boldsymbol{A}$.

10. 求正交矩阵 $\boldsymbol{P}$，将下列矩阵对角化：

(1) $\begin{pmatrix} 2 & -2 & 0 \\ -2 & 1 & -2 \\ 0 & -2 & 0 \end{pmatrix}$. (2) $\begin{pmatrix} 1 & 2 & 2 \\ 2 & 1 & 2 \\ 2 & 2 & 1 \end{pmatrix}$.

11. 设矩阵 $\boldsymbol{A}$ 与矩阵 $\boldsymbol{B}$ 相似，其中

$$\boldsymbol{A}=\begin{pmatrix} 1 & a & 1 \\ a & 1 & b \\ 1 & b & 1 \end{pmatrix},\ \boldsymbol{B}=\begin{pmatrix} 0 & 0 & 0 \\ 0 & 1 & 0 \\ 0 & 0 & 2 \end{pmatrix}$$

求：(1) a，b.

(2) 正交矩阵 $\boldsymbol{P}$，将矩阵 $\boldsymbol{A}$ 对角化.

B组

1. 证明：若方阵 $\boldsymbol{A}$ 满足 $\boldsymbol{A}^2=\boldsymbol{A}$，则 $\boldsymbol{A}$ 的特征值只有 0 或 1.

2. 证明：若方阵 $\boldsymbol{A}$ 满足 $\boldsymbol{A}^2=\boldsymbol{E}$，则 $\boldsymbol{A}$ 的特征值只有 ±1.

3. 证明：若方阵 $\boldsymbol{A}$ 满足 $\boldsymbol{A}\boldsymbol{A}^{\mathrm{T}}=E$，则 A 的特征值只有 ±1.

4. 问 a，b 满足什么条件，矩阵 $\boldsymbol{A}=\begin{pmatrix} 0 & a & 1 \\ 0 & 2 & 0 \\ 4 & b & 0 \end{pmatrix}$ 有三个线性无关的特征向量?

5. 若 3 阶方阵 $\boldsymbol{A}=\begin{pmatrix} 0 & 0 & 1 \\ x & 1 & y \\ 1 & 0 & 0 \end{pmatrix}$ 有 3 个线性无关的特征向量，求：x，y 应满足的条件.

6. 若 3 阶方阵 $\boldsymbol{A}=\begin{pmatrix} 0 & 0 & 1 \\ x & 1 & y \\ 1 & 0 & 0 \end{pmatrix}$ 有 3 个线性无关的特征向量，$\lambda=2$ 是其二重特征值，求：x，y.

7. 设矩阵 $\boldsymbol{A}$ 为正交矩阵，且 $|\boldsymbol{A}|<0$，求：

(1) $|\boldsymbol{A}|$. (2) $|A+E|$.

8. 设 3 阶对称矩阵 $\boldsymbol{A}$ 的 3 个特征值为 1，2，3，与特征值为 1，2 对应的特征向量分别为 $\boldsymbol{p}_1=(-1，-1，1)^{\mathrm{T}}$，$\boldsymbol{p}_2=(1，2，-1)^{\mathrm{T}}$. 求：

(1) $\boldsymbol{A}$ 与特征值为 3 对应的特征向量. (2) $\boldsymbol{A}$.

9. 设有非零向量 $\boldsymbol{a}=(a_1，a_2，\cdots，a_n)^{\mathrm{T}}$，$\boldsymbol{b}=(b_1，b_2，\cdots，b_n)^{\mathrm{T}}$，满足 $\boldsymbol{a}^{\mathrm{T}}\boldsymbol{b}=0$，令 $\boldsymbol{A}=\boldsymbol{a}\boldsymbol{b}^{\mathrm{T}}$，求：

(1) $\boldsymbol{A}^2$. (2) $\boldsymbol{A}$ 的特征值特征向量.

10. (1995 年) 设 3 阶实对称矩阵 $\boldsymbol{A}$ 的特征值为 $\lambda_1=-1$，$\lambda_2=\lambda_3=1$，对应于 λ_1 的特征向量为 $\boldsymbol{\xi}=\begin{pmatrix} 0 \\ 1 \\ 1 \end{pmatrix}$，求：$\boldsymbol{A}$.

11. (1995 年) 设 $\boldsymbol{A}$ 为 n 阶矩阵，满足 $\boldsymbol{A}\boldsymbol{A}^{\mathrm{T}}=\boldsymbol{E}$，$|\boldsymbol{A}|<0$，求：$|\boldsymbol{A}+\boldsymbol{E}|$.

12. (1997 年) 已知 $\boldsymbol{\xi}=\begin{pmatrix} 1 \\ 1 \\ -1 \end{pmatrix}$ 是矩阵 $\boldsymbol{E}=\begin{pmatrix} 2 & -1 & 2 \\ 5 & a & 3 \\ -1 & b & -2 \end{pmatrix}$ 的一个特征向量.

（1）试确定 a，b 参数及特征向量 $\boldsymbol{\xi}$ 所对应的特征值.

（2）问 $\boldsymbol{A}$ 能否相似于对角阵？说明理由 .

13.（2001 年）已知 3 阶矩阵 $\boldsymbol{A}$ 和 3 维向量 $\boldsymbol{x}$，使得 $\boldsymbol{x}$，$\boldsymbol{Ax}$，$\boldsymbol{A}^2\boldsymbol{x}$ 线性无关，且满足 $\boldsymbol{A}^3\boldsymbol{x}=3\boldsymbol{Ax}-2\boldsymbol{A}^2\boldsymbol{x}$.

（1）记 $P=(\boldsymbol{x},\boldsymbol{Ax},\boldsymbol{A}^2\boldsymbol{x})$，求：$B$ 使 $\boldsymbol{A}=\boldsymbol{PBP}^{-1}$；

（2）计算行列式 $|\boldsymbol{A}+\boldsymbol{E}|$.

14.（2002 年）设 $\boldsymbol{A}$，$\boldsymbol{B}$ 为同阶方阵，

（1）若 $\boldsymbol{A}$，$\boldsymbol{B}$ 相似，证明：$\boldsymbol{A}$，$\boldsymbol{B}$ 的特征多项式相等.

（2）举一个二阶方阵的例子，说明（1）的逆命题不成立.

（3）当 $\boldsymbol{A}$，$\boldsymbol{B}$ 为实对称矩阵时，证明：（1）的逆命题成立 .

15.（2004 年）设矩阵 $\boldsymbol{A}=\begin{pmatrix}1 & 2 & -3\\ -1 & 4 & -3\\ 1 & a & 5\end{pmatrix}$ 的特征方程有一个二重根，求 a 的值，并讨论 $\boldsymbol{A}$ 是否可相似对角化 .

16.（2005 年）设 λ_1，λ_2 是矩阵 $\boldsymbol{A}$ 的两个不同的特征值，对应的特征向量分别为 $\boldsymbol{\alpha}_1$，$\boldsymbol{\alpha}_2$，则 $\boldsymbol{\alpha}_1$，$\boldsymbol{A}(\boldsymbol{\alpha}_1+\boldsymbol{\alpha}_2)$ 线性无关的充分必要条件是（　　）.

A. $\lambda_1\neq 0$　　B. $\lambda_2\neq 0$　　C. $\lambda_1=0$　　D. $\lambda_2=0$

17.（2011 年）$\boldsymbol{A}$ 为 3 阶实对称矩阵，$\boldsymbol{A}$ 的秩为 2，且 $A\begin{pmatrix}1 & 1\\ 0 & 0\\ -1 & 1\end{pmatrix}=\begin{pmatrix}-1 & 1\\ 0 & 0\\ 1 & 1\end{pmatrix}$，求：

（1）$\boldsymbol{A}$ 的特征值与特征向量.（2）矩阵 $\boldsymbol{A}$.

18.（2015 年）设矩阵 $\boldsymbol{A}=\begin{pmatrix}0 & 2 & -3\\ -1 & 3 & -3\\ 1 & -2 & a\end{pmatrix}$ 相似于矩阵 $\boldsymbol{B}=\begin{pmatrix}1 & -2 & 0\\ 0 & b & 0\\ 0 & 3 & 1\end{pmatrix}$，求：

（1）a，b 的值.（2）可逆矩阵 $\boldsymbol{P}$，使 $\boldsymbol{P}^{-1}\boldsymbol{AP}$ 为对角矩阵 .

第六章　二　次　型

二次型就是二次齐次多项式，在解析几何中讨论的二次曲线，当其中心与坐标原点重合时，其一般方程为

$$ax^2+2bxy+cy^2=f$$

方程左端是 x，y 的一个二次齐次多项式，为了研究二次曲线的几何性质，需要通过坐标变换消去交叉项，化为标准方程

$$AX^2+BY^2=C$$

二次齐次多项式不仅在几何问题中出现，在数学的其他分支，以及物理、经济管理、工程技术等领域也经常出现．

本章首先以矩阵为工具，讨论如何将一个一般二次齐次多项式化为只含平方项的多项式（即标准型），然后讨论在许多方面有重要应用的正定二次型的性质及判定．

第一节　二次型及其标准形

一、二次型的矩阵表示

定义 6-1　含有 n 个变量 x_1，x_2，…，x_n 的二次齐次多项式

$$f(x_1,x_2,\cdots,x_n)=a_{11}x_1^2+a_{22}x_2^2+\cdots+a_{nn}x_n^2+2a_{12}x_1x_2+2a_{13}x_1x_3+\cdots+2a_{n-1,n}x_{n-1}x_n$$

称为 n 元**二次型**，简记为 f.

当 a_{ij} 为复数时，称 f 为**复二次型**；当 a_{ij} 为实数时，称 f 为**实二次型**．本章研究实二次型．

例如：$f(x_1,x_2,x_3)=2x_1^2+4x_2^2+3x_3^2-6x_1x_2$；$f(x_1,x_2,x_3)=2x_1x_2+x_2x_3-6x_1x_3$ 都为实二次型．

令 $a_{ij}=a_{ji}(i,j=1,2,\cdots,n)$，则 $2a_{ij}x_ix_j=a_{ij}x_ix_j+a_{ji}x_jx_i$，此时

$$\begin{aligned}f=f(x_1,x_2,\cdots,x_n)=&a_{11}x_1^2+a_{12}x_1x_2+\cdots+a_{1n}x_1x_n+a_{21}x_2x_1+a_{22}x_2^2+\cdots\\&+a_{2n}x_2x_n+\cdots+a_{n1}x_nx_1+a_{n2}x_nx_2+\cdots+a_{nn}x_n^2=\sum_{i=1}^{n}\sum_{j=1}^{n}a_{ij}x_ix_j\end{aligned}$$

再令

$$\boldsymbol{A}=\begin{pmatrix}a_{11}&a_{12}&\cdots&a_{1n}\\a_{21}&a_{22}&\cdots&a_{2n}\\\cdots&\cdots&\cdots&\cdots\\a_{n1}&a_{n1}&\cdots&a_{nn}\end{pmatrix},\boldsymbol{x}=\begin{pmatrix}x_1\\x_2\\\vdots\\x_n\end{pmatrix},$$

则可得 f 的矩阵表示为

$$f=f(x_1,x_2,\cdots,x_n)=\boldsymbol{x}^{\mathrm{T}}\boldsymbol{A}\boldsymbol{x}$$

称其为二次型的矩阵形式，记为 $f(\boldsymbol{x})=\boldsymbol{x}^{\mathrm{T}}\boldsymbol{A}\boldsymbol{x}$，并称实对称矩阵 $\boldsymbol{A}$ 为该二次型 f 的矩阵，二

次型 f 为实对称矩阵 $\boldsymbol{A}$ 的二次型．实对称矩阵 $\boldsymbol{A}$ 的秩称为二次型 f 的秩，即 $R(\boldsymbol{A})=R(f)$．实对称矩阵与二次型是一一对应的，因此，可以将上一章关于实对称矩阵的结论应用到二次型的讨论中．

例 6-1 求二次型

$$f(x_1,x_2,x_3)=3x_1^2+2x_1x_2+\sqrt{2}x_1x_3-x_2^2-4x_2x_3+5x_3^2$$

所对应的实对称矩阵．

解 二次型所对应的实对称矩阵为

$$\boldsymbol{A}=\begin{pmatrix} 3 & 1 & \sqrt{2}/2 \\ 1 & -1 & -2 \\ \sqrt{2}/2 & -2 & 5 \end{pmatrix}$$

而实对称矩阵 $\boldsymbol{A}$ 所对应的二次型是

$$\boldsymbol{x}^{\mathrm{T}}\boldsymbol{A}\boldsymbol{x}=(x_1,x_2,x_3)\begin{pmatrix} 3 & 1 & \frac{\sqrt{2}}{2} \\ 1 & -1 & -2 \\ \frac{\sqrt{2}}{2} & -2 & 5 \end{pmatrix}\begin{pmatrix} x_1 \\ x_2 \\ x_3 \end{pmatrix}$$

$$=3x_1^2+2x_1x_2+\sqrt{2}x_1x_3-x_2^2-4x_2x_3+5x_3^2=f(x_1,x_2,x_3).$$

二、二次型的标准形

对于二次型，我们要解决的主要问题是如何寻找可逆的线性变换 $\boldsymbol{x}=\boldsymbol{C}\boldsymbol{y}$，即

$$\begin{cases} x_1=c_{11}y_1+c_{12}y_2+\cdots+c_{1n}y_n \\ x_2=c_{21}y_1+c_{22}y_2+\cdots+c_{2n}y_n \\ \qquad\cdots\quad\cdots \\ x_n=c_{n1}y_1+c_{n2}y_2+\cdots+c_{nn}y_n \end{cases}$$

将一般的二次型化为标准形．其中

$$\boldsymbol{C}=\begin{pmatrix} c_{11} & c_{12} & \cdots & c_{1n} \\ c_{21} & c_{22} & \cdots & c_{2n} \\ \cdots & \cdots & \cdots & \cdots \\ c_{n1} & c_{n2} & \cdots & c_{nn} \end{pmatrix} \quad \boldsymbol{y}=\begin{pmatrix} y_1 \\ y_2 \\ \vdots \\ y_n \end{pmatrix},$$

并且线性变换矩阵 $\boldsymbol{C}$ 是可逆的．

说明：对于一般二次型 $f(x)=x^{\mathrm{T}}\boldsymbol{A}\boldsymbol{x}$ 进行可逆线性变换 $\boldsymbol{x}=\boldsymbol{C}\boldsymbol{y}$，即将 $\boldsymbol{x}=\boldsymbol{C}\boldsymbol{y}$ 代入二次型 $f(\boldsymbol{x})=\boldsymbol{x}^{\mathrm{T}}\boldsymbol{A}\boldsymbol{x}$，得

$$f(x)=\boldsymbol{x}^{\mathrm{T}}\boldsymbol{A}\boldsymbol{x}=(\boldsymbol{C}\boldsymbol{y})^{\mathrm{T}}\boldsymbol{A}(\boldsymbol{C}\boldsymbol{y})=\boldsymbol{y}^{\mathrm{T}}(\boldsymbol{C}^{\mathrm{T}}\boldsymbol{A}\boldsymbol{C})\boldsymbol{y}$$

其中，$\boldsymbol{y}(\boldsymbol{C}^{\mathrm{T}}\boldsymbol{A}\boldsymbol{C})\boldsymbol{y}$ 是关于 y_1，y_2，…，y_n 的二次型，对应的矩阵为 $\boldsymbol{C}^{\mathrm{T}}\boldsymbol{A}\boldsymbol{C}$.

关于 $\boldsymbol{A}$ 与 $\boldsymbol{C}^{\mathrm{T}}\boldsymbol{A}\boldsymbol{C}$ 的关系，给出下列定义：

定义 6-2 设 $\boldsymbol{A}$、$\boldsymbol{B}$ 为两个 n 阶矩阵，如果存在 n 阶可逆矩阵 C，使得 $\boldsymbol{C}^{\mathrm{T}}\boldsymbol{A}\boldsymbol{C}=\boldsymbol{B}$，则称矩阵 $\boldsymbol{A}$ 合同于矩阵 $\boldsymbol{B}$ 或称 $\boldsymbol{A}$ 与 $\boldsymbol{B}$ 合同．

矩阵合同的性质：

(1) 反身性．对任意方阵 $\boldsymbol{A}$，$\boldsymbol{A}$ 与 $\boldsymbol{A}$ 合同．

(2) 对称性. 若 $\boldsymbol{A}$ 与 $\boldsymbol{B}$ 合同，则 $\boldsymbol{B}$ 与 $\boldsymbol{A}$ 合同.

(3) 传递性. 若 $\boldsymbol{A}$ 与 $\boldsymbol{B}$ 合同，且 $\boldsymbol{B}$ 与 $\boldsymbol{C}$ 合同，则 $\boldsymbol{A}$ 与 $\boldsymbol{C}$ 合同.

(4) 若 $\boldsymbol{A}$ 为对称阵，则 $\boldsymbol{C}^{\mathrm{T}}\boldsymbol{AC}=\boldsymbol{B}$ 也为对称阵，且 $R(\boldsymbol{B})=R(\boldsymbol{A})$.

说明：二次型 $f(\boldsymbol{x})=f(x_1,x_2,\cdots,x_n)=\boldsymbol{x}^{\mathrm{T}}\boldsymbol{Ax}$ 在可逆线性变换 $\boldsymbol{x}=\boldsymbol{Cy}$ 下，可化为 $\boldsymbol{y}(\boldsymbol{C}^{\mathrm{T}}\boldsymbol{AC})\boldsymbol{y}$. 如果 $\boldsymbol{C}^{\mathrm{T}}\boldsymbol{AC}$ 为对角矩阵

$$\boldsymbol{\Lambda}=\begin{pmatrix} b_1 & 0 & \cdots & 0 \\ 0 & b_2 & \cdots & 0 \\ \cdots & \cdots & \cdots & \cdots \\ 0 & 0 & \cdots & b_n \end{pmatrix}$$

则 $f(\boldsymbol{x})=f(x_1,x_2,\cdots,x_n)=\boldsymbol{x}^{\mathrm{T}}\boldsymbol{Ax}$ 就可化为 $f=b_1y_1^2+b_2y_2^2+\cdots+b_ny_n^2$，称后者为 f 的**标准形**，标准形中的系数恰好为对角矩阵 $\boldsymbol{\Lambda}$ 的主对角线上的元素，因此，上面的问题归结为 $\boldsymbol{A}$ 能否合同于一个对角矩阵的问题．特别地，若 $\boldsymbol{C}$ 为正交阵，则 $\boldsymbol{A}$ 既合同于，又相似于一个对角矩阵．

若 $b_i=0$，1，-1（$i=1$，2，…，n），则称该标准形为规范形．

第二节 化二次型为标准形

一、用配方法化二次型为标准形

研究用可逆线性变换 $\boldsymbol{x}=\boldsymbol{Cy}$ 把二次型 $f(x_1,x_2,\cdots,x_n)=\boldsymbol{x}^{\mathrm{T}}\boldsymbol{Ax}$ 化为标准形的方法．

定理 6-1 任一二次型都可以通过可逆线性变换化为标准形．

拉格朗日配方法的步骤：

(1) 若二次型 f 含有 x_i 的平方项，则先把含有 x_i 的乘积项集中，然后配方，再对其余的变量进行同样的过程，直到所有变量都配成平方项为止，经过可逆线性变换，就得到标准形.

(2) 若二次型中不含有平方项，但是有 $a_{ij}\neq 0(i\neq j)$，则先作可逆线性变换

$$\begin{cases} x_i=y_i+y_j \\ x_j=y_i-y_j \\ x_k=y_k(k\neq i,j) \end{cases}$$

化二次型为含有平方项的二次型，然后再按（1）中的方法配方．

定理 6-2 对任一实对称矩阵 $\boldsymbol{A}$，存在可逆矩阵 $\boldsymbol{C}$，使 $\boldsymbol{C}^{\mathrm{T}}\boldsymbol{AC}=\boldsymbol{B}$ 为对角矩阵，即任一实对称矩阵都与一个对角矩阵合同．

例 6-2 化二次型 $f=x_1^2+2x_2^2+5x_3^2+2x_1x_2+2x_1x_3+6x_2x_3$ 为标准形，并求所用的变换矩阵．

解

$$\begin{aligned} f&=x_1^2+2x_2^2+5x_3^2+2x_1x_2+2x_1x_3+6x_2x_3 \\ &=x_1^2+2x_1x_2+2x_1x_3+2x_2^2+5x_3^2+6x_2x_3 \\ &=(x_1+x_2+x_3)^2+x_2^2+4x_3^2+4x_2x_3 \\ &=(x_1+x_2+x_3)^2+(x_2+2x_3)^2 \end{aligned}$$

令 $\begin{cases} y_1=x_1+x_2+x_3 \\ y_2=x_2+2x_3 \\ y_3=x_3 \end{cases}$，即 $\begin{cases} x_1=y_1-y_2+y_3 \\ x_2=y_2-2y_3 \\ x_3=y_3 \end{cases}$，或

$$\begin{pmatrix} x_1 \\ x_2 \\ x_3 \end{pmatrix} = \begin{pmatrix} 1 & -1 & 1 \\ 0 & 1 & -2 \\ 0 & 0 & 1 \end{pmatrix} \begin{pmatrix} y_1 \\ y_2 \\ y_3 \end{pmatrix},$$

将 f 化为标准形：$f=y_1^2+y_2^2$，所用变换矩阵为

$$\boldsymbol{C} = \begin{pmatrix} 1 & -1 & 1 \\ 0 & 1 & -2 \\ 0 & 0 & 1 \end{pmatrix}, \ |\boldsymbol{C}| = 1 \neq 0.$$

例 6 - 3　化二次型 $f=2x_1x_2+2x_1x_3-6x_2x_3$ 为标准形，并求所用的变换矩阵．

解　由于所给二次型中不含平方项，所以令

$$\begin{cases} x_1 = y_1 + y_2 \\ x_2 = y_1 - y_2 \\ x_3 = y_3 \end{cases}$$

即

$$\begin{pmatrix} x_1 \\ x_2 \\ x_3 \end{pmatrix} = \begin{pmatrix} 1 & 1 & 0 \\ 1 & -1 & 0 \\ 0 & 0 & 1 \end{pmatrix} \begin{pmatrix} y_1 \\ y_2 \\ y_3 \end{pmatrix}$$

代入 $f=2x_1x_2+2x_1x_3-6x_2x_3$ 中，可得

$$\begin{aligned} f &= 2y_1^2 - 2y_2^2 - 4y_1y_3 + 8y_2y_3 \\ &= 2(y_1 - y_3)^2 - 2y_3^2 - 2y_2^2 + 8y_2y_3 \\ &= 2(y_1 - y_3)^2 - 2(y_2 - 2y_3)^2 + 6y_3^2 \end{aligned}$$

再令

$$\begin{cases} z_1 = y_1 - y_3 \\ z_2 = y_2 - 2y_3 \\ z_3 = y_3 \end{cases}$$

即 $\begin{cases} y_1 = z_1 + z_3 \\ y_2 = z_2 + 2z_3 \\ y_3 = z_3 \end{cases}$　或　$\begin{pmatrix} y_1 \\ y_2 \\ y_3 \end{pmatrix} = \begin{pmatrix} 1 & 0 & 1 \\ 0 & 1 & 2 \\ 0 & 0 & 1 \end{pmatrix} \begin{pmatrix} z_1 \\ z_2 \\ z_3 \end{pmatrix}$，

将 f 化为标准形：$f=2z_1^2-2z_2^2+6z_3^2$，且变换矩阵为

$$\boldsymbol{C} = \begin{pmatrix} 1 & 1 & 0 \\ 1 & -1 & 0 \\ 0 & 0 & 1 \end{pmatrix} \begin{pmatrix} 1 & 0 & 1 \\ 0 & 1 & 2 \\ 0 & 0 & 1 \end{pmatrix} = \begin{pmatrix} 1 & 1 & 3 \\ 1 & -1 & -1 \\ 0 & 0 & 1 \end{pmatrix}, |\boldsymbol{C}| = -2 \neq 0$$

二、用正交变换化二次型为标准形

定理 6 - 3　任给二次型 $f(x_1, x_2, \cdots, x_n) = \sum_{i=1}^{n} \sum_{j=1}^{n} a_{ij} x_i x_j$，总有正交变换 $\boldsymbol{x}=\boldsymbol{P}\boldsymbol{y}$（$\boldsymbol{P}$ 为正交矩阵），将 f 化为标准形：$f=\lambda_1 x_1^2+\lambda_2 x_2^2+\cdots+\lambda_n x_n^2$，其中 λ_1，λ_2，…，λ_n 是 f 的矩阵 $\boldsymbol{A}$ 的特征值．

用正交变换化二次型为标准形的步骤如下.

(1) 求出二次型的矩阵 $\boldsymbol{A}$.

（2）求出 $\boldsymbol{A}$ 的所有特征值 λ_1，λ_2，…，λ_n.

（3）求出属于各特征值的线性无关的特征向量 $\boldsymbol{\xi}_1$，$\boldsymbol{\xi}_2$，…，$\boldsymbol{\xi}_n$.

（4）将特征向量 $\boldsymbol{\xi}_1$，$\boldsymbol{\xi}_2$，…，$\boldsymbol{\xi}_n$ 正交化、单位化，得 $\boldsymbol{p}_1$，$\boldsymbol{p}_2$，…，$\boldsymbol{p}_n$.

（5）记 $\boldsymbol{P}=(\boldsymbol{p}_1, \boldsymbol{p}_2, \cdots, \boldsymbol{p}_n)$ 作正交变换 $\boldsymbol{x}=\boldsymbol{P}\boldsymbol{y}$，则得 f 的标准形

$$f=\lambda_1 x_1^2+\lambda_2 x_2^2+\cdots+\lambda_n x_n^2$$

注意：$\boldsymbol{p}_i$ 与 λ_i 相互对应（$i=1,2,\cdots,n$）.

例 6 - 4 求正交变换 $\boldsymbol{x}=\boldsymbol{P}\boldsymbol{y}$，将二次型 $f=5x_1^2+5x_2^2+3x_3^2-2x_1x_2+6x_1x_3-6x_2x_3$ 化为标准形.

解 （1）写出对应的二次型矩阵：$\boldsymbol{A}=\begin{pmatrix} 5 & -1 & 3 \\ -1 & 5 & -3 \\ 3 & -3 & 3 \end{pmatrix}$

（2）求 $\boldsymbol{A}$ 的特征值：

$$|\boldsymbol{A}-\lambda\boldsymbol{E}|=\begin{vmatrix} 5-\lambda & -1 & 3 \\ -1 & 5-\lambda & -3 \\ 3 & -3 & 3-\lambda \end{vmatrix} \xlongequal{r_2+r_1} \begin{vmatrix} 5-\lambda & -1 & 3 \\ 4-\lambda & 4-\lambda & 0 \\ 3 & -3 & 3-\lambda \end{vmatrix}$$

$$=(4-\lambda)\begin{vmatrix} 5-\lambda & -1 & 3 \\ 1 & 1 & 0 \\ 3 & -3 & 3-\lambda \end{vmatrix} \xlongequal{c_1-c_2} (4-\lambda)\begin{vmatrix} 6-\lambda & -1 & 3 \\ 0 & 1 & 0 \\ 6 & -3 & 3-\lambda \end{vmatrix}$$

$$=\lambda(4-\lambda)(\lambda-9)$$

得 A 的特征值 $\lambda_1=0$，$\lambda_2=4$，$\lambda_3=9$.

（3）求对应的特征向量：

当 $\lambda_1=0$ 时，解 $\boldsymbol{A}\boldsymbol{x}=\boldsymbol{0}$，

$$\boldsymbol{A}=\begin{pmatrix} 5 & -1 & 3 \\ -1 & 5 & -3 \\ 3 & -3 & 3 \end{pmatrix} \to \begin{pmatrix} -1 & 5 & -3 \\ 5 & -1 & 3 \\ 3 & -3 & 3 \end{pmatrix} \to \begin{pmatrix} -1 & 5 & -3 \\ 0 & 24 & -12 \\ 0 & 12 & -6 \end{pmatrix} \to$$

$$\begin{pmatrix} -1 & 5 & -3 \\ 0 & 24 & -12 \\ 0 & 0 & 0 \end{pmatrix} \to \begin{pmatrix} 1 & -5 & 3 \\ 0 & 1 & -1/2 \\ 0 & 0 & 0 \end{pmatrix} \to \begin{pmatrix} 1 & 0 & 1/2 \\ 0 & 1 & -1/2 \\ 0 & 0 & 0 \end{pmatrix}$$

得基础解系 $\boldsymbol{\xi}_1=\begin{pmatrix} -1 \\ 1 \\ 2 \end{pmatrix}$.

当 $\lambda_2=4$ 时，解 $(\boldsymbol{A}-4\boldsymbol{E})\boldsymbol{x}=\boldsymbol{0}$，

$$\boldsymbol{A}-4\boldsymbol{E}=\begin{pmatrix} 1 & -1 & 3 \\ -1 & 1 & -3 \\ 3 & -3 & -1 \end{pmatrix} \to \begin{pmatrix} 1 & -1 & 3 \\ 0 & 0 & 0 \\ 0 & 0 & -10 \end{pmatrix} \to \begin{pmatrix} 1 & -1 & 0 \\ 0 & 0 & 1 \\ 0 & 0 & 0 \end{pmatrix}$$

得基础解系 $\boldsymbol{\xi}_2=\begin{pmatrix} 1 \\ 1 \\ 0 \end{pmatrix}$.

当 $\lambda_3=9$ 时，解 $(\boldsymbol{A}-9\boldsymbol{E})\boldsymbol{x}=\boldsymbol{0}$，由

$$A-9E=\begin{pmatrix}-4&-1&3\\-1&-4&-3\\3&-3&-6\end{pmatrix}\to\begin{pmatrix}-1&-4&-3\\0&1&1\\0&0&0\end{pmatrix}\to\begin{pmatrix}1&0&-1\\0&1&1\\0&0&0\end{pmatrix}$$

得基础解系 $\xi_3=\begin{pmatrix}1\\-1\\1\end{pmatrix}$.

（4）将特征向量正交单位化：由于三个特征向量对应于不同的特征值，一定两两正交，故只需将它们单位化即可．

将 $\boldsymbol{\xi}_1$ 单位化，得 $\boldsymbol{p}_1=\frac{\boldsymbol{\xi}_1}{\|\boldsymbol{\xi}_1\|}=\frac{1}{\sqrt{6}}\begin{pmatrix}-1\\1\\2\end{pmatrix}$，将 $\boldsymbol{\xi}_2$ 单位化，得 $\boldsymbol{p}_2=\frac{\boldsymbol{\xi}_2}{\|\boldsymbol{\xi}_2\|}=\frac{1}{\sqrt{2}}\begin{pmatrix}1\\1\\0\end{pmatrix}$，将 $\boldsymbol{\xi}_3$ 单位化，得 $\boldsymbol{p}_3=\frac{\boldsymbol{\xi}_3}{\|\boldsymbol{\xi}_3\|}=\frac{1}{\sqrt{3}}\begin{pmatrix}1\\-1\\1\end{pmatrix}$.

（5）作正交矩阵：令 $\boldsymbol{P}=(\boldsymbol{p}_1,\ \boldsymbol{p}_2,\ \boldsymbol{p}_3)$，则在正交变换 $\boldsymbol{x}=\boldsymbol{P}\boldsymbol{y}$ 下，二次型化为标准形：$f=4y_2^2+9y_3^2$.

例 6 - 5 求正交变换 $\boldsymbol{x}=\boldsymbol{P}\boldsymbol{y}$，将二次型

$$f=17x_1^2+14x_2^2+14x_3^2-4x_1x_2-4x_1x_3-8x_2x_3$$

化为标准形．

解 （1）写出对应的二次型矩阵：$\boldsymbol{A}=\begin{pmatrix}17&-2&-2\\-2&14&-4\\-2&-4&14\end{pmatrix}$.

（2）求 $\boldsymbol{A}$ 的特征值：由

$$|\lambda E-A|=\begin{vmatrix}\lambda-17&2&2\\2&\lambda-14&4\\2&4&\lambda-14\end{vmatrix}=\begin{vmatrix}\lambda-17&2&2\\0&\lambda-18&18-\lambda\\2&4&\lambda-14\end{vmatrix}$$

$$=(\lambda-18)\begin{vmatrix}\lambda-17&2&4\\0&1&0\\2&4&\lambda-10\end{vmatrix}=(\lambda-18)(\lambda^2-27\lambda+162)$$

$$=(\lambda-18)^2(\lambda-9)$$

得 $\boldsymbol{A}$ 的特征值 $\lambda_1=9$，$\lambda_2=\lambda_3=18$.

（3）求对应的特征向量：

对于 $\lambda_1=9$，解方程 $(9\boldsymbol{E}-\boldsymbol{A})\boldsymbol{x}=\boldsymbol{0}$，由

$$9E-A=\begin{pmatrix}-8&2&2\\2&-5&4\\2&4&-5\end{pmatrix}\to\begin{pmatrix}1&0&-1/2\\0&1&-1\\0&0&0\end{pmatrix}$$

得基础解系 $\boldsymbol{\xi}_1=\begin{pmatrix}1/2\\1\\1\end{pmatrix}$.

对于 $\lambda_2=\lambda_3=18$，解方程 $(18\boldsymbol{E}-\boldsymbol{A})\boldsymbol{x}=\boldsymbol{0}$，由

$$18\boldsymbol{E}-\boldsymbol{A}=\begin{pmatrix}1&2&2\\2&4&4\\2&4&4\end{pmatrix}\rightarrow\begin{pmatrix}1&2&2\\0&0&0\\0&0&0\end{pmatrix}$$

得基础解系 $\boldsymbol{\xi}_2=\begin{pmatrix}-2\\1\\0\end{pmatrix}$，$\boldsymbol{\xi}_3=\begin{pmatrix}-2\\0\\1\end{pmatrix}$.

(4) 将特征向量正交化：

取

$$\boldsymbol{\alpha}_1=\boldsymbol{\xi}_1,\boldsymbol{\alpha}_2=\boldsymbol{\xi}_2,\boldsymbol{\alpha}_3=\boldsymbol{\xi}_3-\frac{[\boldsymbol{\alpha}_2,\boldsymbol{\xi}_3]}{[\boldsymbol{\alpha}_2,\boldsymbol{\alpha}_2]}\boldsymbol{\alpha}_2$$

得正交向量组：

$$\boldsymbol{\alpha}_1=\begin{pmatrix}1/2\\1\\1\end{pmatrix},\boldsymbol{\alpha}_2=\begin{pmatrix}-2\\1\\0\end{pmatrix},\boldsymbol{\alpha}_3=\begin{pmatrix}-2/5\\-4/5\\1\end{pmatrix}.$$

将其单位化，得 $\boldsymbol{p}_1=\frac{1}{3}\begin{pmatrix}1\\2\\2\end{pmatrix}$，$\boldsymbol{p}_2=\frac{1}{\sqrt{5}}\begin{pmatrix}-2\\1\\0\end{pmatrix}$，$\boldsymbol{p}_3=\frac{1}{\sqrt{45}}\begin{pmatrix}-2\\-4\\5\end{pmatrix}$.

(5) 作正交矩阵. 令 $\boldsymbol{P}=(\boldsymbol{p}_1,\ \boldsymbol{p}_2,\ \boldsymbol{p}_3)$，则在正交变换 $\boldsymbol{x}=\boldsymbol{P}\boldsymbol{y}$ 下，二次型化为标准形：$f=9y_1^2+18y_2^2+18y_3^2$.

第三节　正定二次型与正定矩阵

一、惯性定理

在化二次型为标准形的过程中，可逆线性变换 $\boldsymbol{x}=\boldsymbol{P}\boldsymbol{y}$ 不唯一，对应的标准形也不唯一，但标准形中非零系数个数是相等的，都等于二次型的秩. 如果限定可逆线性变换为实变换，则二次型的标准形的正系数个数是不变的，从而负系数个数也是不变的，这就是下列的惯性定理.

定理 6-4　(惯性定理) 设二次型 $f=\boldsymbol{x}^{\mathrm{T}}\boldsymbol{A}\boldsymbol{x}$ 且 $R(f)=r$，有两个可逆线性变换 $\boldsymbol{x}=\boldsymbol{P}\boldsymbol{y}$ 及 $\boldsymbol{x}=\boldsymbol{Q}\boldsymbol{z}$ 分别化二次型为标准形：

$$f=l_1y_1^2+l_2y_2^2+\cdots+l_ry_r^2\quad(l_i\neq0,i=1,2,\cdots,r)$$

及

$$f=k_1z_1^2+k_2z_2^2+\cdots+k_rz_r^2\quad(k_i\neq0,i=1,2,\cdots,r)$$

则 l_1，l_2，…，l_r 中正数的个数与 k_1，k_2，…，k_r 中正数的个数相等.

定义 6-3　二次型的标准形中正系数的个数称为二次型的**正惯性指数**，负系数的个数称为二次型的**负惯性指数**，正惯性指数与负惯性指数的差称为二次型的**符号差**.

显然，二次型的标准形中，非零系数的个数就是其对应矩阵的非零特征值的个数，也是二次型的秩.

如：$f=3y_1^2-y_2^2+5y_3^2$，则 f 的正惯性指数等于 2，负惯性指数等于 1，符号差等于 1，

$R(f)=3$.

二、化二次型为规范形

设二次型 $f(x_1,x_2,\cdots,x_n)$ 的标准形形式如下：

$$f=d_1x_1^2+d_2x_2^2+\cdots+d_px_p^2-d_{p+1}x_{p+2}^2-\cdots-d_rx_r^2$$

其中，$d_i>0$，$i=1$，2，…，r.

通过可逆线性变换

$$\begin{cases} x_i=\dfrac{1}{\sqrt{d_i}}y_i, & i=1,2,\cdots,r \\ x_j=y_j, & j=r+1,r+2,\cdots,n \end{cases}$$

则可将二次型化为

$$f=y_1^2+y_2^2+\cdots+y_p^2-y_{p+2}^2-\cdots-y_r^2$$

上式为二次型 $f(x_1,x_2,\cdots,x_n)$ 的规范形．

由前面的讨论，我们得到：

定理 6-5　任何二次型都可通过可逆线性变换化为规范形，且规范形是由二次型本身决定的，是唯一的，与所作的可逆线性变换无关．

说明：

(1) 规范形是唯一的.

(2) 规范形中的正项个数 p 就是 f 的正惯性指数，负项个数 $q=r-p$ 是 f 的负惯性指数，它们的差 $p-q=2p-r$ 是这个二次型的符号差，r 是 f 的秩.

(3) f 的正惯性指数、负惯性指数是由 f 本身唯一确定的．

例 6-6　化二次型 $f(x_1,x_2,x_3)=2x_1x_2-6x_2x_3+2x_1x_3$ 为规范形，并求其正惯性指数．

解　由例 6-3，二次型可化为如下标准形：

$$f=2z_1^2-2z_2^2+6z_3^2$$

令

$$\begin{cases} z_1=\dfrac{1}{\sqrt{2}}u_1 \\ z_2=\dfrac{1}{\sqrt{2}}u_2 \\ z_3=\dfrac{1}{\sqrt{6}}u_3 \end{cases}$$

则 f 可化为规范形：$f=u_1^2-u_2^2+u_3^2$，其正惯性指数等于 2.

例 6-7　化二次型 $f(x_1,x_2,x_3)=x_1^2+2x_2^2+5x_3^2+2x_1(x_2+x_3)+8x_2x_3$ 为规范形，并求其正惯性指数．

解　先化标准形，得

$$f(x_1,x_2,x_3)=(x_1+x_2+x_3)^2+(x_2+3x_3)^2-5x_3^2$$

令

$$\begin{cases} y_1=x_1+x_2+x_3 \\ y_2=x_2+3x_3 \\ y_3=\sqrt{5}x_3 \end{cases}$$

得 f 的规范形：$f=y_1^2+y_2^2-y_3^2$，f 的正惯性指数是 2.

三、正定二次型与正定矩阵

定义 6 - 4 设 $f(\boldsymbol{x})=\boldsymbol{x}^{\mathrm{T}}\boldsymbol{A}\boldsymbol{x}$（其中 $\boldsymbol{A}^{\mathrm{T}}=\boldsymbol{A}$）是实二次型，

（1）如果对任何非零向量 $\boldsymbol{x}$，都有

$$f(\boldsymbol{x})=\boldsymbol{x}^{\mathrm{T}}\boldsymbol{A}\boldsymbol{x}\ (\text{或 } \boldsymbol{x}^{\mathrm{T}}\boldsymbol{A}\boldsymbol{x}<0)$$

成立，则称 $f(\boldsymbol{x})=\boldsymbol{x}^{\mathrm{T}}\boldsymbol{A}\boldsymbol{x}$ 为**正定（负定）二次型**，矩阵 $\boldsymbol{A}$ 称为**正定矩阵（负定矩阵）**.

（2）如果对任何非零向量 $\boldsymbol{x}$，都有

$$\boldsymbol{x}^{\mathrm{T}}\boldsymbol{A}\boldsymbol{x}\geqslant 0\ (\text{或 } \boldsymbol{x}^{\mathrm{T}}\boldsymbol{A}\boldsymbol{x}\leqslant 0)$$

成立，且有非零向量 $\boldsymbol{x}_0$，使 $f(\boldsymbol{x}_0)=\boldsymbol{x}_0{}^{\mathrm{T}}\boldsymbol{A}\boldsymbol{x}_0=0$，则称 $f(\boldsymbol{x})=\boldsymbol{x}^{\mathrm{T}}\boldsymbol{A}\boldsymbol{x}$ 为**半正定（半负定）二次型**，矩阵 $\boldsymbol{A}$ 称为**半正定矩阵（半负定矩阵）**.

（3）如果 $f(\boldsymbol{x})=\boldsymbol{x}^{\mathrm{T}}\boldsymbol{A}\boldsymbol{x}$ 既不是半正定又不是半负定，则称 $f(\boldsymbol{x})=\boldsymbol{x}^{\mathrm{T}}\boldsymbol{A}\boldsymbol{x}$ 为**不定二次型**.

例 6 - 8 二次型 $f(x_1,x_2,\cdots,x_n)=x_1^2+x_2^2+\cdots+x_n^2$，当 $(x_1,x_2,\cdots,x_n)^{\mathrm{T}}\neq\boldsymbol{0}$ 时，显然有

$f(x_1,x_2,\cdots,x_n)>0$，所以该二次型是正定的，其矩阵 $\boldsymbol{E}$ 是正定矩阵.

例 6 - 9 二次型 $f=-x_1^2-x_2^2-4x_3^2-2x_1x_2+4x_1x_3+4x_2x_3=(x_1+x_2-2x_3)^2\leqslant 0$，而当 $x_1+x_2-2x_3=0$ 时，$f=0$，所以 f 是半负定的，其对应的矩阵

$$\begin{pmatrix}-1 & -1 & 2\\ -1 & -1 & 2\\ 2 & 2 & -4\end{pmatrix}$$

是半负定矩阵.

四、二次型正定的判别法

由前面的讨论容易得到：

定理 6 - 6 n 元实二次型 $f(\boldsymbol{x})=\boldsymbol{x}^{\mathrm{T}}\boldsymbol{A}\boldsymbol{x}$ 为正定二次型的充分必要条件是 $f(\boldsymbol{x})$ 的正惯性指数等于 n.

说明：（1）二次型的正定性与其矩阵的正定性之间具有一一对应关系．因此，二次型的正定性判别可转化为对称矩阵的正定性判别.

（2）实二次型为正定二次型的充分必要条件是它对应的实对称矩阵与对角矩阵合同，而且该对应矩阵的主对角线上的元素全为正数.

推论 6 - 1 n 阶实对称矩阵 $\boldsymbol{A}$ 为正定矩阵的充分必要条件是矩阵 $\boldsymbol{A}$ 的所有特征值全为正数.

定理 6 - 7 实对称矩阵 $\boldsymbol{A}$ 为正定矩阵的充分必要条件是存在可逆矩阵 $\boldsymbol{C}$，使 $\boldsymbol{A}=\boldsymbol{C}^{\mathrm{T}}\boldsymbol{C}$，即 $\boldsymbol{A}$ 与单位矩阵 $\boldsymbol{E}$ 合同.

推论 6 - 2 若实对称矩阵 $\boldsymbol{A}$ 为正定矩阵，则 $|\boldsymbol{A}|>0$.

下面介绍一种判别正定二次型的方法，用这种方法常能较方便地判别二次型的正定性.

定义 6 - 5 设 D_k 为 n 阶矩阵 $\boldsymbol{A}=(a_{ij})_{n\times n}$ 的一个 k 阶子式，如果 D_k 的主对角线上的 k 个元素的行标和列标相同，即

$$D_k=\begin{vmatrix}a_{i_1i_1} & a_{i_1i_2} & \cdots & a_{i_1i_k}\\ a_{i_2i_1} & a_{i_2i_2} & \cdots & a_{i_2i_k}\\ \vdots & \vdots & & \vdots\\ a_{i_ki_1} & a_{i_ki_1} & \cdots & a_{i_ki_k}\end{vmatrix}(1\leqslant i_1<i_2<\cdots<i_k\leqslant n),$$

则称为 D_k 为矩阵 $\boldsymbol{A}$ 的一个 k 阶主子式.

特别地称

$$\begin{vmatrix} a_{11} & a_{12} & \cdots & a_{1k} \\ a_{21} & a_{22} & \cdots & a_{2k} \\ \vdots & \vdots & & \vdots \\ a_{k1} & a_{k2} & \cdots & a_{kk} \end{vmatrix}$$

为矩阵 $\boldsymbol{A}$ 的一个 k 阶顺序主子式［其对角线上的元素为矩阵 $\boldsymbol{A}=(a_{ij})_{n\times n}$ 的对角线上的前 k 个元素］.

定理 6 - 8　（赫尔维茨定理）

(1) n 阶矩阵 $\boldsymbol{A}=(a_{ij})_{n\times n}$ 为正定矩阵的充分必要条件是 $\boldsymbol{A}$ 的所有顺序主子式均大于零.

(2) n 阶矩阵 $\boldsymbol{A}=(a_{ij})_{n\times n}$ 为负定矩阵的充分必要条件是 $\boldsymbol{A}$ 的所有奇数阶顺序主子式均小于零，所有偶数阶顺序主子式均大于零.

说明：若二次型 $f(\boldsymbol{x})=\boldsymbol{x}^{\mathrm{T}}\boldsymbol{A}\boldsymbol{x}$ 为正定的，则 $-f(\boldsymbol{x})=\boldsymbol{x}^{\mathrm{T}}(-\boldsymbol{A})\boldsymbol{x}$ 为负定的；反之，若 $f(\boldsymbol{x})=\boldsymbol{x}^{\mathrm{T}}\boldsymbol{A}\boldsymbol{x}$ 为负定的，则 $-f(\boldsymbol{x})=\boldsymbol{x}^{\mathrm{T}}(-\boldsymbol{A})\boldsymbol{x}$ 为正定的. 所以，从判别正定二次型的充分必要条件可得判别负定二次型的以下四个等价命题：

(1) n 元实二次型 $f(\boldsymbol{x})=\boldsymbol{x}^{\mathrm{T}}\boldsymbol{A}\boldsymbol{x}$ 为负定的.

(2) 二次型 $\boldsymbol{f}(\boldsymbol{x})=\boldsymbol{x}^{\mathrm{T}}\boldsymbol{A}\boldsymbol{x}$ 的负惯性指数等于 n.

(3) 二次型 $f(\boldsymbol{x})=\boldsymbol{x}^{\mathrm{T}}\boldsymbol{A}\boldsymbol{x}$ 的矩阵 $\boldsymbol{A}$ 的所有特征值全为负数.

(4) 二次型 $f(\boldsymbol{x})=\boldsymbol{x}^{\mathrm{T}}\boldsymbol{A}\boldsymbol{x}$ 的矩阵 $\boldsymbol{A}$ 的奇数阶主子式为负，而偶数阶主子式为正.

例 6 - 10　判别二次型 $f(x_1,x_2,x_3)=-5x_1^2-6x_2^2-6x_3^2+4x_1x_2+4x_1x_3$ 的正定性.

解　f 的矩阵为

$$\boldsymbol{A}=\begin{pmatrix} -5 & 2 & 2 \\ 2 & -6 & 0 \\ 2 & 0 & -6 \end{pmatrix}$$

而 $|a_1|=a_{11}=-5<0$，$|a_2|=\begin{vmatrix} a_{11} & a_{12} \\ a_{21} & a_{22} \end{vmatrix}=\begin{vmatrix} -5 & 2 \\ 2 & -6 \end{vmatrix}=26>0$，$|\boldsymbol{A}|=-132<0$，即奇数阶顺序主子式都小于 0，而偶数阶顺序主子式都大于 0，故 f 为负定二次型.

例 6 - 11　当 λ 取何值时，二次型 $f=x_1^2+2x_2^2+2x_3^2+2x_1x_2-2x_1x_3+2\lambda x_2x_3$ 为正定二次型.

解　f 的矩阵为

$$A=\begin{pmatrix} 1 & 1 & -1 \\ 1 & 2 & \lambda \\ -1 & \lambda & 3 \end{pmatrix}$$

因 f 为正定二次型，故 $\boldsymbol{A}$ 的所有顺序主子式均大于零，得

$$|\boldsymbol{A}|=\begin{vmatrix} 1 & 1 & -1 \\ 1 & 2 & \lambda \\ -1 & \lambda & 3 \end{vmatrix}=\begin{vmatrix} 1 & 1 & -1 \\ 0 & 1 & \lambda+1 \\ 0 & \lambda+1 & 2 \end{vmatrix}=-(\lambda^2+2\lambda-1)>0$$

解得 $-1-\sqrt{2}<\lambda<-1+\sqrt{2}$，即为所求.

习 题 六

A 组

1. 写出下列二次型的矩阵表示形式：

(1) $x_1^2+x_2^2-2x_1x_3-4x_2x_3-7x_3^2-4x_1x_2$.

(2) $x_1^2-2x_2^2+5x_3^2-2x_1x_3+4x_2x_4+6x_1x_2-7x_3x_4$.

(3) $\sum\limits_{i=1}^{n}x_i^2+\sum\limits_{1\leqslant i<j\leqslant n}x_ix_j$.

2. 用配方法将下列二次型化为标准形，并求所用的可逆线性变换：

(1) $x_1^2+4x_1x_3-2x_2x_3$.

(2) $-4x_1x_2+2x_1x_3+2x_2x_3$.

3. 求正交变换，将下列二次型化为标准形：

(1) $2x_1^2+3x_2^2+3x_3^2+4x_2x_3$.

(2) $2x_1x_2+2x_2x_3+2x_3x_1$.

(3) $x_1^2+x_2^2+x_3^2+x_4^2+2x_1x_2-2x_2x_3-2x_3x_4-2x_1x_4$.

(4) $f(x_1,\ x_2,\ x_3)=4x_2^2-3x_3^2+4x_1x_2-4x_1x_3+8x_2x_3$.

4. 求正交变换把下列二次曲面的方程化为标准方程：

$$3x^2+5y^2+5z^2+4xy-4xz-10yz=1$$

5. 判定下列矩阵的正定性：

(1) $\boldsymbol{A}=\begin{pmatrix}-6&2&1\\2&-3&0\\1&0&-1\end{pmatrix}$. (2) $\boldsymbol{A}=\begin{pmatrix}-2&1&1\\1&-6&0\\1&0&-4\end{pmatrix}$.

6. 求 t，使下列二次型正定：

(1) $2x_1^2+x_2^2+2tx_1x_2+2x_1x_3+3x_3^2$.

(2) $x_1^2+x_2^2-2tx_1x_2-2x_1x_3-4x_3x_2+5x_3^2$.

(3) $x_1^2+2x_2^2+2x_3^2+2x_1x_2+2x_1x_3+2tx_2x_3$.

7. 设 $\boldsymbol{U}$ 为可逆矩阵，$\boldsymbol{A}=\boldsymbol{U}^{\mathrm{T}}\boldsymbol{U}$，证明：$f=\boldsymbol{x}^{\mathrm{T}}\boldsymbol{A}\boldsymbol{x}$ 为正定二次型.

8. 设对称矩阵 $\boldsymbol{A}$ 为正定矩阵，证明：存在可逆矩阵 $\boldsymbol{U}$，使 $\boldsymbol{A}=\boldsymbol{U}^{\mathrm{T}}\boldsymbol{U}$.

B 组

1. 设 n 阶是对称阵 $\boldsymbol{A}$ 满足 $\boldsymbol{A}^3-6\boldsymbol{A}^2+11\boldsymbol{A}-6\boldsymbol{E}=\boldsymbol{0}$，证明：$\boldsymbol{A}$ 正定.

2. 设二次型

$$f(x_1,x_2,x_3)=x_1^2+x_2^2+x_3^2+2ax_1x_2+2x_1x_3-2bx_3x_2$$

经过正交变换 $\boldsymbol{X}=\boldsymbol{P}\boldsymbol{Y}$ 化为 $f=y_1^2+2y_2^2$，求：a，b.

3. 已知二次型

$$f(x,y,z)=5x^2+y^2+az^2-2xy+6xz-6yz$$

的秩为 2，求：a，并指出 $f(x,\ y,\ z)=1$ 表示何种曲面.

4. 设 $\boldsymbol{A}$ 是 n 阶是正定阵，设 $\boldsymbol{B}$ 是 $n\times m$ 实矩阵，证明：$\boldsymbol{A}+\boldsymbol{B}\boldsymbol{B}^{\mathrm{T}}$ 是正定阵.

5. 设二次型 $f=\boldsymbol{x}^{\mathrm{T}}\boldsymbol{A}\boldsymbol{x}$ 是正定的，$g=\boldsymbol{x}^{\mathrm{T}}\boldsymbol{B}\boldsymbol{x}$ 是半正定的，其中 $\boldsymbol{A}$，$\boldsymbol{B}$ 为 n 阶是实对称阵，证明：$f+g$ 是正定的.

6. （2012 年）在 $Q(x,y,z)=\lambda(x^2+y^2+z^2)+2xy+2xz-2yz$ 中，问：

（1）λ 取何值时，Q 为正定的？

（2）λ 取何值时，Q 为负定的？

7. （2009 年）设二次型 $f(x_1,x_2,x_3)=a(x_1^2+x_2^2+x_3^2)-x_3^2+2x_1x_3-2x_2x_3$，

（1）求二次型矩阵的所有特征值.

（2）若二次型的规范形为 $y_1^2+y_2^2$，求 a 的值.

8. （2010 年）已知二次型 $f(x_1,x_2,x_3)=\boldsymbol{x}^{\mathrm{T}}\boldsymbol{A}\boldsymbol{x}$ 在正交变换 $\boldsymbol{x}=\boldsymbol{Q}\boldsymbol{y}$ 的标准形为 $y_1^2+y_2^2$，且 $\boldsymbol{Q}$ 的第三列为 $\left(\frac{\sqrt{2}}{2},\ 0,\ \frac{\sqrt{2}}{2}\right)^{\mathrm{T}}$.

（1）求：矩阵 $\boldsymbol{A}$.（2）证明：$\boldsymbol{A}+\boldsymbol{E}$ 为正定矩阵，其中 $\boldsymbol{E}$ 为 3 阶单位阵.

9. （2011 年）若二次曲面的方程 $x^2+3y^2+z^2+2axy+2xz+2yz=4$，经正交变换化为 $y_1^2+4z_1^2=4$，则 a 值为多少？

10. （2012 年）3 阶实矩阵 $\boldsymbol{A}=\begin{pmatrix}1&0&1\\0&1&1\\-1&0&a\end{pmatrix}$，$r(\boldsymbol{A}^{\mathrm{T}}\boldsymbol{A})=2$，且二次型 $f=\boldsymbol{x}^{\mathrm{T}}\boldsymbol{A}^{\mathrm{T}}\boldsymbol{A}\boldsymbol{x}$，

求：（1）a.（2）正交变换 $\boldsymbol{x}=\boldsymbol{Q}\boldsymbol{y}$ 将 f 化为标准形.

参 考 答 案

第一章

A组

1. (1) 19. (2) -4. (3) 0.

2. $x=2$ 或 $x=3$.

3. (1) 0. (2) 4. (3) 5. (4) 3. (5) $\frac{n(n-1)}{2}$. (6) $n(n-1)$.

4. $-a_{11}a_{23}a_{32}a_{44}$; $a_{11}a_{23}a_{34}a_{42}$.

5. (1) 正号. (2) 负号.

7. (1) 0. (2) 286. (3) $4abcdef$. (4) $1-x^2-y^2-z^2$.

8. (1) $a^{n-2}(a^2-1)$. (2) $(ad-bc)^n$.

9. (1) 0. (2) -40.

10. (1) $x_1=2$, $x_2=-3$. (2) $x_1=1$, $x_2=2$, $x_3=1$.

11. $\lambda=0$, 2, 3.

B组

1. $-(ad-bc)^3$

2. $2^{n+1}-2$

3. $(-1)^{n-1}(n-1)$.

4. $\lambda=2$, 3, 6.

5. (1) $(a+b+c)(b-a)(c-a)(c-b)$.

(2) $a_1x^3+a_2x^2+a_3x+a_4$.

(3) $\prod\limits_{n+1\geqslant i>j\geqslant 1}(i-j)$.

(4) $(-1)^{n-1}(n-1)2^{n-2}$.

(5) $(a_1a_2\cdots a_n)\left(1+\sum\limits_{i=1}^{n}\frac{1}{a_i}\right)$.

第二章

A组

1. $\boldsymbol{A}+\boldsymbol{B}=\begin{pmatrix}3&3&1\\3&8&2\end{pmatrix}$; $\boldsymbol{B}-2\boldsymbol{C}=\begin{pmatrix}1&-5&0\\3&7&-2\end{pmatrix}$; $\boldsymbol{A}+\boldsymbol{B}+\boldsymbol{C}=\begin{pmatrix}3&5&1\\3&7&3\end{pmatrix}$.

2. (1) $\begin{pmatrix}7&24&3\\7&-8&13\\7&40&-2\end{pmatrix}$. (2) 0. (3) $\begin{pmatrix}\lambda_1a_{11}&\lambda_1a_{12}&\lambda_1a_{13}\\\lambda_2a_{21}&\lambda_2a_{22}&\lambda_2a_{23}\\\lambda_3a_{31}&\lambda_3a_{32}&\lambda_3a_{33}\end{pmatrix}$. (4) $\begin{pmatrix}5\\2\\3\\3\end{pmatrix}$.

3. (1) -8. (2) $\begin{pmatrix} 2 & 2 & 0 \\ -4 & -2 & -2 \\ -4 & 4 & 0 \end{pmatrix}$.

4. $\begin{pmatrix} 1 & 0 & n \\ 0 & 1 & 0 \\ 0 & 0 & 1 \end{pmatrix}$.

6. (1) $\begin{pmatrix} 1/5 & -2/5 \\ 1/10 & 3/10 \end{pmatrix}$. (2) $\begin{pmatrix} \cos\theta & \sin\theta \\ -\sin\theta & \cos\theta \end{pmatrix}$. (3) $\begin{pmatrix} 1 & 1 & 3 \\ 2 & 3 & 7 \\ 3 & 4 & 9 \end{pmatrix}$.

(4) $\begin{pmatrix} -1/3 & 1 & 0 & 0 \\ 2/3 & -1 & 0 & 0 \\ 0 & 0 & 1 & 2 \\ 0 & 0 & 0 & 1 \end{pmatrix}$.

7. (1) $\boldsymbol{X}=\begin{pmatrix} 1 & 1 \\ 1/4 & 0 \end{pmatrix}$. (2) $\boldsymbol{X}=\begin{pmatrix} 2 & -1 & 0 \\ 1 & 3 & -4 \\ 1 & 0 & -2 \end{pmatrix}$.

8. $x_1=5$，$x_2=0$，$x_3=3$.

9. $\begin{pmatrix} 0 & 3 & 3 \\ -1 & 2 & 3 \\ 1 & 1 & 0 \end{pmatrix}$.

10. $\begin{pmatrix} 4 & -3/2 & 0 & 0 & 0 \\ -1 & 1/2 & 0 & 0 & 0 \\ 0 & 0 & -1/6 & -1/6 & 1/2 \\ 0 & 0 & -2/3 & 1/3 & 0 \\ 0 & 0 & 7/6 & 1/6 & -1/2 \end{pmatrix}$.

B 组

1. $-\dfrac{3^4}{4^3}$.

提示：$\boldsymbol{A}^*=|\boldsymbol{A}|\boldsymbol{A}^{-1}=-\dfrac{1}{3}\boldsymbol{A}^{-1}$.

2. $\begin{pmatrix} \boldsymbol{O} & \boldsymbol{B}^{-1} \\ \boldsymbol{A}^{-1} & \boldsymbol{O} \end{pmatrix}$.

3. $\boldsymbol{A}=\begin{pmatrix} 1 & 0 & 0 \\ 0 & 0 & 0 \\ 0 & 0 & -1 \end{pmatrix}$，$\boldsymbol{A}^5=\begin{pmatrix} 1^5 & 0 & 0 \\ 0 & 0 & 0 \\ 0 & 0 & (-1)^5 \end{pmatrix}=\begin{pmatrix} 1 & 0 & 0 \\ 0 & 0 & 0 \\ 0 & 0 & -1 \end{pmatrix}$.

提示：$\boldsymbol{P}$ 可逆．又 $\boldsymbol{AP}=\boldsymbol{BP}$，$\boldsymbol{APP}^{-1}=\boldsymbol{BPP}^{-1}$，所以 $\boldsymbol{A}=\boldsymbol{B}$.

4. 40.

提示：$|\boldsymbol{A}+\boldsymbol{B}|=8|(\boldsymbol{\alpha}+\boldsymbol{\beta}, \boldsymbol{\gamma}_2, \boldsymbol{\gamma}_3, \boldsymbol{\gamma}_4)|=8|(\boldsymbol{\alpha}, \boldsymbol{\gamma}_2, \boldsymbol{\gamma}_3, \boldsymbol{\gamma}_4)|+8|(\boldsymbol{\beta}, \boldsymbol{\gamma}_2, \boldsymbol{\gamma}_3, \boldsymbol{\gamma}_4)|$.

5. $\begin{pmatrix} 1 & -2 & 0 & 0 \\ -2 & 5 & 0 & 0 \\ 0 & 0 & 1/3 & -1/3 \\ 0 & 0 & 2/3 & 1/3 \end{pmatrix}$.

6. $3^{n-1}\begin{pmatrix} 1 & 1/2 & 1/3 \\ 2 & 1 & 2/3 \\ 3 & 3/2 & 1 \end{pmatrix}$.

提示：$\boldsymbol{A}^n=(\boldsymbol{\alpha}^{\mathrm{T}}\boldsymbol{\beta})^n=\boldsymbol{\alpha}^{\mathrm{T}}(\boldsymbol{\beta}\boldsymbol{\alpha}^{\mathrm{T}})^{n-1}\boldsymbol{\beta}$.

7. (1) $a=0$.

(2) $\boldsymbol{X}=\begin{pmatrix} 3 & 1 & -2 \\ 1 & 1 & -1 \\ 2 & 1 & -1 \end{pmatrix}$.

提示：$\boldsymbol{X}-\boldsymbol{X}\boldsymbol{A}^2-\boldsymbol{A}\boldsymbol{X}+\boldsymbol{A}\boldsymbol{X}\boldsymbol{A}^2=\boldsymbol{E}$，$\boldsymbol{X}(\boldsymbol{E}-\boldsymbol{A}^2)-\boldsymbol{A}\boldsymbol{X}(\boldsymbol{E}-\boldsymbol{A}^2)=\boldsymbol{E}$，$(\boldsymbol{E}-\boldsymbol{A})\boldsymbol{X}(\boldsymbol{E}-\boldsymbol{A}^2)=\boldsymbol{E}, \boldsymbol{X}=(\boldsymbol{E}-\boldsymbol{A})^{-1}(\boldsymbol{E}-\boldsymbol{A}^2)^{-1}$.

第三章

A 组

1. (1) $\begin{pmatrix} 1 & 2 & 0 & -1 \\ 0 & 0 & 1 & 0 \\ 0 & 0 & 0 & 0 \end{pmatrix}$. (2) $\begin{pmatrix} 0 & 1 & 0 & 5 \\ 0 & 0 & 1 & -3 \\ 0 & 0 & 0 & 0 \end{pmatrix}$.

(3) $\begin{pmatrix} 1 & 0 & 3 & 2 & 0 \\ 0 & 1 & 2 & -1 & 0 \\ 0 & 0 & 0 & 0 & 1 \\ 0 & 0 & 0 & 0 & 0 \end{pmatrix}$. (4) $\begin{pmatrix} 1 & 0 & 2 & 0 & -2 \\ 0 & 1 & -1 & 0 & 3 \\ 0 & 0 & 0 & 1 & 4 \\ 0 & 0 & 0 & 0 & 0 \end{pmatrix}$.

2. $\boldsymbol{P}=\begin{pmatrix} 0 & 7 & -2 \\ 0 & -3 & 1 \\ 1 & -1 & -1 \end{pmatrix}$，$\boldsymbol{PA}=\begin{pmatrix} 1 & 0 & -16 & 3 \\ 0 & 1 & 7 & -1 \\ 0 & 0 & 0 & 0 \end{pmatrix}$.

3. $\boldsymbol{Q}=\begin{pmatrix} -1 & 0 & 1 \\ 3 & -1 & 0 \\ 7 & -3 & 1 \end{pmatrix}$，$\boldsymbol{QA}^{\mathrm{T}}=\begin{pmatrix} 1 & 0 \\ 0 & 1 \\ 0 & 0 \end{pmatrix}$.

4. (1) $\begin{pmatrix} 1 & 3 & -2 \\ -3/2 & -3 & 5/2 \\ 1 & 1 & -1 \end{pmatrix}$. (2) $\begin{pmatrix} 1 & 1 & 0 & -1 \\ 2 & 1 & 0 & -2 \\ -8 & -5 & 1 & 5 \\ 8 & 5 & -1 & -4 \end{pmatrix}$.

5. (1) $\begin{pmatrix} 3 & 2 \\ 1 & 2 \\ 5 & 3 \end{pmatrix}$. (2) $\begin{pmatrix} 2 & 0 & -1 \\ 1 & 3 & 2 \end{pmatrix}$. (3) $\begin{pmatrix} 1 & 7 & 1 \\ 0 & 11 & 1 \\ 1 & -8 & 0 \end{pmatrix}$.

6. (1) $R=2$，$\begin{vmatrix} 3 & 5 \\ 2 & 1 \end{vmatrix}\neq 0$. (2) $R=3$，$\begin{vmatrix} 2 & 1 & 3 \\ 1 & 0 & 4 \\ 3 & 1 & 1 \end{vmatrix}\neq 0$.

(3) $R=3$，$\begin{vmatrix}1&2&7\\3&-2&3\\1&0&0\end{vmatrix}=13\neq0$

7. (1) $a=1$. (2) $a=\frac{1}{11}$. (3) $a\neq1$ 且 $a\neq\frac{1}{11}$.

8. (1) $\begin{pmatrix}x_1\\x_2\\x_3\\x_4\end{pmatrix}=c\begin{pmatrix}3/5\\1\\4/5\\1\end{pmatrix}$. (2) $\begin{pmatrix}x_1\\x_2\\x_3\\x_4\end{pmatrix}=c_1\begin{pmatrix}2\\1\\0\\0\end{pmatrix}+c_2\begin{pmatrix}2/7\\0\\5/7\\1\end{pmatrix}$.

(3) $\begin{pmatrix}x_1\\x_2\\x_3\\x_4\end{pmatrix}=c\begin{pmatrix}1/10\\-7/10\\0\\1\end{pmatrix}$. (4) $\begin{pmatrix}x_1\\x_2\\x_3\\x_4\end{pmatrix}=c_1\begin{pmatrix}-3/2\\7/2\\1\\0\end{pmatrix}+c_2\begin{pmatrix}-1\\-2\\0\\1\end{pmatrix}$.

9. (1) 无解. (2) $\begin{pmatrix}x\\y\\z\end{pmatrix}=c\begin{pmatrix}-2\\1\\1\end{pmatrix}+\begin{pmatrix}-1\\2\\0\end{pmatrix}$.

(3) $\begin{pmatrix}x\\y\\z\\w\end{pmatrix}=c_1\begin{pmatrix}-1/2\\1\\0\\0\end{pmatrix}+c_2\begin{pmatrix}1/2\\0\\1\\0\end{pmatrix}+\begin{pmatrix}0\\1\\0\\0\end{pmatrix}$. (4) $\begin{pmatrix}x\\y\\z\\w\end{pmatrix}=c_1\begin{pmatrix}1/7\\5/7\\1\\0\end{pmatrix}+c_2\begin{pmatrix}1/7\\-9/7\\0\\1\end{pmatrix}+c_3\begin{pmatrix}1\\0\\1\\0\end{pmatrix}$.

10. (1) $\lambda\neq1$ 且 $\lambda\neq-2$ 时有唯一解. (2) $\lambda=-2$ 时无解. (3) $\lambda=1$ 时有无穷多个解.

11. 当 $\lambda=1$ 时，有解 $\begin{pmatrix}x_1\\x_2\\x_3\end{pmatrix}=c\begin{pmatrix}1\\1\\1\end{pmatrix}+\begin{pmatrix}1\\0\\0\end{pmatrix}$；当 $\lambda=-2$ 时，有解 $\begin{pmatrix}x_1\\x_2\\x_3\end{pmatrix}=c\begin{pmatrix}1\\1\\1\end{pmatrix}+\begin{pmatrix}2\\2\\0\end{pmatrix}$.

B 组

1. C　2. A　3. A　4. $\boldsymbol{A}^3$ 的秩为 1.　5. $R(\boldsymbol{AB})=2$.

9. (1) $\lambda=-1$，$a=-2$. (2) $\boldsymbol{x}=c\begin{pmatrix}1\\0\\1\end{pmatrix}+\begin{pmatrix}3/2\\-1/2\\0\end{pmatrix}$.

第四章

A 组

3. $\boldsymbol{\beta}=k\boldsymbol{\alpha}_1+(1-k)\boldsymbol{\alpha}_2$，$k\in\mathbf{R}$.

4. (1) 线性相关. (2) 线性无关.

5. $a=-2$ 或 $a=4$.

8. 不一定，如 $\boldsymbol{\alpha}_1=(1,0)^T$，$\boldsymbol{\alpha}_2=(0,0)^T$；$\boldsymbol{\beta}_1=(0,1)^T$，$\boldsymbol{\beta}_2=(0,0)^T$，此时 $\boldsymbol{\alpha}_1+\boldsymbol{\beta}_1$，$\boldsymbol{\alpha}_2+\boldsymbol{\beta}_2$ 线性无关.

9. (1) $\boldsymbol{\alpha}_1=(0,0)^T$，$\boldsymbol{\alpha}_2=(1,0)^T$，$\boldsymbol{\alpha}_3=(0,1)^T$ 线性相关，但 $\boldsymbol{\alpha}_1$ 不能由 $\boldsymbol{\alpha}_2$，$\boldsymbol{\alpha}_3$ 线性表示.

(2) $\boldsymbol{\alpha}_1=(1,0)^{\mathrm{T}}$，$\boldsymbol{\alpha}_2=(0,1)^{\mathrm{T}}$；$\boldsymbol{\beta}_1=(-1,0)^{\mathrm{T}}$，$\boldsymbol{\beta}_2=(0,-1)^{\mathrm{T}}$，当 $\lambda_1=1$，$\lambda_2=1$ 时，$\lambda_1\boldsymbol{\alpha}_1+\lambda_2\boldsymbol{\alpha}_2+\lambda_1\boldsymbol{\beta}_1+\lambda_2\boldsymbol{\beta}_2=0$ 成立，但 $\boldsymbol{\alpha}_1$，$\boldsymbol{\alpha}_2$ 线性无关，$\boldsymbol{\beta}_1$，$\boldsymbol{\beta}_2$ 也线性无关．

(3) $\boldsymbol{\alpha}_1=(1,0)^{\mathrm{T}}$，$\boldsymbol{\alpha}_2=(0,0)^{\mathrm{T}}$；$\boldsymbol{\beta}_1=(0,1)^{\mathrm{T}}$，$\boldsymbol{\beta}_2=(0,2)^{\mathrm{T}}$，当 $\lambda_1\boldsymbol{\alpha}_1+\lambda_2\boldsymbol{\alpha}_2+\lambda_1\boldsymbol{\beta}_1+\lambda_2\boldsymbol{\beta}_2=0$ 时，解得 $\lambda_1=\lambda_2=0$，但 $\boldsymbol{\alpha}_1$，$\boldsymbol{\alpha}_2$ 线性相关，$\boldsymbol{\beta}_1$，$\boldsymbol{\beta}_2$ 也线性相关．

(4) $\boldsymbol{\alpha}_1=(1,0)^{\mathrm{T}}$，$\boldsymbol{\alpha}_2=(-2,0)^{\mathrm{T}}$ 线性相关，$\boldsymbol{\beta}_1=(-1,0)^{\mathrm{T}}$，$\boldsymbol{\beta}_2=(1,0)^{\mathrm{T}}$ 线性相关，此时若要 $\lambda_1\boldsymbol{\alpha}_1+\lambda_2\boldsymbol{\alpha}_2=0$ 与 $\lambda_1\boldsymbol{\beta}_1+\lambda_2\boldsymbol{\beta}_2=0$ 同时成立，解得 $\lambda_1=\lambda_2=0$.

10. (1) $\boldsymbol{\alpha}_1$，$\boldsymbol{\alpha}_2$，$\boldsymbol{\alpha}_3$ 为极大无关组，$\boldsymbol{\alpha}_4=\frac{6}{7}\boldsymbol{\alpha}_1-\boldsymbol{\alpha}_2+2\boldsymbol{\alpha}_3$.

(2) $\boldsymbol{\alpha}_1$，$\boldsymbol{\alpha}_2$，$\boldsymbol{\alpha}_3$ 为极大无关组，$\boldsymbol{\alpha}_4=-2\boldsymbol{\alpha}_1+2\boldsymbol{\alpha}_2+5\boldsymbol{\alpha}_3$，$\boldsymbol{\alpha}_5=\frac{3}{2}\boldsymbol{\alpha}_1-\frac{1}{2}\boldsymbol{\alpha}_3$.

11. $a=4$，$b=5$.

12. (1) $\boldsymbol{\xi}_1=\begin{pmatrix}-2\\1/2\\1\\0\end{pmatrix}$，$\boldsymbol{\xi}_2=\begin{pmatrix}-1\\-3/2\\0\\1\end{pmatrix}$. (2) $\boldsymbol{\xi}_1=\begin{pmatrix}1\\15\\0\\38\end{pmatrix}$，$\boldsymbol{\xi}_2=\begin{pmatrix}0\\8\\1\\19\end{pmatrix}$.

13. (1) $\boldsymbol{\eta}=\begin{pmatrix}-13\\10\\0\\9\end{pmatrix}$，$\boldsymbol{\xi}=\begin{pmatrix}-1\\2\\1\\0\end{pmatrix}$. (2) $\boldsymbol{\eta}=\begin{pmatrix}1\\-2\\0\\0\end{pmatrix}$，$\boldsymbol{\xi}_1=\begin{pmatrix}1\\-1\\4\\0\end{pmatrix}$，$\boldsymbol{\xi}_2=\begin{pmatrix}-2\\1\\0\\3\end{pmatrix}$.

16. V_1 是，V_2 不是．

17. $\boldsymbol{\beta}_1$，$\boldsymbol{\beta}_2$ 在基 $\boldsymbol{\alpha}_1$，$\boldsymbol{\alpha}_2$，$\boldsymbol{\alpha}_3$ 的坐标依次为 2，1，-1 和 3，0，4.

18. (1) $\begin{pmatrix}1&2&-2\\0&4&1\\2&1&2\end{pmatrix}$；(2) $(3,0,1)^{\mathrm{T}}$.

B 组

1. B　2. C　3. B　4. A　5. A　6. D　7. 3.　8. $\begin{pmatrix}1&0&1\\2&2&0\\0&3&3\end{pmatrix}$.　9. 6.

10. (1) $a=5$. (2) $\boldsymbol{\beta}_1=2\boldsymbol{\alpha}_1+4\boldsymbol{\alpha}_2-\boldsymbol{\alpha}_3$，$\boldsymbol{\beta}_2=\boldsymbol{\alpha}_1+2\boldsymbol{\alpha}_2$，$\boldsymbol{\beta}_3=5\boldsymbol{\alpha}_1+10\boldsymbol{\alpha}_2-2\boldsymbol{\alpha}_3$.

11. (1) $b\neq2$. (2) $a\neq1$，$b=2$ 时，$\boldsymbol{\beta}$ 可唯一表示为 $\boldsymbol{\beta}=-\boldsymbol{\alpha}_1+2\boldsymbol{\alpha}_2$；$a=1$，$b=2$ 时，$\boldsymbol{\beta}=(-2k+3)\boldsymbol{\alpha}_1+k\boldsymbol{\alpha}_2+(k-2)\boldsymbol{\alpha}_3$，$k\in\mathbf{R}$.

13. (1) $\boldsymbol{B}=\begin{pmatrix}0&0&0\\1&0&3\\0&1&-1\end{pmatrix}$. (2) $|A|=0$.

14. $\begin{cases}x_1+x_2-x_3=0\\3x_1+5x_2-x_4=0\end{cases}$.

15. (1) Ⅰ：$\boldsymbol{\xi}_1=\begin{pmatrix}0\\0\\1\\0\end{pmatrix}$，$\boldsymbol{\xi}_2=\begin{pmatrix}-1\\1\\0\\1\end{pmatrix}$；Ⅱ：$\boldsymbol{\xi}_1=\begin{pmatrix}0\\1\\1\\0\end{pmatrix}$，$\boldsymbol{\xi}_2=\begin{pmatrix}-1\\-1\\0\\1\end{pmatrix}$.　(2) $\boldsymbol{x}=c\begin{pmatrix}-1\\1\\2\\1\end{pmatrix}$，

$c\in\mathbf{R}$.

16. $\boldsymbol{x}=c\begin{pmatrix}2\\1\\-2\end{pmatrix}+\begin{pmatrix}1\\1\\3\end{pmatrix}$, $c\in\mathbf{R}$.

17. $\boldsymbol{x}=c\begin{pmatrix}1\\-2\\1\\0\end{pmatrix}+\begin{pmatrix}1\\1\\1\\1\end{pmatrix}$, $c\in\mathbf{R}$.

第五章

A 组

1. (1) -2, 5; $\begin{pmatrix}1\\-2\end{pmatrix}$, $\begin{pmatrix}3\\1\end{pmatrix}$.　　(2) -1, 1, 1; $\begin{pmatrix}-1\\0\\1\end{pmatrix}$, $\begin{pmatrix}0\\1\\0\end{pmatrix}$, $\begin{pmatrix}1\\0\\1\end{pmatrix}$.

(3) -1, 0, 9; $\begin{pmatrix}-1\\1\\0\end{pmatrix}$, $\begin{pmatrix}-1\\-1\\1\end{pmatrix}$, $\begin{pmatrix}1\\1\\2\end{pmatrix}$. (4) 1, 2, 2; $\begin{pmatrix}0\\1\\1\end{pmatrix}$, $\begin{pmatrix}1\\1\\0\end{pmatrix}$.

3. (1) 1, $\frac{1}{2}$, $\frac{1}{4}$; 7, 12, 28; 64, 16, 4. (2) 2352.（提示：$\boldsymbol{A}\boldsymbol{A}^*=|\boldsymbol{A}|\boldsymbol{E}$）

5. $\boldsymbol{A}^{50}=(\boldsymbol{P}\boldsymbol{\Lambda}\boldsymbol{\Lambda}^{-1})^{50}=\boldsymbol{P}\boldsymbol{\Lambda}^{50}\boldsymbol{P}^{-1}$

$$=\begin{pmatrix}2&0&1\\1&0&0\\-1&1&1\end{pmatrix}\begin{pmatrix}(-1)^{50}&0&0\\0&2^{50}&0\\0&0&3^{50}\end{pmatrix}\begin{pmatrix}0&1&0\\-1&3&1\\1&-2&0\end{pmatrix}$$

$$=\begin{pmatrix}3^{50}&2-2\times3^{50}&0\\0&1&0\\3^{50}-2^{50}&3\times2^{50}-2\times3^{50}-1&-2^{50}\end{pmatrix}.$$

6. $\frac{1}{3}\begin{pmatrix}-1&0&2\\0&1&2\\2&2&0\end{pmatrix}$.

7. (1) $\boldsymbol{p}_1=\begin{pmatrix}\frac{3}{5}\\\frac{4}{5}\end{pmatrix}$, $\boldsymbol{p}_2=\begin{pmatrix}-\frac{4}{5}\\\frac{3}{5}\end{pmatrix}$. (2) $\begin{pmatrix}1\\0\\0\end{pmatrix}$, $\frac{1}{\sqrt{2}}\begin{pmatrix}0\\1\\-1\end{pmatrix}$, $\frac{1}{\sqrt{2}}\begin{pmatrix}0\\1\\1\end{pmatrix}$.

9. $\begin{pmatrix}4&1&1\\1&4&1\\1&1&4\end{pmatrix}$.

10. (1) $\lambda=-2$, 1, 4; $\boldsymbol{p}_1=\frac{1}{3}\begin{pmatrix}1\\2\\2\end{pmatrix}$, $\boldsymbol{p}_2=\frac{1}{3}\begin{pmatrix}2\\1\\2\end{pmatrix}$, $\boldsymbol{p}_2=\frac{1}{3}\begin{pmatrix}2\\-2\\1\end{pmatrix}$.

(2) $\lambda=-1, -1, 5$；$\boldsymbol{p}=\frac{1}{\sqrt{2}}\begin{pmatrix}-1\\1\\0\end{pmatrix}, \frac{1}{\sqrt{6}}\begin{pmatrix}-1\\-1\\2\end{pmatrix}, \frac{1}{\sqrt{3}}\begin{pmatrix}1\\1\\1\end{pmatrix}$.

11. (1) $a=b=0$. (2) $\frac{1}{\sqrt{2}}\begin{pmatrix}1&0&1\\0&\sqrt{2}&0\\1&0&1\end{pmatrix}$.

B 组

4. $2a+b=0$.

5. $x+y=0$.

6. $x=2$，$y=-2$.

7. (1) -1. (2) 0.

8. (1) $\boldsymbol{p}_3=(1, 0, 1)^{\mathrm{T}}$. (2) $\frac{1}{6}\begin{pmatrix}13&-2&5\\-2&10&2\\5&2&13\end{pmatrix}$.

9. (1) $\boldsymbol{A}^2=\boldsymbol{0}$.

(2) $\boldsymbol{A}$ 的特征值全为零，特征向量为 $k_1\begin{pmatrix}-\frac{b_2}{b_1}\\1\\0\\\vdots\\0\end{pmatrix}+k_2\begin{pmatrix}-\frac{b_3}{b_1}\\0\\1\\\vdots\\0\end{pmatrix}+\cdots+k_{n-1}\begin{pmatrix}-\frac{b_n}{b_1}\\0\\0\\\vdots\\1\end{pmatrix}$（$k_1$，$k_2$，…，$k_{n-1}$不全为零）.

10. $\begin{pmatrix}1&0&0\\0&0&-1\\0&-1&0\end{pmatrix}$.

11. 0.

12. (1) -3，1，2. (2) $\boldsymbol{A}$ 的特征值为 -1，-1，-1，$\boldsymbol{A}+\boldsymbol{E}$ 的秩为 2，$\boldsymbol{A}$ 只有一个线性无关的特征向量，故不能相似于对角阵

13. (1) $\boldsymbol{B}=\begin{pmatrix}0&0&0\\1&0&3\\0&1&-2\end{pmatrix}$. (2) $|\boldsymbol{A}+\boldsymbol{E}|=|\boldsymbol{B}+\boldsymbol{E}|=\begin{vmatrix}1&0&0\\1&1&3\\0&1&-1\end{vmatrix}=-4$.

14. (2) $\boldsymbol{A}=\begin{pmatrix}0&1\\0&0\end{pmatrix}$，$\boldsymbol{B}=\begin{pmatrix}0&0\\0&0\end{pmatrix}$秩不同，不相似.

15. 若 $\lambda=2$ 是特征方程的二重根，则 $a=-2$；若 $\lambda=2$ 不是特征方程的二重根，则 $a=-2/3$.

16. B.

17. (1) 特征值 -1，1，0，特征向量 $\begin{pmatrix}1\\0\\-1\end{pmatrix}$，$\begin{pmatrix}1\\0\\1\end{pmatrix}$，$\begin{pmatrix}0\\1\\1\end{pmatrix}$. (2) $\begin{pmatrix}0&0&1\\0&0&0\\1&0&0\end{pmatrix}$.

18. (1) $a=4$, $b=5$. (2) $\begin{pmatrix}2 & -3 & -1\\ 1 & 0 & -1\\ 0 & 1 & 1\end{pmatrix}$.

第六章

A组

1. (1) $(x_1\quad x_2\quad x_3)\begin{pmatrix}1 & -2 & -1\\ -2 & 1 & -2\\ -1 & -2 & -7\end{pmatrix}\begin{pmatrix}x_1\\ x_2\\ x_3\end{pmatrix}$; $r=2$.

(2) $(x_1\quad x_2\quad x_3\quad x_4)\begin{pmatrix}1 & 3 & -1 & 0\\ 3 & -2 & 0 & 2\\ -1 & 0 & 5 & -7/2\\ 0 & 2 & -7/2 & 0\end{pmatrix}\begin{pmatrix}x_1\\ x_2\\ x_3\\ x_4\end{pmatrix}$; $r=4$.

(3) $(x_1\quad x_2\quad \cdots\quad x_n)\begin{pmatrix}1 & 1/2 & \cdots & 1/2\\ 1/2 & 1 & \cdots & 1/2\\ \vdots & \vdots & & \vdots\\ 1/2 & 1/2 & \cdots & 1\end{pmatrix}\begin{pmatrix}x_1\\ x_2\\ \vdots\\ x_n\end{pmatrix}$. $r=n$.

2. (1) 原式$=(x_1+2x_3)^2-4\left(x_3+\frac{x_2}{2}\right)^2+x_2^2$，所以令$\begin{cases}y_1=x_1+2x_3\\ y_2=x_2\\ y_3=x_3+\frac{x_2}{2}\end{cases}$，即通过可逆线性变换$\begin{cases}x_1=y_1-2y_3+y_2\\ x_2=y_2\\ x_3=y_3-\frac{y_2}{2}\end{cases}$，二次型化为标准形为 $y_1^2+y_2^2-4y_3^2$.

(2) 令$\begin{cases}x_1=y_1-y_2\\ x_2=y_1+y_2\\ x_3=y_3\end{cases}$，将二次型变为$-4\left(y_1-\frac{y_3}{2}\right)^2+4y_2^2+y_3^2$，令$\begin{cases}z_1=y_1-\frac{y_3}{2}\\ z_2=y_2\\ z_3=y_3\end{cases}$，所用可逆线性变换为$\begin{cases}x_1=z_1-z_2+\frac{z_3}{2}\\ x_2=z_1+z_2\\ x_3=z_3\end{cases}$，将二次型化为标准形$-4z_1^2+4z_2^2+z_3^2$.

3. (1) 二次型的系数矩阵为$\boldsymbol{A}=\begin{pmatrix}2 & 0 & 0\\ 0 & 3 & 2\\ 0 & 2 & 3\end{pmatrix}$，通过计算$|\lambda\boldsymbol{E}-\boldsymbol{A}|=0$，可得特征根分别为 1，2，5，通过求得各特征根的特征向量，然后单位化可得正交变换矩阵为

$$P=\begin{pmatrix} 0 & 1 & 0 \\ -\frac{1}{\sqrt{2}} & 0 & \frac{1}{\sqrt{2}} \\ \frac{1}{\sqrt{2}} & 0 & \frac{1}{\sqrt{2}} \end{pmatrix}.$$

(2) 二次型的系数矩阵为 $A=\begin{pmatrix} 0 & 1 & 1 \\ 1 & 0 & 1 \\ 1 & 1 & 0 \end{pmatrix}$，通过计算 $|\lambda E-A|=0$，可得特征根分别为 -1，2，通过求得各特征根的特征向量，然后先正交后单位化可得正交变换矩阵为 $P=\begin{pmatrix} \frac{1}{\sqrt{3}} & -\frac{1}{\sqrt{2}} & -\frac{1}{\sqrt{6}} \\ \frac{1}{\sqrt{3}} & \frac{1}{\sqrt{2}} & -\frac{1}{\sqrt{6}} \\ \frac{1}{\sqrt{3}} & 0 & \frac{2}{\sqrt{6}} \end{pmatrix}$.

(3) 二次型的系数矩阵为 $A=\begin{pmatrix} 1 & 1 & 0 & -1 \\ 1 & 1 & -1 & 0 \\ 0 & -1 & 1 & -1 \\ -1 & 0 & -1 & 1 \end{pmatrix}$，通过计算 $|\lambda E-A|=0$，可得特征根分别为 $1+\sqrt{2}$，通过求得各特征根的特征向量，然后先正交后单位化可得正交变换矩阵为 $P=\begin{pmatrix} \frac{1}{\sqrt{2}} & 0 & \frac{1}{2} & -\frac{1}{2} \\ 0 & \frac{1}{\sqrt{2}} & -\frac{1}{2} & -\frac{1}{2} \\ \frac{1}{\sqrt{2}} & 0 & -\frac{1}{2} & \frac{1}{2} \\ 0 & \frac{1}{\sqrt{2}} & \frac{1}{2} & \frac{1}{2} \end{pmatrix}$.

(4) 二次型的系数矩阵为 $A=\begin{pmatrix} 0 & 2 & -2 \\ 2 & 4 & 4 \\ -2 & 4 & -3 \end{pmatrix}$，通过计算 $|\lambda E-A|=0$，可得特征根分别为 1，-6，6，通过求得各特征根的特征向量，然后先正交后单位化可得正交变换矩阵为

$$P=\begin{pmatrix} \frac{2}{\sqrt{5}} & \frac{1}{\sqrt{30}} & \frac{1}{\sqrt{6}} \\ 0 & \frac{5}{\sqrt{30}} & -\frac{1}{\sqrt{6}} \\ -\frac{1}{\sqrt{5}} & \frac{2}{\sqrt{30}} & \frac{2}{\sqrt{6}} \end{pmatrix}.$$

4. 对矩阵 $\boldsymbol{A}=\begin{pmatrix}3 & 2 & -2\\ 2 & 5 & -5\\ -2 & -5 & 5\end{pmatrix}$，求得特征值 0，2，11，通过求得各特征根的特征向量，然后单位化可得正交变换矩阵为 $\boldsymbol{P}=\begin{pmatrix}\frac{4}{3\sqrt{2}} & \frac{1}{3} & 0\\ -\frac{1}{3\sqrt{2}} & \frac{2}{3} & \frac{1}{\sqrt{2}}\\ \frac{1}{3\sqrt{2}} & -\frac{2}{3} & \frac{1}{\sqrt{2}}\end{pmatrix}$，可化为标准方程为 $2u^2+11v^2=1$.

5. (1) 矩阵的各阶顺序主子式为 -6，14，-11，负定. (2) 矩阵的各阶顺序主子式为 -2，11，-38，负定.

6. (1) 二次型矩阵为 $\boldsymbol{A}=\begin{pmatrix}2 & t & 1\\ t & 1 & 0\\ 1 & 0 & 3\end{pmatrix}$，若正定须有 $\begin{vmatrix}2 & t\\ t & 1\end{vmatrix}=2-t^2>0$ 以及 $|\boldsymbol{A}|=5-3t^2>0$，经计算得 $|t|<\sqrt{\frac{5}{3}}$.

(2) $x_1^2+x_2^2-2tx_1x_2-2x_1x_3-4x_3x_2+5x_3^2$ 二次型矩阵为 $\boldsymbol{A}=\begin{pmatrix}1 & -t & -1\\ -t & 1 & -2\\ -1 & -2 & 5\end{pmatrix}$，若正定须有 $\begin{vmatrix}1 & -t\\ -t & 1\end{vmatrix}=1-t^2>0$ 以及 $|\boldsymbol{A}|=-5t^2-4t>0$，经计算得 $-\frac{4}{5}<t<0$.

(3) 二次型矩阵为 $\boldsymbol{A}=\begin{pmatrix}1 & 1 & 1\\ 1 & 2 & t\\ 1 & t & 2\end{pmatrix}$，若正定须有 $|\boldsymbol{A}|=-t^2+2t>0$，即 $0<t<2$.

7. 证明：由已知可得 $f=\boldsymbol{x}^{\mathrm{T}}\boldsymbol{A}\boldsymbol{x}=\boldsymbol{x}^{\mathrm{T}}\boldsymbol{U}^{\mathrm{T}}\boldsymbol{U}\boldsymbol{x}=(\boldsymbol{U}\boldsymbol{x})^{\mathrm{T}}\boldsymbol{U}\boldsymbol{x}$，不妨令 $\boldsymbol{y}=\boldsymbol{U}\boldsymbol{x}$，则二次型变为 $\boldsymbol{y}^{\mathrm{T}}\boldsymbol{y}$，当 $\boldsymbol{y}\neq 0$ 总有 $f>0$，所以 $f=\boldsymbol{x}^{\mathrm{T}}\boldsymbol{A}\boldsymbol{x}$ 为正定二次型.

8. 证明：由于对称矩阵 $\boldsymbol{A}$ 为正定矩阵，所以 $f=\boldsymbol{x}^{\mathrm{T}}\boldsymbol{A}\boldsymbol{x}$ 为正定二次型，结合上题证明过程可得结论.

B 组

1. 证明：假定 λ 为 $\boldsymbol{A}$ 的特征根，则 $\boldsymbol{A}^3-6\boldsymbol{A}^2+11\boldsymbol{A}-6\boldsymbol{E}=\boldsymbol{0}$ 的特征根为 $\lambda^3-6\lambda^2+11\lambda-6=(\lambda-1)(\lambda-2)(\lambda-3)=0$，所以 $\boldsymbol{A}$ 的特征值都大于零，所以结论成立.

2. 二次型的矩阵为 $\boldsymbol{A}=\begin{pmatrix}1 & a & 1\\ 1 & 1 & -b\\ 1 & -b & 1\end{pmatrix}$，由题意可得特征根为 0，1，2，带入特征多项式方程可得 $a=b=0$.

3. 二次型的矩阵为 $\boldsymbol{A}=\begin{pmatrix}5 & -1 & 3\\ -1 & 1 & -3\\ 3 & -3 & a\end{pmatrix}$，由于二次型秩为 2，所以 $|\boldsymbol{A}|=0$，求得 $a=$

9，椭圆柱面．

4. 证明：因为$\boldsymbol{A}$是n阶是正定阵，所以对于$\boldsymbol{x}\neq\boldsymbol{0}$均有$\boldsymbol{x}^{\mathrm{T}}\boldsymbol{A}\boldsymbol{x}>0$，因此有$\boldsymbol{x}^{\mathrm{T}}(\boldsymbol{A}+\boldsymbol{B}\boldsymbol{B}^{\mathrm{T}})\boldsymbol{x}=\boldsymbol{x}^{\mathrm{T}}\boldsymbol{A}\boldsymbol{x}+(\boldsymbol{B}^{\mathrm{T}}\boldsymbol{x})^{\mathrm{T}}\boldsymbol{B}^{\mathrm{T}}\boldsymbol{x}>0$，所以结论成立．

5. 证明：二次型$f=\boldsymbol{x}^{\mathrm{T}}\boldsymbol{A}\boldsymbol{x}$是正定的，$g=\boldsymbol{x}^{\mathrm{T}}\boldsymbol{B}\boldsymbol{x}$是半正定的，可知对于$\forall\boldsymbol{x}\neq\boldsymbol{0}$均有$\boldsymbol{x}^{\mathrm{T}}\boldsymbol{A}\boldsymbol{x}+\boldsymbol{x}^{\mathrm{T}}\boldsymbol{B}\boldsymbol{x}>0$，证毕．

6. （1）$\boldsymbol{Q}$矩阵为$\boldsymbol{A}=\begin{pmatrix}\lambda & 1 & 1\\ 1 & \lambda & -1\\ 1 & -1 & \lambda\end{pmatrix}$，$\boldsymbol{Q}$正定当且仅当$\boldsymbol{A}$的所有顺序主子式都大于零，即

$\begin{cases}\lambda>0\\ \lambda^2-1>0\\ (\lambda+1)^2(\lambda-2)>0\end{cases}\Leftrightarrow\lambda>2$；（2）$\boldsymbol{Q}$负定当且仅当$\boldsymbol{A}$的所有顺序主子式负正相间，即

$\begin{cases}\lambda<0\\ \lambda^2-1>0\\ (\lambda+1)^2(\lambda-2)<0\end{cases}\Leftrightarrow\lambda<-1.$

7. （1）二次型矩阵为$\boldsymbol{A}=\begin{pmatrix}a & 0 & 1\\ 0 & a & -1\\ 1 & -1 & a-1\end{pmatrix}$，通过求解$|\lambda\boldsymbol{E}-\boldsymbol{A}|=0$，可得其特征根为$a$，$a+1$，$a-2$；（2）若二次型的规范形为$y_1^2+y_2^2$，则二次型矩阵秩为2，由$|\boldsymbol{A}|=0$结合正惯性指数可得$a=2$.

8. （1）由题已知$\boldsymbol{A}$的特征值为1，1，0，$\left(\frac{\sqrt{2}}{2}, 0, \frac{\sqrt{2}}{2}\right)^{\mathrm{T}}$是属于0的特征向量，求得与其正交的单位向量$(0, 1, 0)^{\mathrm{T}}$和$\left(-\frac{\sqrt{2}}{2}, 0, \frac{\sqrt{2}}{2}\right)^{\mathrm{T}}$，不妨令$\boldsymbol{Q}=\begin{pmatrix}0 & -\frac{\sqrt{2}}{2} & \frac{\sqrt{2}}{2}\\ 1 & 0 & 0\\ 0 & \frac{\sqrt{2}}{2} & \frac{\sqrt{2}}{2}\end{pmatrix}$，可得$\boldsymbol{A}=\boldsymbol{Q}^{-1}\begin{pmatrix}1 & 0 & 0\\ 0 & 1 & 0\\ 0 & 0 & 0\end{pmatrix}\boldsymbol{Q}=\begin{pmatrix}1 & 0 & 0\\ 0 & \frac{1}{2} & -\frac{1}{2}\\ 0 & -\frac{1}{2} & \frac{1}{2}\end{pmatrix}$；（2）$\boldsymbol{A}+\boldsymbol{E}=\begin{pmatrix}2 & 0 & 0\\ 0 & \frac{3}{2} & -\frac{1}{2}\\ 0 & -\frac{1}{2} & \frac{3}{2}\end{pmatrix}$，经计算得一二三各阶顺序主子式为2、3、2，证毕.

9. 由题意，对矩阵$\boldsymbol{A}=\begin{pmatrix}1 & a & 1\\ a & 3 & 1\\ 1 & 1 & 1\end{pmatrix}$应有$|\boldsymbol{A}|=0$，解得$a=1$.

10. （1）由$\boldsymbol{R}(\boldsymbol{A}^{\mathrm{T}}\boldsymbol{A})=2$，可得$|\boldsymbol{A}^{\mathrm{T}}\boldsymbol{A}|=0$，$a=-1$；（2）$f$的系数矩阵为$\boldsymbol{B}=\begin{pmatrix}2 & 0 & 2\\ 0 & 1 & 1\\ 2 & 1 & 3\end{pmatrix}$，求得特征根0，$3\pm\sqrt{3}$，求得对应的特征向量单位化可得正交变换$\boldsymbol{x}=\boldsymbol{Q}\boldsymbol{y}$将$f$化为标准形$(3+\sqrt{3})y_1^2+(3-\sqrt{3})y_2^2$.

附录A 用Mathematica解线性代数

一、简介

Mathematica系统是由美国物理学家Stephen Wolfram领导的小组开发的用来进行量子力学研究的软件. 该软件成功的开发促使Stephen Wolfram于1987年创建Wolfram研究公司，并推出了该公司的商业软件Mathematica 1.0版，其后的版本对原有的系统做了较大的扩充，在用户界面和使用方式上，都做了很大的改进，并在世界上广为流传，得到了好评.

Mathematica是一个交互式、集成化的计算机软件系统，它提供了范围广泛的数学计算功能，支持在各个领域的人们所需要的各种计算. 它是从事各种理论工作（数学、物理……）的科学工作者、从事实际工作的工程技术人员，以及学校教师和学生的首选计算平台. 其主要功能包括符号演算、数值计算、图形功能和程序设计四个方面. 本章主要介绍它在线性代数中的一些用法.

二、Mathematica基础

启动Mathematica后，新建一个NoteBook文件，文件的扩展名为. nb，在这种文件中可以书写文字、数学公式和图形等内容，最后可以保存下来.

1. 变量

Mathematica中的变量名必须是以字母开头的，由字母或数字组成的字符串（长度不限，对大小写敏感），但是不能含有空格或标点符号，且在Mathematica中大写字母C、D、E、I、N、O是专用的，不能用来表示变量. 对于变量的类型，Mathematica会根据用户给变量所赋的值自动识别，所以不必事先声明类型. 可以使用等号给变量赋值，具体格式如下：

x=Value	给变量x赋值
x=y=Value	同时给变量x、y赋相同的值
x=.	清除x的值但保留变量x
Clear [x]	清除x的值但保留变量x
Remove [x]	将变量x清除

2. 计算的执行

当输入算式后按Shift+Enter组合键，Mathematica立即开始计算. 比如：输入“x=2+5”后，按Shift+Enter组合键，便出现计算结果7. 也可一次连续输入多个算式，只要每个算式结束后按Enter键（只换行不计算），而仅在最后一个算式输入结束后，按Shift+Enter便可开始计算.

Mathematica启动后的首次计算开始时，才将执行运算的核心程序调入，需要等待片刻. 再次执行计算时，速度就很快了. 由于输入匆忙，有时会产生输入错误，已经执行后才发现，当然得不到正确的结果，这时不必重新输入一次，只要将原式修改后，再次按Shift+Enter键就能重新计算，并用新的输出覆盖原来的输出. 可以将工作区窗口当成一张无限长的草稿纸，不断进行输入输出操作，所有的内容都会被保留.

3. 强制中断计算

如果执行计算后，由于各种原因使计算长时间不能完成，可以通过键盘命令"Alt+，"或"Alt+．"停止计算．使用后者将立即停止计算，而使用前者后弹出一个对话框供选择．

4. 输入与输出提示

当执行计算后，Mathematica会自动在输入的式子前面加上"In［1］：="，在输出的答案前面加上"Out［1］="，以便分清输入与输出并自动加上编号．

一个简单的例子

```
In [1]: =y+2
Out [1] =2+x
In [2]: =x=1;
        y
Out [3] =3
In [4]: =x=a;
        y
Out [5] =2+a
In [6]: =a=5;
        y
Out [7] =7
In [8]: =x=.;
        y
Out [9] =2+x
In [10]: =y=x=b;
? y
        Global y
        y=b
```

说明：读者必须认真阅读这个例子，以便弄清Mathematica的基本特性．执行In［1］后，系统记忆用户使用了两个变量x和y，并记忆了关系式y=x+2，在In［2］中给x赋值1，**赋值式后面加分号是通知系统不显示这个式子的执行结果**，输入完后按Enter键（只换行不计算），再输入"y"表示求y的值（没有显示In［3］），输入两行后执行计算，系统先执行前一行，记忆了x=1，但是没有输出执行结果，接下来求y，系统从记忆中查找到关系式y=x+1再查找到x=1，自动代入前一个关系式中计算出结果，输出Out［3］是y的值．在In［4］中重新给x赋值为a，执行后，系统记忆x=a取代了原来的x=1，因此再求y的值得到2+a．在In［6］中给a赋值5，系统又记忆了a=5，再次求y时，系统查找到三个关系式y=x+2，x=a，a=5，求出y的值为7．在In［8］中清除了x的值，因此再求y的值就是2+x．在In［8］中重新给x和y同时赋值为b，接下来使用？y查询系统记忆的关于y的信息，最后两行显示了查询结果，报告y是全局变量，有关系式y=b，这时原来记忆的关系式y=x+2被删除了．

上例表明，使用Mathematica时应该警惕，用户所输入的变量及其值或关系式一直被Mathematica记忆，并随着用户的重新赋值而更新，即使同时打开多个工作区窗口变量也是共享的．这一特性一方面给使用者带来了方便，但另一方面使用者容易因忘记前面已经使用过哪些变量而产生错误．为了避免隐蔽的错误，应该及时清除不再使用的变量．由于系统记忆问题，有时会遇到莫名其妙的困惑，只要先退出再重新启动 Mathematica 即可解决．

%是一个专用的 Mathematica 符号，用途如下．

%：表示前一个输出的内容＊．

%%：表示倒数第 2 个输出的内容，依此类推．

%n：表示第 n 个（即 Out[n]）输出的内容．

可以将以上 3 种符号作为特殊的变量名使用，参与其后的运算．

5. 函数

初级使用 Mathematica 就是将这个软件当成一个最高级的函数计算器来使用，各种操作主要是靠函数来实现．使用 Mathematica 的函数必须牢记以下规则：

（1）函数名首字符大写后面字符用小写.

（2）参数用方括号括起来，不能用圆括号．

6. 矩阵的输入

矩阵是以表的形式存储的，以下表示一个 $m\times n$ 矩阵，其中每个子表表示矩阵的一行：

$$\{\{a_{11},a_{12},\cdots,a_{1n}\},\{a_{21},a_{22},\cdots,a_{2n}\},\cdots,\{a_{m1},a_{m2},\cdots,a_{mn}\}\}$$

例如：

```
A={{1, 2, 3 }, {4, 5, 6}};
MatrixForm[A]
A// MatrixForm
```

MatrixForm 函数的作用是以矩阵外形输出 A，所以这段代码表示以矩阵形式输出 A，代码第一行是将矩阵 $\begin{pmatrix}1 & 2 & 3\\4 & 5 & 6\end{pmatrix}$ 赋给变量 A，以分号结尾，所以不显示该行结果；第二行 MatrixForm [A] 表示以矩阵形式输出 A；第三行 A// MatrixForm，它的作用与第二行一样，只不过表达形式不一样（“表达式//函数名”表示将一个函数作用于表达式上）．

三、用 Mathematica 解线性代数

1. 行列式

例 A-1 计算行列式，计算三阶行列式 $\begin{vmatrix}1 & 2 & -4\\-2 & 2 & 1\\-3 & 4 & -2\end{vmatrix}$.

输入：

```
A={{1, 2, -4}, {-2, 2, 1}, {-3, 4, -2}};
Det[A]
```

按 Shift+Enter 组合键，输出结果：

−14

例 A-2 克拉默法则，解线性方程组 $\begin{cases}x_1-2x_2+x_3=-2\\2x_1+x_2-3x_3=1\\-x_1+x_2-x_3=0\end{cases}$.

输入：

```
A={{1, -2, 1}, {2, 1, -3}, {-1, 1, -1}};
A1={{-2, -2, 1}, {1, 1, -3}, {0, 1, -1}};
A2={{1, -2, 1}, {2, 1, -3}, {-1, 0, -1}};
A3={{1, -2, -2}, {2, 1, 1}, {-1, 1, 0}};
D0=Det[A]
D1=Det[A1]
D2=Det[A2]
D3=Det[A3]
x1=D1/D0
x2=D2/D0
x3=D3/D0
```

按 Shift+Enter 组合键，输出结果：

四个行列式

```
-5
-5
-10
-5
```

方程组的解

```
1
2
1
```

2. 矩阵及其运算

例 A-3　矩阵的加法. 设 $\boldsymbol{A}=\begin{pmatrix}1 & 2\\3 & 4\end{pmatrix}$，$\boldsymbol{B}=\begin{pmatrix}5 & 6\\7 & 8\end{pmatrix}$，求 $4\boldsymbol{A}+\boldsymbol{B}$.

输入：

```
A={{1, 2}, {3, 4}};
B={{5, 6}, {7, 8}};
4A+B
```

按 Shift+Enter 组合键，输出结果：

{{9，14}，{19，24}}

本例的结果若以矩阵形式输出，则需使用函数 MatrixForm 函数.

输入：

```
A={{1, 2}, {3, 4}};
B={{5, 6}, {7, 8}};
MatrixForm [4A+B] (* 也可 4A+B//MatrixForm *)
```

按 Shift+Enter 组合键，输出结果：

$$\begin{pmatrix}9 & 14\\19 & 24\end{pmatrix}$$

例 A-4 矩阵的乘法．设 $\boldsymbol{A}=\begin{pmatrix}1 & 2\\3 & 4\end{pmatrix}$，$\boldsymbol{B}=\begin{pmatrix}5 & 6\\7 & 8\end{pmatrix}$，求 $\boldsymbol{AB}$ 与 $\boldsymbol{BA}$．

输入：

```
A={{1, 2}, {3, 4}};
B={{5, 6}, {7, 8}};
A.B
B.A
```

按 Shift+Enter 组合键，输出结果：

```
{{19, 22}, {43, 50}}
{{23, 34}, {31, 46}}
```

例 A-5 求转置矩阵，设 $\boldsymbol{A}=\begin{pmatrix}1 & 2 & 3\\4 & 5 & 6\end{pmatrix}$，求 $\boldsymbol{A}^{\mathrm{T}}$．

输入：

```
A={{1, 2, 3}, {4, 5, 6}};
AT=Transpose[A] // MatrixForm    (*以矩阵形式输出转置矩阵*)
```

按 Shift+Enter 组合键，输出结果：

$$\begin{pmatrix}1 & 4\\2 & 5\\3 & 6\end{pmatrix}$$

例 A-6 求逆矩阵，设 $\boldsymbol{A}=\begin{pmatrix}1 & 2 & 3\\2 & 2 & 1\\3 & 4 & 3\end{pmatrix}$，求 $\boldsymbol{A}^{-1}$．

输入：

```
A={{1, 2, 3}, {2, 2, 1}, {3, 4, 3}};
Inverse [A]
```

按 Shift+Enter 组合键，输出结果：

```
{{1, 3, -2}, {-3/2, -3, 5/2}, {1, 1, -1}}
```

3. 矩阵的初等变换与线性方程组

例 A-7 求行最简形矩阵．求矩阵 $\boldsymbol{A}=\begin{pmatrix}2 & 1 & 5\\3 & 5 & 4\\1 & 2 & 1\end{pmatrix}$ 的行最简形矩阵及其秩．

输入：

```
A={{2, 1, 5}, {3, 5, 4}, {1, 2, 1}};
RowReduce [A]
MatrixRank [A]
```

按 Shift+Enter 组合键，输出结果：

```
{{1, 0, 3}, {0, 1, -1}, {0, 0, 0}}
2
```

例 A - 8　解矩阵方程. 求解矩阵方程 $\boldsymbol{AX}=\boldsymbol{B}$，其中 $\boldsymbol{A}=\begin{pmatrix} 3 & -1 & -2 \\ 1 & 2 & -2 \\ -1 & -3 & 3 \end{pmatrix}$，$\boldsymbol{B}=\begin{pmatrix} 2 & 1 \\ -1 & 0 \\ 3 & -2 \end{pmatrix}$.

输入：

```
A={{3, -1, -2}, {1, 2, -2}, {-1, -3, 3}};
B={{2, 1}, {-1, 0}, {3, -2}};
X=Inverse[A].B
```

按 Shift+Enter 组合键，输出结果：

```
{{3, -4}, {1, -3}, {3, -5}}
```

例 A - 9　求齐次线性方程组基础解系. 求齐次线性方程组 $\begin{cases} x_1-3x_2-6x_3+5x_4=0, \\ 2x_1+x_2+4x_3-2x_4=0, \\ 5x_1-x_2+2x_3+x_4=0. \end{cases}$ 基础解系.

输入：

```
A={{1, -3, -6, 5}, {2, 1, 4, -2}, {5, -1, 2, 1}};
NullSpace[A]
```

按 Shift+Enter 组合键，输出结果：

```
{{1, 12, 0, 7}, {-6, -16, 7, 0}}
```

例 A - 10　求非齐次线性方程组特解. 求 $\begin{cases} x_1-x_2-x_3+2x_4=0 \\ x_1-x_2+3x_3-10x_4=1 \\ x_1-x_2-2x_3+5x_4=-1/4 \end{cases}$ 的一个特解.

输入：

```
A={{1, -1, -1, 2}, {1, -1, 3, -10}, {1, -1, -2, 5}};
 b= {0, 1, -1/4};
LinearSolve[A, b]
```

按 Shift+Enter 组合键，输出结果：

```
{1/4, 0, 1/4, 0}
```

4. 特征值与特征向量

例 A - 11　求特征值与特征向量. 求矩阵 $\boldsymbol{A}=\begin{pmatrix} 3 & -1 \\ -1 & 3 \end{pmatrix}$ 的特征值与特征向量.

输入：

```
A={{3, -1 }, {-1, 3}};
Eigenvalues[A]        (* A 的特征值 *)
Eigenvectors[A]       (* A 的特征向量 *)
```

按 Shift+Enter 组合键，输出结果：

```
 {4, 2}               (特征值)
```

{{−1, 1}, {1, 1}}(特征向量)

例 A-12 求相似变换矩阵. 设 $\boldsymbol{A}=\begin{pmatrix}1&1&1\\1&2&0\\1&0&2\end{pmatrix}$，求矩阵 $\boldsymbol{P}$，使得 $\boldsymbol{P}^{-1}\boldsymbol{AP}$ 为对角阵.

输入：

```
A={{1, 1, 1}, {1, 2, 0}, {1, 0, 2}};
Eigenvalues [A];
P=Eigenvectors [A];              (*求A的特征向量为行向量*)
P=Transpose [P];                 (*将特征行向量的矩阵转置*)
P//MatrixForm                    (*把P写成矩阵形式*)
Inverse [P] . A. P//MatrixForm(*输出矩阵形式的对角阵*)
```

按 Shift+Enter 组合键，输出结果：

$$\begin{pmatrix}1&0&-2\\1&-1&1\\1&1&1\end{pmatrix}$$

$$\begin{pmatrix}3&0&0\\0&2&0\\0&0&0\end{pmatrix}$$

例 A-13 求正交矩阵. 设 $\boldsymbol{A}=\begin{pmatrix}1&1&1\\1&2&0\\1&0&2\end{pmatrix}$，求正交矩阵 $\boldsymbol{P}$，使得 $\boldsymbol{P}^{-1}\boldsymbol{AP}$ 为对角阵.

输入：

```
A={{1, 1, 1}, {1, 2, 0}, {1, 0, 2}};
Eigenvalues [A];
P=Eigenvectors [A];
P=Orthogonalize [P];             (*将矩阵P正交单位化*)
P=Transpose [P];
P//MatrixForm                    (*把P写成矩阵形式*)
Inverse [P] . A. P//MatrixForm   (*输出矩阵形式的对角阵*)
```

按 Shift+Enter 组合键，输出结果：

$$\begin{pmatrix}\frac{1}{\sqrt{3}}&0&-\sqrt{\frac{2}{3}}\\\frac{1}{\sqrt{3}}&-\frac{1}{\sqrt{2}}&\frac{1}{\sqrt{6}}\\\frac{1}{\sqrt{3}}&\frac{1}{\sqrt{2}}&\frac{1}{\sqrt{6}}\end{pmatrix}$$

$$\begin{pmatrix}3&0&0\\0&2&0\\0&0&0\end{pmatrix}$$

参 考 文 献

[1] 北京大学数学系几何与代数教研室代数小组. 高等代数 [M]. 2 版. 北京：高等教育出版社，1988.
[2] 同济大学应用数学系. 工程教学. 线性代数 [M]. 4 版. 北京：高等教育出版社，1981.
[3] 靳全勤，张华隆. 线性代数 [M]. 上海：上海交通大学出版社，2005.
[4] 陈建华. 线性代数 [M]. 3 版. 北京：机械工业出版社，2011.
[5] 赵树嫄. 线性代数 [M]. 3 版. 北京：中国人民大学出版社，2005.
[6] 陈玄龙，钟立敏. 线性代数简明教程（修订版）[M]. 合肥：中国科学技术大学出版社，1997.
[7] 刘剑平，施劲松，曹直林，等. 线性代数及其应用 [M]. 2 版. 上海：华东理工大学出版社，2008.
[8] 谢国瑞. 线性代数及应用 [M]. 北京：高等教育出版社，1999.
[9] COMAP. 数学的原理与实践 [M]. 申大维，方丽萍，叶其孝，等，译. 北京：高等教育出版社，2000.
[10] 李汉龙，隋英，等. Mathematica 基础培训教程 [M]. 北京：国防工业出版社，2016.
[11] 张韵华，王新茂. Mathematica 7 实用教程 [M]. 2 版. 合肥：中国科学技术大学出版社，2014.
[12] 王同科，等. Mathematica 与数值分析实验 [M]. 北京：清华大学出版社，2011.